全国高职高专教育规划教材

计算机应用基础

Jisuanji Yingyong Jichu

（第2版）

王 津 主 编

杨绿芳 李 琳 刘 良 副主编

高等教育出版社·北京
HIGHER EDUCATION PRESS BEIJING

内容简介

本书是全国高职高专教育规划教材。本书从办公自动化的实际应用出发，以任务驱动、案例教学为主要学习方式，以当今流行的 Windows XP 和 Office 2003 为平台，全面介绍了计算机基础知识，Windows XP 操作系统、Word、Excel、PowerPoint 的基本应用，Internet 的基本操作，电子邮件的使用，电子商务的应用以及计算机的安全与维护。

本书深入浅出，图文并茂，以图析文，直观生动，并结合大量计算机办公中的应用实例帮助读者理解知识，为读者使用计算机办公提供捷径。此外，本书附录中还附有一些应用性较强的知识，以供读者查询或参考。

本书配有含教学课件、书中实例涉及的所有素材和源文件的光盘，并配套有编写手法新颖的辅助教材《计算机应用基础实训》（第 2 版）。

本书是精品课程"计算机应用基础"的配套教材，可作为应用性、技能型人才培养的各类教育"计算机应用基础"课程的教学用书，也可供各类培训、计算机从业人员和爱好者参考使用。

图书在版编目（CIP）数据

计算机应用基础/王津主编. —2 版. —北京：高等教育出版社，2011.8

ISBN 978-7-04-032489-1

Ⅰ．①计… Ⅱ．①王… Ⅲ．①电子计算机–高等职业教育–教材 Ⅳ．①TP3

中国版本图书馆 CIP 数据核字（2011）第 142029 号

策划编辑	洪国芬	责任编辑	洪国芬	封面设计	张雨微	版式设计 王艳红
责任校对	胡晓琪	责任印制	田 甜			

出版发行	高等教育出版社	网　址	http://www.hep.edu.cn
社　址	北京市西城区德外大街4号		http://www.hep.com.cn
邮政编码	100120	网上订购	http://www.landraco.com
印　刷	北京宏伟双华印刷有限公司		http://www.landraco.com.cn
开　本	787mm×1092mm　1/16		
印　张	20.5	版　次	2008年7月第1版
字　数	500 千字		2011年8月第2版
购书热线	010-58581118	印　次	2011年8月第1次印刷
咨询电话	400-810-0598	定　价	35.00元（含光盘）

前　言

本书是在第 1 版的基础上修订而成的，内容及体例与第 1 版大致相同，操作系统版本及 Office 软件运行的界面与第 1 版相同，操作系统主要介绍的是 Winows XP 版本，Office 版本为目前仍然流行的 Office 2003。

本书依然保持了第 1 版的特点，强调实践操作，突出应用技能的训练，除第 1 章、第 7 章外，每章都包含了大量的操作实例和课堂练习，便于学生锻炼动手能力，巩固操作技能。书中的操作实例及课堂练习的序号按章编排。

本书共分 7 章，其中第 2～5 章共安排有 11 个案例项目，主要内容包括计算机基础知识，Windows XP 的使用，使用 Word 2003 制作文档，对文档页面进行美化，制作晚会海报、通信录、成绩表，长文档的编辑排版，使用 Excel 2003 制作学生成绩表，使用 Excel 进行数据计算、使用 Excel 进行数据分析，PowerPoint 2003 的基本操作，美化幻灯片、超链接和动画效果制作放映和输出演示文稿，Internet 的使用及计算机安全与维护。每章综合练习的参考答案可参见本书的配套教材《计算机应用基础实训》（第 2 版）。

本书特点如下：

1. 基于工作过程的教学结构，采用项目驱动的编写方式

本书的创新在于各章均从实际的工作任务出发，整合出具有典型特点的工作任务进行教学分析，设计了一个"案例分析+相关知识点+实现方法+案例总结+综合练习"的教学结构，为学生提供一种全新的学习方法，将教条式的"菜单"学习，变为生动实用的案例项目学习。

2. 注重教学内容的实用性，典型案例与软件功能紧密结合

本书精选的案例遵循由浅入深、循序渐进、可操作性强的原则进行组织，并将计算机应用基础的知识点融入各个案例中。每个案例项目的实施完全模拟了实际的工作过程，学习内容即为实际工作的内容，培养学生将所学与所用结合，以所学为所用，以所用悟所学，为学生可持续发展奠定基础。

3. 体现"教、学、练一体化"的教学思路

每个案例项目在实施过程中按照"案例→任务→操作实例→课堂练习"的教学方式进行教学、学习与练习，促使学生学练结合，提高主动参与意识和创新意识，培养发现问题、解决问题和综合应用的能力。

4. 应用环境教学法的编写思想

书中大量的应用实例、样文、计算机常识、计算机故事和经验技巧，可使读者融入到计算机知识的环境中，轻松自然地掌握重要知识点。主教材与辅助教材相辅相成，相得益彰。

5. 适合教学与自学——教师的好教材，学生的好老师

对教师而言，本套书安排好了课时，组织好了课前备课的内容，理清了上课的思路，为每个知识点准备好了例子，为每堂课准备好了上机练习方案。

对学生而言，本套书的课后综合练习能有的放矢，上机实训有项目可做。对课后自学者而言，本套书完全按老师的教学安排编写，使自学者仿佛置身于课堂中；书中的"提示"、"注意"、"技巧"等特色段落还可以答疑解惑；对于综合练习的难点，书中都有解答，就像老师

在旁边指导。

6. 提供"立体化"教学资源——便于教师授课和学生自学

本书后的配套光盘提供了配套的数字化教学资源。另外，本书配有开放的教学网站（http://jpdx.sxpi.com.cn/jsjyyjc/），可下载相应的与该书配套的其他数字化资源，以方便教师授课和学生学习。若资源不能正常下载，可发 E-mail 到 Wangjin1962@163.com 或 576748804@qq.com 索取。

本书主要修订的内容有两方面：一方面是根据计算机技术的发展及作者本身的实践，对部分内容进行了更新，主要体现在第 1 章、第 7 章；另一方面是根据作者的计算机基础教学经验。对操作实例进行了更新，使读者更易掌握，这主要体现在第 3～5 章中。

本书配套有编写手法新颖的辅助教材《计算机应用基础实训》（第 2 版）。

本书由王津担任主编，杨绿芳、李琳、刘良担任副主编。第 1 章由王津（陕西工业职业技术学院）编写，第 2 章、第 3 章由李琳（内江职业技术学院）编写，第 4 章由杨绿芳（西安科技商贸学院）编写，第 5 章、第 7 章由刘良（南阳医学高等专科学校）编写，第 6 章由文欣（西安外事学院）编写；李庆丰（陕西青年职业学院）、李文奎（陕西电子信息职业技术学院）、李永峰（西安航空职业技术学院）、向秀丽（铜川职业技术学院）、李彦（西安翻译学院）、李岭（陕西航天职工大学）也参加了本书的编写工作。全书由王津负责统稿并修改。

由于编写时间仓促，作者水平有限，疏漏和不妥之处在所难免，恳请各位读者和专家批评指正。

编　者

2011 年 6 月

本 书 导 读

课序	章节	章节内容	重点与难点	课外安排	课时安排
1	第1章	第1章 计算机基础知识 1.1 计算机的发展 1.2 数制和信息编码	**难点**：数制和信息编码 **解决办法**：对数制则归纳出其特点，如数码、进位和位权和数制转换等，进一步对数制加深理解。对于编码则从计算机内部信息的表示入手加以解释	本章测试题1	2
2	第1章	1.3 PC硬件配置 1.4 PC外部设备的使用 1.5 计算机软件系统	**重点**：微机系统构成 **解决办法**：通过在"微机维护与组装"实验室现场教学的方式来加强读者对微机系统的理解	1．本章测试题2 2．本章测试题3	2
3	实验1	认识计算机和输入法测试		1．本章测试题4 2．实训项目3	2
4	第2章	第2章 Windows XP的使用 2.1 Windows XP入门操作——桌面定制 2.2 Windows XP基本操作——文件管理	**重点**：Windows基本操作；资源管理器的操作；快捷方式的建立 **难点**：文件系统的理解；文件和文件夹的操作 **解决办法**：让读者通过资源管理器来查找计算机内的信息，并建立起自己的文件夹结构来分类保存自己的内容，如文本内容、图片内容、音乐内容等，有效的管理计算机的资源	1．本章测试题1 2．实训项目1	2
5	实验2 实验3	Windows的基本操作 文件和文件夹的管理		本章测试题2	2
6	第2章	2.3 Windows XP高级操作——管理与控制Windows XP	**重点**：Windows XP"控制面板"的使用 **难点**：任务管理器的使用 **解决办法**：在教师的指导下通过具体的操作来逐步掌握Windows XP"控制面板"和"任务管理器"的使用	本章测试题3	2
7	实验4 实验5 实验6	Windows的程序管理 控制面板的使用 Windows常见问题及排除方法		1．本章测试题4 2．实训项目2	2

续表

课序	章节	章节内容	重点与难点	课外安排	课时安排
8	第3章	第3章　Word 2003 的使用 3.1　Word 基础应用1——制作"自荐书" 3.2　Word 基础应用2——制作"晚会海报"	**重点**：能较好地使用 Word 对较复杂文档进行编辑处理 **解决办法**：通过综合性的练习内容，让读者理解各部分重点内容的作用和掌握相应的操作方法，并在实际中加以应用，解决问题	1．实训项目4 2．实训项目5	2
9	实验7	Word 基本编辑和排版		本章测试题1	2
10	第3章	3.3　Word 基础应用3——制作"通信录" 3.4　Word 综合应用——"班报"艺术排版	**重点**：掌握表格的制作、编辑和美化等操作；掌握页面的设置方法，掌握如何插入图片、文本框、艺术字及自选图形等对象及相应的图形处理；掌握如何打印文档	1．实训项目6 2．实训项目7 3．实训项目8	2
11	实验8 实验9 实验10	Word 表格的应用 图形、公式和图文混排 Word 综合操作		本章测试题2	2
12	第3章	3.5　Word 邮件合并应用——制作"成绩单"	**重点**：邮件合并的操作	1．实训项目9 2．实训项目10 3．实训项目11	2
13	实验12 实验13	报纸的编排——Word 高级操作 会议通知与成绩通知单——Word 邮件合并		本章测试题3	2
14	第3章	3.6　Word 高级应用——"毕业论文"排版	**难点**：样式、分节、域 轻松排版——启用样式：了解样式、应用样式、自制样式、更改样式	1．实训项目14 2．实训项目15 3．实训项目16 4．实训项目18	2
15	实验11	书籍文章的编排——Word 脚注与尾注		本章测试题4	2
16	第4章	第4章　Excel 2003 的使用 4.1　Excel 基础应用——制作"学生成绩表"	**重点**：使用 Excel 进行数据的统计分析；公式和函数的使用；图表的使用 **难点**：数据的统计分析中函数的使用 **解决办法**：通过综合性的练习内容，让读者理解各部分重点内容的作用和掌握相应的操作方法，并在实际中加以应用，解决问题	1．实训项目20 2．实训项目21 3．实训项目22 4．实训项目23	2

续表

课序	章节	章节内容	重点与难点	课外安排	课时安排
17	实验 14	学籍管理——工作表的建立、编辑与格式化		1. 实训项目 24 2. 实训项目 25	2
18	第 4 章	4.2 Excel 综合应用——成绩统计分析表	**重点**：使用 Excel 的图表功能，将数据更加直观地表现出来。熟练使用柱形图、饼图、拆线图	1. 实训项目 26 2. 实训项目 27	2
19	实验 15	数据图表化		1. 实训项目 28 2. 实训项目 29 3. 本章测试题 1	2
20	第 4 章	4.3 Excel 高级应用——连锁超市销售数据分析	**重点**：数据筛选和数据透视表的使用；使用 Excel 函数进行数据的统计分析，掌握 IF、DSUM、LOOKUP、VLOOKUP、REAK、函数的使用 **难点**：自己运用 Excel，使用各种函数	1. 实训项目 30 2. 实训项目 31 3. 实训项目 32	2
21	实验 16 实验 17	水果营养成分——饼图的应用 Excel 分类汇总与数据透视表		1. 本章测试题 2 2. 实训项目 33 3. 实训项目 34	2
22	第 5 章	第 5 章 PowerPoint 2003 的使用 5.1 PowerPoint 基础应用——制作"招聘与培训"幻灯片	**重点**：能制作常用的幻灯片，进行外观设置（背景、配色方案、模板）、切换效果、动画效果、设置动作等 **难点**：幻灯片母版的设置 **解决办法**：通过制作读者个人自我介绍的课题开始，先让读者建立起所需要的若干张简单的幻灯片；然后对外观设置、效果、动作等内容进行讲解，让读者同步地根据所学内容对自己的作品加以应用、美化，丰富自己的幻灯片；最后，同样是通过综合性练习对所学内容进行灵活运用	1. 实训项目 35 2. 本章测试题 1	2
23	实验 18	演示文稿的建立		1. 实训项目 36 2. 实训项目 37	2

续表

课序	章节	章节内容	重点与难点	课外安排	课时安排
24	第5章	5.2 PowerPoint 综合应用——制作"竞赛团队"介绍材料	**难点**：动画设计与幻灯片放映效果的设置	1. 实训项目38 2. 本章测试题2	2
25	实验19	幻灯片的动画、超链接和多媒体		1. 实训项目39 2. 实训项目40	2
26	第6章	第6章 Internet 的使用 6.1 了解地球村——Internet 简介 6.2 走进地球村——漫游 Internet 6.3 给友人寄封信——电子邮件的使用 6.4 体验地球村生活——电子商务的应用	**重点**：Internet 服务应用（信息浏览服务、电子邮件服务、文件传输服务、信息搜索服务）、TCP/IP 协议 **难点**：计算机网络、网络互联设备、IP 地址、域名地址 **解决办法**：利用多媒体，通过大量的实物图和示意图让读者理解计算机网络。让读者上网查信息、申请免费邮箱、发邮件等，使他们真正掌握网络提供的各种服务	本章测试题1	2
27	实验20	Internet 基本应用		本章测试题2	2
28	第7章	第7章 计算机安全与维护 7.1 黑客、病毒与互联网用户安全 7.2 计算机安全设置 7.3 计算机杀毒软件的使用 7.4 系统维护 7.5 计算机安全的法律法规与计算机软件版权的保护	**重点**：计算机病毒的预防；常用工具软件的使用（压缩软件、硬盘备份工具软件等）； **难点**：计算机安全设置 **解决办法**：通过案例介绍信息技术安全，让读者重视计算机病毒的预防。让读者实际操作杀毒软件及各种工具软件，真正掌握这些软件的作用方法	1. 本章测试题1 2. 本章测试题2	2

目　录

第1章
计算机基础知识

引子：要想了解一门科学，首先应读读它的历史。

本章知识结构与主要内容：

- 了解计算机的发展简况。
- 掌握常用的软/硬件知识，为计算机采购、组装与维护打下良好的基础。
- 了解计算机工作原理，学习计算机的信息表示方法。
- 对计算机操作系统有一个大致的了解。

说起计算机，现代人可以说是无人不知，无人不晓，但对于计算机的基本结构、用途及相关工作原理，不一定每个人都能说清楚。

简单地说，计算机就是用来作为计算的一种工具。按照它的结构，可分为机械计算机和电子计算机。机械计算机现在已很少见；按照其信息处理形式分，可以分为数字计算机、模拟计算机和数字与模拟混合计算机。现在人们所使用的大都是数字计算机。严格地说，目前的计算机称为数字电子计算机或电子数字计算机。为了方便，简称为计算机。

现代计算机以二进制信息处理为基础，以运算速度快、解题精度高、信息存储方便、价格低、可靠性高和通用性强等特点，已广泛用于科学计算、工业实时控制、计算机辅助设计、计算机辅助制造、计算机网络通信等各个领域。特别是近20年来，已经走入寻常百姓家，在家庭、理财、学习和娱乐等方面扮演着重要的角色。

1.1　计算机的发展

1.1.1　电子计算机的发展阶段

自从1946年世界上第一台电子计算机研制成功，在60多年的发展过程中，计算机经历了5个重要阶段。

1. 大型计算机阶段

1946年，在美国宾西法尼亚大学世界上第一台电子数字计算机ENIAC（Electronic Numerical Integrator And Calculator——电子数值积分和计算机）诞生（见图1-1），它标志着计算机时代的到来。

第一台计算机是为计算弹道和射击表而设计的，它的主要元器件采用的是电子管。该计算机使用了1 500个继电器、18 800个电子管，占地170 m²，重量30 T，总体积170 m³，功率 150 kW，耗资 40 万美元。这台计算机每秒能完成 5 000 次加法运算、300 多次乘法运算，比当时最快的计算工具快 300 倍。与目前的计算机相比，其功能远不及一只掌上可编程计算器，但它使科学家们从繁杂的计算中解放出来，它的诞生标志着人类进入一个崭新的信息革命时代。

图 1-1　第一台电子数字计算机

但这种计算机的程序是外加式的，存储容量也太小，尚未完全具备现代计算机的主要特征。后来，美籍匈裔数学家冯·诺依曼提出存储程序的原理，即指令和数据组成程序存放在存储器中，运行程序时，按照程序中指令的逻辑顺序把指令从存储器中取出来逐条执行，自动完成程序所描述的处理工作。1951 年，冯·诺依曼等人研制成功世界上首台能够存储程序的计算机 EDVAC（Electronic Discrete Variable Automatic Computer），它具有现代计算机的 5 个基本部件：输入设备（INPUT）、运算器（ALU）、存储器（MEMORY）、控制器（CU）和输出设备（OUTPUT）。

1946 年 2 月，在美国宾夕法尼亚大学问世的第一台数字电子计算机 ENIAC 是公认的大型计算机的鼻祖。在第一台计算机诞生以来的 60 多年里，计算机的发展日新月异、绚丽多彩，令人目不暇接。特别是电子器件的发展，更加有力地推动了计算机的发展，因此人们习惯以计算机的主要元器件作为计算机发展年代划分的依据。人们根据计算机的性能和所使用主要元器件的不同，将计算机的发展划分成几个阶段。大型机（Mainframe）经历了第一代电子管计算机、第二代晶体管计算机、第三代中小规模集成电路计算机、第四代超大规模集成电路计算机的发展，每一个阶段在技术上都是一次新的突破，在性能上都有了质的飞跃。

美国 IBM 公司是大型机的主要厂商，它生产的 IBM 360、370、4300、3090、9000 等都是有名的大型计算机。日本的富士通和 NEC 也生产大型机。由于大型机价格昂贵，只有国家行政及军事部门、大公司或少数名牌大学才能买得起。

（1）第一代计算机

1946 年至 20 世纪 50 年代末为电子管计算机时代。

主要特点：

① 采用电子管作为计算机的主要逻辑部件体积大，耗电量大，寿命短，可靠性差，成本高。电子管如图 1-2 所示。

② 采用电子射线管、磁鼓存储信息，容量很小。

③ 输入/输出装置落后，主要使用穿孔卡片，速度慢，容易出错，使用不方便。

④ 软件上，使用机器语言和汇编语言编程。

这一时期的典型机器：

● 国外：ENIAC、UNIVAC。

● 国内：103、104 等。

图 1-2　电子管

（2）第二代计算机

1958—1964 年为晶体管计算机时代。

主要特点：

① 采用晶体管作为计算机的主要逻辑部件，体积减小，重量减轻，成本下降，能耗降低，可靠性和运算速度得到了提高。晶体管如图 1-3 所示。

② 采用磁芯作主存储器，磁盘、磁鼓作外存储器。

③ 软件方面有了系统软件（监控程序），提出了操作系统的概念，出现了高级语言，如 FORTRAN、ALGOL60 等。

这一时期的典型机器：

● 国外：IBM 7090 等，如图 1-4 所示。

图 1-3　晶体管

图 1-4　晶体管计算机

● 国内：441B 等。

（3）第三代计算机

1964—1972 年为集成电路计算机时代。

主要特点：

① 采用中、小规模集成电路做主要逻辑部件，从而使计算机体积更小，重量更轻，耗电更省，寿命更长，成本更低，运算速度有了更大的提高。集成电路如图 1-5 所示。

② 采用半导体存储器做主存储器，存储容量和存储速度有了大幅度提高，增加了系统的处理能力。

③ 软件方面，系统软件有了很大的发展，出现了分时操作系统，多用户可以共享计算机资源。

④ 在程序设计方法上，采用了结构化程序设计，为研制更加复杂的软件提供了技术上的保证。

这一时期的典型机器：

● 国外：IBM-360 等。

● 国内：709 等。

（4）第四代计算机

1972 年至今为大规模、超大规模集成电路计算机时代。

主要特点：

① 采用大规模、超大规模集成电路作为基本逻辑部件，使计算机体积、重量和成本大幅度降低，运算速度和可靠性大幅度提高。大规模集成电路如图 1-6 所示。

图 1-5　集成电路　　　　　　　　　图 1-6　大规模集成电路

② 作为主存储器的半导体存储器，其集成度越来越高，容量越来越大；外存储器除了广泛地使用软磁盘、硬磁盘外，还出现了光盘。

③ 各种使用方便的输入/输出设备相继出现，例如大容量的磁盘、光盘、鼠标器、图像扫描仪、数码相机、高分辨率彩色显示器、激光打印机和绘图仪等。

④ 各种实用软件层出不穷，极大地方便了用户。

⑤ 多媒体技术崛起，计算机集图像、图形、声音与文字处理于一体，在信息处理领域掀起了一场革命。

这一时期的典型机器：

● 国外：IBM 370 等。

● 国内：银河等。

2. 小型计算机阶段

小型计算机（Minicomputer）能满足中小型企事业单位的信息处理要求，而且成本较低，其价格能被中小部门接受。1959 年，DEC 公司推出 PDP-1，首次对大型主机进行了"小型化"；1965 年，推出 PDP-8 小型机获得成功；1975 年又推出 VAX-11 系列小型机，使其成为名副其实的小型机霸主。DG 公司、IBM 公司、HP 公司、富士通公司都生产过小型机。

3. 微型计算机阶段

微型计算机（Microcomputer）是对大型计算机进行的第二次"小型化"。1976 年，苹果计算机公司成立，1977 年推出 APPLE II 微型机大获成功，使其成为个人及家庭能买得起的计算机。1981 年，IBM 公司推出 IBM PC，此后它又经历了若干代的演变，逐渐占领了庞大的个人计算机市场。

4. 客户机/服务器阶段

早在 1964 年，IBM 公司就与美国航空公司建立了第一个联机订票系统，把全美 2 000 个订票终端用电话线连在一起。订票中心的 IBM 大型机用来处理订票事务，即现在的服务器，而分散在各地的订票终端则成为客户机，于是它们在逻辑上就构成一个客户机/服务器系统。

随着微型机的发展，20 世纪 70 年代出现了在局部范围内（例如在一座大楼内）把计算机连在一起的趋势，称为局域网。在局域网中，如果每台计算机在逻辑上都是平等的，不存在主从关系，则称为对等网络。但是，大多数局域网不是对等网络，而是非对等网络。在非对等网络中，存在着主从关系，即个别计算机是扮演主角的服务器，其他计算机则是充当配角的客户机。早期的服务器主要是为其他客户机提供资源共享的磁盘服务器、文件服务器，后来的服务器主要是数据库服务器、应用服务器等。

客户机/服务器结构模式是对大型主机结构模式的又一次挑战。由于客户机/服务器结构灵活、适应面广、成本较低，因此得到广泛的应用。

5．Internet 阶段

自 1969 年美国国防部的 ARPANet 运行以来，计算机广域网开始逐步发展。1983 年，TCP/IP（传输控制协议/Internet 协议）正式成为 ARPANet 的协议标准，这使得网际互联有了突飞猛进的发展。以它为主干发展起来的 Internet 到 1990 年已经连接了 3 000 多个网络和 20 万台计算机。进入 20 世纪 90 年代后，Internet 更是得到迅猛发展。

1991 年 6 月，我国第一条与 Internet 连接的专线建成，它从中科院高能物理研究所接到美国斯坦福大学的直线加速器中心。到 1994 年，我国才实现了采用 TCP/IP 的 Internet 的全功能连接，可通过四大主干网接入 Internet。

过去的计算机教材，在介绍计算机发展史时，只谈第一代电子管计算机、第二代晶体管计算机、第三代集成电路计算机、第四代超大规模集成电路计算机，这实际上只是大型机本身的历史，不能全面反映 60 多年来计算机世界发生的翻天覆地的变化。本书划分的 5 个发展阶段，比较全面地反映了信息技术突飞猛进的发展。此外，需要说明的是各个阶段不是串接式的取代关系，而是并行式的共存关系。也就是说，并没有在某一个年代大型机全部变成了小型机，小型机并没有使大型机全部消失，微型机也没有完全取代小型机，直到今天它们仍然在特定的领域发挥着各自的优势。

1.1.2　计算机的分类

随着计算机技术的发展和应用的推动，尤其是微处理器的发展，计算机的类型越来越多样化。按照计算机的结构，计算机可分为机械计算机和电子计算机。机械计算机现在已经很少见到。电子计算机从原理上可分为两大类：模拟电子计算机和数字电子计算机。模拟电子计算机是一种用连续变化的模拟量（如电压、长度、角度来模仿实际所需要计算的对象）作为运算对象的计算机，现在已经很少使用；数字电子计算机以数字量（也称为不连续量）作为运算对象并进行运算，其特点是运算速度快，精确度高，具有"记忆"（存储）和逻辑判断能力。一般不做特别说明，计算机指的都是数字电子计算机。

数字电子计算机可以按照不同的要求进行划分。

1．按设计目的划分可分为通用计算机和专用计算机

● 通用计算机：用于解决各类问题而设计的计算机。通用计算机即可以进行科学计算、工程计算，又可用于数据处理和工业控制等。它是一种用途广泛、结构复杂的计算机。

● 专用计算机：为某种特定目的而设计的计算机，例如用于数控机床、轧钢控制、银行存款等的计算机。专用计算机针对性强、效率高、结构比通用计算机简单。

2．按用途划分

● 科学计算与工程计算计算机：专门用于科学计算和工程计算的计算机。

● 工业控制计算机：主要用于生产过程控制和监测的计算机。

● 数据计算机：主要用于数据处理，例如统计报表、预测和统计、办公事务处理等。

3．按大小划分

● 巨型计算机：规模大、速度快的计算机。目前，巨型计算机的运算速度已达百万亿甚至千万亿次/秒，主要用于大型科学与工程计算，例如天气预报、地质勘探、航空航天等。

● 小型计算机：规模较大、速度较快的计算机，主要用于一般科学计算、事务处理等。

● 微型计算机：体积较小的计算机，例如个人计算机、笔记本计算机、掌上计算机等。

（1）巨型计算机

人们通常把最快、最大、最昂贵的计算机称为巨型机（Super Computer），即超级计算机。巨型机一般用在国防和尖端科学领域。目前，巨型机主要用于战略武器（如核武器和反导弹武器）的设计、空间技术、石油勘探、长期天气预报以及社会模拟等领域。世界上只有少数几个国家能生产巨型机，著名的巨型机如美国的克雷系列（Cray-1，Cray-2，Cray-3、Cray-4 等），我国自行研制的银河-Ⅰ（每秒运算 1 亿次以上）、银河-Ⅱ（每秒运算了 10 亿次以上）和银河-Ⅲ（每秒运算 100 亿次以上）也都是巨型机，如图 1-7 所示。现在世界上运行速度最快的巨型机已达到每秒千万亿次浮点运算。

图 1-7　国防科技大学研制的
"银河Ⅱ"巨型机

中国的巨型机之父是 2004 年国家最高科学技术奖获得者金怡濂院士。他在 20 世纪 90 年代初提出了一个我国超大规模巨型计算机研制的全新的跨越式方案，这一方案把巨型机的峰值运算速度从每秒 10 亿次提升到每秒 3 000 亿次以上，跨越了两个数量级，闯出了一条中国巨型机赶超世界先进水平的发展道路。

近年来，我国巨型机的研发也取得了很大的成绩，推出了"曙光"、"联想"等代表国内最高水平的巨型机系统，并在国民经济的关键领域得到了应用。联想的深腾 6800 实际运算速度为每秒 4.183 万亿次，峰值运算速度为每秒 5.324 万亿次。即将在上海超级计算中心落户的曙光 4 000 A 采用 2 000 多颗 64 位 AMD Opteron 处理器，运算速度将达到每秒 10 万亿次。

（2）大型主机

大型主机（Mainframe）包括大型机和中型机，价格比较贵，运算速度没有巨型机那样快，一般只有大中型企事业单位才有必要进行配置和管理。以大型主机和其他外部设备为主，并且配备众多的终端，组成一个计算机中心，才能充分发挥大型主机的作用。美国 IBM 公司生产的 IBM 360、IBM 370、IBM 9000 系列，就是国际上有代表性的大型主机。

（3）小型计算机

小型计算机（Minicomputer）一般为中小型企事业单位或某一部门所用，例如高等院校的计算机中心都以一台小型机为主机，配以几十台甚至上百台终端机，以满足大量学生学习程序设计课程的需要。当然，其运算速度和存储容量都比不上大型主机。美国 DEC 公司生产的 VAX 系列机、IBM 公司生产的 AS/400 机以及我国生产的太极系列机都是小型计算机的代表。

（4）小巨型计算机

小巨型计算机（Minisupers）也称为桌上型超级计算机，它的问世对巨型机的高价格发出了挑战，其发展也非常迅速。例如，美国 Convex 公司的 C 系列机等，就是比较成功的小巨型机。

（5）微型计算机

微型计算机（Micro Computer）又称个人计算机（Personal Computer，PC），是在第四代计算机时期出现的一个新机种。1971 年，Intel 公司的工程师马西安·霍夫（M. E. Hoff）成功地在一个芯片上实现了中央处理器（Central Processing Unit，CPU）的功能，制成了世界上第一片 4 位微处理器 Intel 4004，组成了世界上第一台 4 位微型计算机——MCS-4，从此揭开了世界微型计算机大发展的帷幕。随后，许多公司（如 Motorola、Zilog 等）也争相研制微处理器，推出了 8 位、16 位、32 位、64 位的微处理器。在过去的 30 多年中，PC 使用的 CPU 芯片平均每两年集成度增加一倍，处理速度提高一倍，价格却降低一半。在目前的市场上，CPU主要有 Intel 的 Pentium 4、Celeron 以及 AMD 的 Athlon K7 等。

PC 的特点是轻、小、价廉、易用。自 IBM 公司于 1981 年采用 Intel 的微处理器推出 IBM PC 以来，微型计算机因其小巧轻方便、价格便宜等优点在过去 20 多年中得到迅速发展，成为计算机的主流。目前，微型计算机的应用已经遍及社会的各个领域：从工厂的生产控制到政府的办公自动化，从商店的数据处理到家庭的信息管理，几乎无所不在。

微型计算机的种类很多，主要分为三类：图 1-8 和图 1-9 所示为台式机（Desktop Computer），图 1-10 所示为笔记本（Notebook）计算机，图 1-11 所示为掌上计算机。

图 1-8　台式微型计算机（卧式）

图 1-9　台式微型计算机（立式）

图 1-10　笔记本计算机

图 1-11　掌上计算机

（6）工作站

工作站（Workstation）是介于个人计算机（PC）和小型计算机之间的一种高档微型机，通常配有高分辨率的大屏幕显示器及容量很大的内存储器和外部存储器，并且具有较强的信息处理功能和高性能的图形、图像处理功能以及联网功能，是以个人计算机和分布式网络计算为基础，主要面向专业应用领域，具备强大的数据运算与图形、图像处理能力，为满足工程设计、动画制作、科学研究、软件开发、金融管理等专业领域而设计开发的高性能计算机，如图 1-12 所示。

工作站根据软、硬件平台的不同，一般分为基于 RISC（精简指令系统）架构的 UNIX 系统工作站和基于 Windows、Intel 的 PC 工作站。UNIX 工作站是一种高性能的专业工作站，使用专有的处理器（Alpha、MIPS、Power 等）、内存以及图形等硬件系统，专有的 UNIX 操作系统，针对特定硬件平台的应用软件，彼此互不兼容。PC 工作站则是基于高性能的 X86 处理器之上，使用稳定的 Linux、Mac OS、Windows NT 及 Windows 2000、Windows XP 等操作系统，采用符合专业图形标准（OpenGL）的图形系统，再加上高性能的存储、I/O、网络等子系统，来满足专业软件运行的要求。

（7）服务器

服务器（Server）是一种在网络环境中为多个用户提供服务的计算机系统，如图 1-13 所示。从硬件上来说，一台普通的微型机也可以充当服务器，关键是它要安装网络操作系统、网络协议和各种服务软件。服务器服务有文件、数据库、图形、图像、打印、通信、安全、保密、系统管理和网络管理等。根据提供的服务，服务器可以分为文件服务器、数据库服务器、应用服务器和通信服务器等。

图 1-12　工作站（清华同方超炫 3400 至强 E5335）　图 1-13　服务器（HP ProLiant ML570 G4）

（8）嵌入式计算机

嵌入式计算机是指作为一个信息处理部件，嵌入到应用系统之中的计算机。嵌入式计算机与通用型计算机最大的区别是运行固化的软件，用户很难或不能改变。嵌入式计算机应用最广泛，数量超过微型机。目前，广泛用于各种家用电器之中，例如电冰箱、自动洗衣机、数字电视机和数码相机等。

1.1.3　未来新型计算机

从 1946 年第一台计算机诞生以来，电子计算机已经走过了半个多世纪的历程，计算机的体积在不断变小，但性能、速度却在不断提高。但是，人类的追求是无止境的，人们一刻也没有停止过研究更好、更快、功能更强的计算机，计算机将朝着微型化、巨型化、网络化和智能化方向发展。但是，目前几乎所有的计算机都被称为冯·诺依曼计算机。从目前的研究情况看，未来新型计算机将可能在以下几个方面取得革命性的突破。

1．光子计算机

光子计算机利用光子取代电子进行数据运算、传输和存储。在光子计算机中，不同波长的光表示不同的数据，可快速完成复杂的计算工作。制造光子计算机，需要开发出可以用一条光束来控制另一条光束变化的光学晶体管。尽管目前可以制造出这样的装置，但是它庞大而笨拙，因此短期内光子计算机达到实际应用很困难。

与传统的硅芯片计算机相比，光子计算机有下列优点：超高速的运算速度、强大的并行处理能力、大存储量、非常强的抗干扰能力、与人脑相似的容错性等。根据推测，未来光子计算机的运算速度可能比目前的超级计算机快 1 000～10 000 倍。1990 年，美国贝尔实验室宣布研制出世界上第一台光学计算机。它采用砷化镓光学开关，运算速度达 10 亿次/秒。尽管这台光子计算机与理论上的光子计算机还有一定距离，但已显示出强大的生命力。目前，光子计算机的许多关键技术，如光存储技术、光存储器、光电子集成电路等都已取得重大突破。预计在未来一二十年内，这种新型计算机可以取得突破性进展。

2．生物计算机

生物计算机（分子计算机）在 20 世纪 80 年代中期开始研制，其最大的特点是采用了生物芯片，它由生物工程技术产生的蛋白质分子构成。在这种芯片中，信息以波的形式传播，运算速度比当今最新一代计算机快 10 万倍，但能量消耗仅相当于普通计算机的 1/10，并且拥有巨大的存储能力。由于蛋白质分子能够自我组合，再生新的微型电路，使得生物计算机具有生物体的一些特点。如果能够发挥生物体本身的调节机能，则能自动修复芯片发生的故障，且能模仿人脑的思考机制。

美国首次公之于世的生物计算机被用来模拟电子计算机的逻辑运算，解决了虚构的 7 城市间的最佳路径问题。

目前，在生物计算机研究领域已经有了新的进展，预计在不久的将来，就能制造出分子元件，即通过在分子水平上的物理化学作用对信息进行检测、处理、传输和存储。另外，在超微技术领域也取得了某些突破，制造出了微型机器人。长远的目标是让这种微型机器人成为一部微小的生物计算机，它们不仅小巧玲珑，而且可以像微生物那样自我复制和繁殖，可以钻进人体里杀死病毒，修复血管、心脏、肾脏等内部器官的损伤，或者使引起癌变的 DNA 突变发生逆转，从而使人延年益寿。

3．量子计算机

所谓量子计算机，是指利用处于多现实态下的原子进行运算的计算机。这种多现实态是量子力学的标志。在某种条件下，原子世界存在着多现实态，即原子和亚原子粒子可以同时存在于此处和彼处，可以同时表现出高速和低速，可以同时向上和向下运动。如果用这些不同的原子状态分别代表不同的数字或数据，就可以利用一组具有不同潜在状态组合的原子，在同一时间对某一问题的所有答案进行探寻，再利用一些巧妙的手段，就可以使代表正确答案的组合脱颖而出。

刚进入 21 世纪之际，人类在研制量子计算机的道路上取得了新的突破。美国的研究人员已经成功地实现了 4 量子位逻辑门，取得了 4 个锂离子的量子缠结状态。

与传统的电子计算机相比，量子计算机具有解题速度快、存储量大、搜索功能强和安全性较高等优点。

1.2　数制和信息编码

1.2.1　数制

1．什么是数制

所谓数制，就是人们利用符号来记数的科学方法，又称为记数制。数制有很多种，例如最常使用的十进制、钟表的六十进制（每分钟 60 秒、每小时 60 分钟）、年月的十二进制（一年 12 个月）等。

无论哪种数制，都包含两个基本要素：基数和位权。

（1）基数

在一个记数制中，表示每个数位上可用字符的个数称为该记数制的基数。例如，十进制数，每一位可使用的数字为 0，1，2，3，…，9 共 10 个，则十进制的基数为 10，即逢十进一；二进制中用 0 和 1 来记数，则二进制的基数为 2，即逢二进一。

（2）位权

一个数码处在不同位置所代表的值不同。例如十进制中，数字 5 在十位数位置上表示 50，在百位数上表示 500，而在小数点后第 1 位表示 0.5。可见每个数码所代表的真正数值等于该数码乘以一个与数码所在位置相关的常数，这个常数就叫做位权。位权的大小是以基数为底、数码所在位置的序号为指数的整数次幂，其中位置序号的排列规则如下：小数点左边，从右至左分别为 0，1，2，…，小数点右边从左至右分别为-1，-2，-3，…。

以十进制为例，十进制的个位数位置的位权是 10^0，十位数位置的位权为 10^1，小数点后第 1 位的位权为 10^{-1}。

十进制数 15369.58 的值等于：

$$(15369.58)_{10}=1\times10^4+5\times10^3+3\times10^2+6\times10^1+9\times10^0+5\times10^{-1}+8\times10^{-2}$$

计算机中常用的数制的表示如表 1-1 所示。

表 1-1　计算机中常用的数制的表示

进位制	记数规则	基数	各位的权	可用数符	后缀字符标识
二进制	逢 2 进 1	2	2^i	0,1	B
八进制	逢 8 进 1	8	8^i	0,1,…,7	Q
十进制	逢 10 进 1	10	10^i	0,1,…,9	D
十六进制	逢 16 进 1	16	16^i	0,1,…,9,A,B,C,D,E,F	H

为了标识不同的数制，可在数的后面加上后缀字符，也可以将数用圆括号括起来，再在括号的右下角注明进制数。对十六进制数，若打头的数为 A～F，则应在 A～F 之前加一个 0，以表示这是一个数而不是其他符号。例如，二进制数 11001.011 可表示为 11001.011B 或$(11001.011)_2$，同样 23455Q、$(23CD.FE)_{16}$ 都是合法的表示形式。另外，若不注明，则默认为十进制。

计算机中常见的各种进制数之间的对应关系如表 1-2 所示。

表 1-2　各种数制的对应关系

十进制	二进制	八进制	十六进制
0	0000	0	0
1	0001	1	1
2	0010	2	2
3	0011	3	3
4	0100	4	4
5	0101	5	5
6	0110	6	6
7	0111	7	7
8	1000	10	8
9	1001	11	9
10	1010	12	A
11	1011	13	B

续表

十进制	二进制	八进制	十六进制
12	1100	14	C
13	1101	15	D
14	1110	16	E
15	1111	17	F

2．二进制

在现代电子计算机中，采用 0 和 1 表示的二进制来进行计算，基数为 2，二进制数 101011 可以表示为 $(101011)_2$。计算机中使用二进制，而不采用其他记数制的原因如下：

① 二进制使用 0 和 1 进行记数，相应地对应两个基本状态。对于物理元器件而言，一般也都具有两个稳定状态，例如开关的接通与断开、二极管的导通与截止、电平的高与低等，这些可以用 0 和 1 两个数码来表示。

② 二进制数的运算法则少，运算简单，使计算机运算器的硬件结构大幅简化。

③ 二进制的 0 和 1 可以对应逻辑中的真和假，可以很自然地进行逻辑运算。

3．二进制与十进制的转换

计算机普遍采用二进制进行算术运算和逻辑运算，而人们习惯使用十进制进行计算，因此在人们向计算机输入十进制数之后，计算机需要把十进制数转换成二进制数。同样，计算机也需要把二进制的运算结果用十进制的方式显示给用户，于是就存在二进制与十进制之间的转换问题。

（1）二进制转换成十进制

二进制转换成十进制是把二进制数按权展开成多项式和的表达式，基数为 2，逐项相加，所得的和就是所对应的十进制数。

【例 1-1】 把 10101110B、11001100.0011B 转换成十进制数。

$$10101110B=1\times 2^7+0\times 2^6+1\times 2^5+0\times 2^4+1\times 2^3+1\times 2^2+1\times 2^1+0\times 2^0$$
$$=174$$
$$11001100.0011B=1\times 2^7+1\times 2^6+1\times 2^3+1\times 2^2+1\times 2^{-3}+1\times 2^{-4}$$
$$=204.187\ 5$$

说明： 要把 R（R=2，8，16）进制数转换为十进制，只要把它按权展开，再按十进制数运算即可，这种方法称为按权展开法。

【例 1-2】 把 456Q、3BD.CH 转换成十进制数。

$$456Q=4\times 8^2+5\times 8^1+6\times 8^0=174$$
$$3BD.CH=3\times 16^2+11\times 16^1+13\times 16^0+12\times 16^{-1}=957.75$$

（2）十进制转换成二进制

要把十进制数转换为二进制数，整数部分和小数部分的转换方法是不同的，需要分别进行转换。

① 整数部分——除 2 取余法：即用十进制整数除以基数 2，取出余数作为二进制数的

最低位。再用得到的商继续除以基数 2，又取出余数作为二进制数的次低位。如此继续下去，直到商为 0 为止，最后得到的余数为二进制数的最高位。这样，由各次取出的余数组成二进制数。

【例 1-3】 把 216 转换成二进制数。

```
2   216
  2   108      余0    ←最低位
    2   54     余0
      2   27   余0
        2   13  余1
          2   6  余1
            2   3  余0
              2   1  余1
                0  余1    ←最高位
```

因此，216=11011000B

说明：把十进制整数转换为 R 进制整数，用辗转相除法。即用十进制整数除以 R，取出余数作为 R 进制数的最低位，再用得到的商除以 R，又取出余数作为 R 进制数的次低位。如此继续下去，直到商为 0 为止，最后得到的余数为 R 进制数的最高位。这样，由各次取出的余数组成 R 进制数。

【例 1-4】 把 216 转换成八进制、十六进制数。

```
8   216
  8   27       余0       ←最低位
    8   3       余3
      0        余3       ←最高位
```

即 216=330Q

```
16   216
  16   13      余8              ←最低位
     0         余13 (十六进制的D)  ←最高位
```

因此，216=0D8H

② 小数部分——乘 2 取整：即用十进制数小数部分逐次乘以基数 2，取出其乘积的整数部分，作为二进制小数的最高位，再用积的小数部分乘以基数 2，又取出乘积的整数部分作为二进制小数的次高位，如此继续下去，直到乘积的小数部分为 0 或满足精度要求为止，最后得到的整数部分为二进制小数的最低位。这样，由各次取出的整数组成二进制数的小数。

【例 1-5】 把十进制数 0.6875 转换为二进制。

$0.6875 \times 2 = 1.375$	整数部分为 1
$0.375 \times 2 = 0.75$	整数部分为 0
$0.75 \times 2 = 1.5$	整数部分为 1
$0.5 \times 2 = 1.0$	整数部分为 1

可得：0.6875=0.1011B

说明: 要把十进制小数转换为 R 进制数,采用"乘以 R 取整法",即用十进制数小数部分逐次乘以 R,取出其乘积的整数部分,作为 R 进制小数的最高位,再用积的小数部分乘以 R,又取出乘积的整数部分作为 R 进制小数的次高位,如此继续下去,直到乘积的小数部分为 0 或满足精度要求为止,最后得到的整数部分为 R 进制小数的最低位。这样,由各次取出的整数组成 R 进制数的小数。

(3)非十进制数之间的相互转换

由于二进制、八进制、十六进制之间存在着特殊的对应关系,即 $2^3=8$,$2^4=16$,也就是每 3 位二进制数可以表示一位八进制数,每 4 位二进制数可以表示一位十六进制数,具体对应关系如表 1-2 所示。因此,二进制与八进制数、十六进制数之间的转换很简单。

① 二进制数转换为八进制数、十六进制数。

二进制转换为八进制时,从小数点开始,向左或向右每 3 位划分为一组,如果最后一组不足 3 位,可补 0,然后写出每一组二进制数对应的八进制数码即可。

【例1-6】 把 1101100.11111B 转换为八进制数。

   001 101 100.111 110

    1   5   4. 7 6

即 1101100.11111B=154.76Q

二进制数转换为十六进制数时,从小数点开始,向左或向右每 4 位划分为一组,如果最后一组不足 4 位,可补 0,然后写出每一组二进制数对应的十六进制数码即可。

【例1-7】 把 1101111011.1110 转换为十六进制数。

   0011 0111 1011.1110

    3   7   B. E

即 1101110011.1110=37B.EH

② 八进制数、十六进制数转换为二进制。

要把八进制数转换为二进制数,只要将一位八进制数用 3 位二进制数表示即可。同理,只要将一位十六进制数用 4 位二进制数表示,即可完成十六进制数到二进制数的转换。

【例1-8】 把 32.67Q 和 2B5D.6H 转换为二进制数。

   32.67Q=011010.110111B

   2B5D.6H=0010101101011101.0110B

八进制数与十六进制数之间的相互转换,可以二进制数为桥梁,即先将待转换的数转换为二进制数,然后再将二进制数转换为所需的进制数。

1.2.2 信息编码

信息需要按照规定好的二进制形式表示才能被计算机处理,这些规定的形式就是信息编码。信息的类型有很多,数字和文字是最简单的类型,表格、声音、图形和图像则是复杂的类型。编码时要考虑信息的特性,并且要方便计算机的存储和处理,因此是一件非常重要的工作。下面介绍几种常用的信息编码。

1. BCD 码

BCD(Binary Coded Decimal,二进制编码的十进制数)码就是用二进制编码表示十进制数的方式，即每一位十进制数数字对应 4 位二进制编码，又称 8421 码。表 1-3 所示为十进制数 0~9 与其 BCD 码的对应关系。

表 1-3　十进制数与 BCD 码的对应关系

十进制数	BCD 码	十进制数	BCD 码
0	0000	5	0101
1	0001	6	0110
2	0010	7	0111
3	0011	8	1000
4	0100	9	1001

2．ASCII 码

字符是计算机中使用最多的信息形式之一，是人与计算机进行通信、交互的重要媒介。在计算机中，要为每个字符指定一个确定的编码，作为识别与使用这些字符的依据。各种字母和符号也必须使用规定的二进制码表示，计算机才能处理。在西文领域，目前普遍采用的是 ASCII（American Standard Code for Information Interchange，美国标准信息交换码）码。ASCII 码虽然是美国国家标准，但它已被国际标准化组织（ISO）定为国际标准，并在全世界范围内通用。

标准的 ASCII 码是 7 位码，用一个字节表示，最高位总是 0，可以表示 128 个字符（2^7）。

前 32 个码和最后一个码通常是计算机系统专用的，代表一个不可见的控制字符。数字字符 0~9 的 ASCII 码是连续的，为 30H~39H（H 表示十六进制数）；大写字母 A~Z 和小写英文字母 a~z 的 ASCII 码也是连续的，分别为 41H~54H 和 61H~74H。因此，知道一个字母或数字的 ASCII 码，就很容易推算出其他字母和数字的 ASCII 码。

3．汉字编码

由于汉字具有特殊性，因此汉字的输入、存储、处理及输出过程中所使用的汉字编码是不相同的，其中包括用于汉字输入的输入码，用于机内存储和处理的机内码和用于输出显示和打印的字模点阵码（或称字形码）。各种汉字编码的转换如图 1-14 所示。

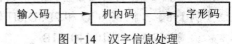

图 1-14　汉字信息处理

（1）汉字的输入码

汉字输入码是为了利用现有的计算机键盘，将形态各异的汉字输入计算机而编制的代码。目前，汉字输入码的编码类型大体可分为 4 类，即顺序码（如区位码、电报码）、拼音码（如智能全拼码、智能 ABC 码、简拼码、双拼码）、字形码（如五笔字型编码、表形码、仓颉码）和音形码（如快速输入码、全息码、五十字元双拼码）。

尽管各种编码的编码方案不同，但目的都是为了能方便用户，易学易记，快速输入，并尽量减少重码。当然，它们各有利弊，用户可以结合自己的实际情况，选择一种适合自己的输入方法。

（2）汉字的机内码

汉字的机内码是供计算机系统内部进行存储、加工处理、传输等统一使用的代码，又称为汉字内部码或汉字内码。不同的系统使用的汉字机内码有所不同。目前，使用最广泛的是一种双字节的机内码，俗称变形的国标码。其最大优点是机内码表示简单，且与交换码之间有明显的对应关系，同时也解决了中西文机内码存在二义性的问题。

国家标准 GB2312—80《信息交换用汉字编码字符集基本集》，简称国标码，把汉字和字符分为 94 个区，每区 94 个位，每位对应一个汉字或字符，区和位都用两位十进制数 01～94 表示，这样由区号和位号组成的 4 位数就叫区位码。在 ASCII 码中有 94 个可打印字符（21H～7EH），国标码为了与 ASCII 码对应，给区位码的区号和位号都加上 20H 从而得到国标码。

在计算机中，西文字符的机内码直接使用 ASCII 码格式，即单字节编码，且高位为 0。为了区别中、西文，汉字内码使用变形国标码，即将国标码的两个字节的高位都置为 1，从而得到汉字机内码。因此，汉字的区位码、国标码、机内码间的对应关系如下：

$$国标码=区位码+2020H$$
$$机内码=国标码+8080H$$

例如，汉字"啊"的区位码为 1601（1001H），国标码为 3021H，机内码为 B0A1H。

输入汉字时，汉字系统通过计算或查找输入码表完成输入码到机内码的转换。

（3）汉字的字形码

汉字字形码是汉字字库中存储的汉字字形的数字化信息，用于汉字的显示和打印。目前，汉字字形的产生方式大多是数字式，即以点阵方式形成汉字。因此，汉字字形码主要是指汉字字形点阵的代码。汉字字形点阵有 16×16 点阵、24×24 点阵、32×32 点阵、64×64 点阵等。点阵不同需要的存储空间也不同。一个 16×16 点阵的汉字，每行 16 个点就是 16 个二进制位，存储一行代码需要 2B。16 行共占用 $2 \times 16=32B$。计算一个汉字字形码所占用字节的公式，是每行点数除以 8 再乘以行数。依此类推，对于一个 24×24 点阵的汉字，一个汉字字形码需要占用的存储空间为：$24 \div 8 \times 24=3 \times 24=72B$；一个 32×32 点阵汉字的字形码需 128B；而一个 48×48 点阵的汉字字型码需 288B。一个汉字方块中行数、列数分得越多，描绘的汉字也就越精致，但占用的存储空间也越大。

1.2.3 基本运算

1. 算术运算

二进制数的算术运算有加法、减法、乘法和除法。其运算规则如下：

（1）加法

$0+0=0$ $0+1=1$

$1+0=1$ $1+1=10$

（2）减法

$0-0=0$ $1-0=1$

$1-1=0$ $10-1=1$

（3）乘法

$0 \times 0=0$ $0 \times 1=0$

$1 \times 0=0$ $1 \times 1=1$

（4）除法

$0 \div 1=0$ $1 \div 1=1$

【例 1-9】 计算以下各式。

(1) 1010B+1100B   (2) 1100B−1010B

(3) 1010B×101B   (4) 11010B÷101B

```
(1)        1010              (2)        1100
        +  1100                      −  1010
          10110                        0010
```

1010B+1100B=10110B   1100B−1010B=10B

```
(3)        1010              (4)            101
        ×   101                     101 ) 11010
           1010                            101
          1010                             110
         110010                            101
                                             1
```

1010B×101B=110010B   11010B÷101B=101B   余 1

2．逻辑运算

二进制数的逻辑运算有"与"、"或"、"异或"、"非"，其运算规则如下：

(1)"与"运算

     $0 \wedge 0 = 0$ $0 \wedge 1 = 0$

     $1 \wedge 0 = 0$ $1 \wedge 1 = 1$

(2)"或"运算

     $0 \vee 0 = 0$ $0 \vee 1 = 1$

     $1 \vee 0 = 1$ $1 \vee 1 = 1$

(3)"异或"运算

     $0 \oplus 0 = 0$ $0 \oplus 1 = 1$

     $1 \oplus 0 = 1$ $1 \oplus 1 = 0$

(4)"非"运算

     $\bar{1} = 0$ $\bar{0} = 1$

【例 1-10】 计算以下各式。

(1) 1001∧1100   (2) 1001∨1100

(3) 1001⊕1100   (4) $\overline{1010}$

```
(1)        1001              (2)        1001
        ∧  1100                      ∨  1100
           1000                         1101
```

1001∧1100=1000   1001∨1100=1101

```
(3)        1001              (4)  ‾‾‾‾
        ⊕  1100                   1010 =0101
           0101
```

1001⊕1100=0101

1.3 PC 硬件配置

PC 的硬件组成可以分为以下几个部分：CPU、内存、外存和各种输入/输出设备。一些常用的多媒体设备已经成为 PC 的基本配置。

1.3.1 CPU

PC 主板上密密麻麻地焊接着许多电器元件，其中有一个方形的元件是 CPU，即"中央处理单元"(Central Process Unit)，简称微处理器，它把计算机的运算器和控制器集中在一块芯片上，如图 1-15 所示。CPU 可以称作主机的心脏，通常所说的计算机的型号，如奔腾、酷睿、AMD 等是指 CPU 的型号。实际上，处理器的作用和大脑更相似，因为它负责处理、运算计算机内部的所有数据，而主板芯片组则更像是心脏，它控制着数据的交换。CPU 主要由运算器、控制器、寄存器组和内部总线等构成，是 PC 的核心，再配上储存器、输入/输出接口和系统总线组成完整的 PC。CPU 负责接收、执行人们输入的和来自软件的指令，处理数据。CPU 还负责指挥、控制数据的传输等许多工作，所以 CPU 是最重要的部件。

图 1-15 CPU

CPU 最重要的组成部分是核心(die)，又称为内核，是由单晶硅以一定的生产工艺制造出来的。CPU 所有的计算、接收命令、存储命令、处理数据都由核心执行。各种 CPU 核心都具有固定的逻辑结构，一级缓存、二级缓存、执行单元、指令级单元和总线接口等逻辑单元等。

CPU 技术的发展也是非常惊人的，目前双核心的处理器已经大批量出现在市场上。主频是衡量 CPU 性能的一个重要指标，处理器主频不断达到了一个又一个的高峰。当处理器主频提升到一定速度时，单纯主频的提升已经无法为系统整体性能的提升带来明显的变化，伴随着高主频也带来了处理器巨大的发热量，于是 CPU 开始向多核心技术发展，生产性能更为强大的多核心处理器系统。双核处理器是指在一个处理器上集成两个运算核心，从而提高计算能力。

由于 CPU 在微机中的关键作用，人们往往将 CPU 的型号作为衡量和购买计算机的标准，例如 586、Pentium 4、酷睿 2、闪龙等微处理器都成为机器的代名词。图 1-16 所示为盒装的 CPU 产品。

下面介绍一下与 CPU 性能相关的几个问题。

1. CPU 的速度与主频

目前，PC 的运算速度已超过若干年前大型机的速度。例如，Intel 公司的奔腾微处理器每秒钟的运算速度已达亿次数量级。

图 1-16　盒装的 CPU 产品

　　CPU 执行指令的速度与系统时钟有着密切的关系。系统时钟是计算机的一个特殊器件，它周期性地发出脉冲式电信号，控制和同步各个器件的工作节拍。系统时钟的频率越高，整个机器的工作速度就越快。时钟频率的上限与各器件的性能有关。所谓 CPU 的主频即 CPU 能够适应的时钟频率，或者说是 CPU 产品的标准工作频率，它等于 CPU 在一秒钟内能够完成的工作周期数。

　　CPU 的主频以 MHz、GHz 为单位。1 MHz 为每秒 100 万周期，主频越高表明 CPU 运算速度越快。各种奔腾级 CPU 的主频如表 1-4 所示。

表 1-4　各种奔腾级 CPU 的主频

奔腾级 CPU 的分类		主频（MHz）
奔腾	Pentium	60，…，166
	MMX　Perltium	166，…，233
高能奔腾	Pentium　Pro	150，…，200
奔腾 II	Pentium II	233，…，400
奔腾III	Pentium III	1 GHz
奔腾 4	Pentium 4	2 GHz

2．CPU 的字长

　　字长是指 CPU 在一次操作中能处理的最大数据单位，它体现了一条指令所能处理数据的能力。能够处理的数据的位数是中央处理器性能高低的一个重要标志。例如，一个 CPU 的字长为 16 位，则每执行一条指令可以处理 16 位二进制数据。如果要处理更多位的数据，则需要几条指令才能完成。显然，字长越长，CPU 可同时处理的数据位数就越多，功能就越强，但 CPU 的结构也就越复杂。CPU 的字长与寄存器长度及主数据总线的宽度都有关系。早期的 CPU 是 8 位或 16 位的，32 位 CPU 的代表就是 Intel 80486，而目前的奔腾 CPU 已是 64 位。

1.3.2　存储器

　　存储器是计算机的记忆和存储部件，用来存放信息。对存储器而言，容量越大，存取速度越快，其性能越好。目前，市场上有多种存储设备，每种存储设备都具有独特的优缺点，对于存储器主要从以下 4 个方面来衡量其性能：

① 多功能性：存储设备可以访问多种类型介质上的数据。

② 持久性：存储技术容易受到错误或外部环境因素的影响，持久性强的技术就是不容易出现数据丢失和破坏的技术。

③ 容量：容量大的存储设备更受到广大用户的欢迎。存储容量是该存储设备可以存储的最大数据量，通常使用 KB、MB、GB 和 TB 来计量。

④ 访问速度：访问速度也是人们所关心的一个问题，它是由访问时间和数据传输速率决定的。访问时间是 CPU 找到存储介质上的数据并进行读取所需要的平均时间，通常用 ms 来表示。数据传输速率是数据每秒从存储介质传输到 CPU 的数量，数量越大表明传输速率越快。

一般来说，存储器的工作速度相对于 CPU 的运算速度要低得多，因此存储器的工作速度是制约计算机整体运算速度的主要因素之一。为了解决 CPU 与存储器之间速度不匹配的矛盾，计算机的存储系统采用两级存储方式：内存储器和外存储器。

1. 内存储器

内存储器又叫内存或者主存储器，它与 CPU 一起构成计算机主机。内存可以被 CPU 直接访问，用来存放当前正在使用的或随时要使用的程序或数据。内存储器采用半导体存储技术存储信息，半导体存储器如图 1-17 所示，图 1-18 所示为盒装的内存条。

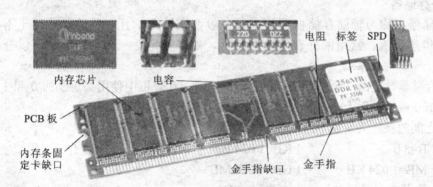

图 1-17　半导体存储器

图 1-18　盒装的内存条

内存储器按其工作特点可分为只读存储器（Read Only Memoy，ROM）和随机存储器（Random Access Memory，RAM）。

（1）ROM

用户不能向 ROM 中写入数据，只能从中读出数据，其中的信息是在制造时一次写入的。

ROM 常用来存放固定不变、重复使用的程序或数据，例如存放字库、各种外设的控制程序等。最典型的是 BIOS（基本输入/输出系统），其中的指令告诉计算机如何访问磁盘驱动器和其他外围设备。当打开计算机时，中央处理器执行 BIOS 的指令来搜索磁盘上的主要操作系统文件，这样计算机就可以把需要的文件调入 RAM 中，进行后面的计算工作。这种内容固定且每次开机时都要执行的程序，使用 ROM 进行存储是最为合适的。

（2）RAM

RAM 是一种读/写存储器，其内容可以随时根据需要读出，也可以随时重新写入新的信息。

RAM 根据是否需要定时刷新，分为静态 RAM 和动态 RAM 两种。静态 RAM 的特点是只要存储单元上加有工作电压，其中存储的信息就不会丢失。动态 RAM 随着电容的漏电，信息会逐渐丢失，因此要每隔一定时间对存储单元中的信息进行刷新。

不论是静态 RAM 还是动态 RAM，断开电源电压时，其中保存的信息都将会丢失。RAM 在微型计算机中主要用来存放正在执行的程序和临时数据。

目前，微型计算机的内存通常为 512 MB～2 GB，用户可以自己购买额外的内存条来扩充计算机的内存容量。除了容量之外，RAM 的存取速度也非常重要，因为 RAM 直接与 CPU 进行数据交换，CPU 的速度很快，如果 RAM 的速度达不到一定的要求就会使计算机系统整体性能下降。目前，RAM 的存取速度为 667 MHz 或 800 MHz。

2．外存储器

外存储器又称为辅助存储器，其容量一般都比较大，且容易移动，便于不同计算机之间进行信息交流。常用的外存储器有磁盘、磁带和光盘，其中磁盘又可以分为硬盘和软盘。

衡量存储器性能的一个重要指标就是存储容量。计算机中使用二进制的 0 和 1 来存储和计算，一个 0 或 1 占用 1 b，8 b 为 1 B，此外还有 KB、MB 和 GB 等。

它们之间的换算关系如下：

1 B=8 b	1 KB=1 024 B
1 MB=1 024 KB	1 GB=1 024 MB
1 个英文字符=1 B	1 个汉字=2 B

在此将介绍磁盘、磁带和光盘 3 种主要的存储设备以及目前出现的一些新的存储设备。

（1）磁盘

磁盘分为软盘和硬盘两种：

① 软盘：软盘是一种磁介质形式的大容量存储器。它是一个圆形的、柔韧的、覆盖了一层薄的磁氧化物的聚酯塑料片。它的磁盘片被装在一个保护套内，保护套保护磁表面不受损伤，也防止盘片旋转时产生静电引起数据丢失。

在保护套上有写保护缺口，对磁盘中的数据进行保护。当写保护缺口被封上时，软盘处于写保护状态，此时软盘上的信息只能被读出，而不能写入。在软盘上存有重要数据且不再改动时，最好对软盘写保护，以保护该软盘上的信息，同时这也是防止感染计算机病毒的方法之一。

目前，微型机上常用的软盘按尺寸划分有 5.25 英寸盘和 3.5 英寸盘。微机上一般使用的是 3.5 英寸的软盘，如图 1-19 所示。软盘的盘片封装在硬塑料保护壳中，当把软盘插入到如图 1-20 所示的软驱之后，软盘的滑动窗就滑动到一边，露出磁盘表面，磁头就可以从这里读取数据。

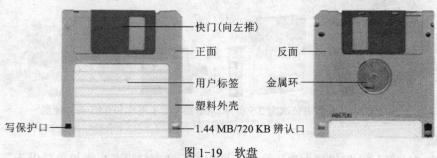

图 1-19 软盘

图 1-20 软驱

以前所使用的软盘只使用一面来存储数据，目前多使用双面存储数据。双面盘片通常简称为 DSD 或 DS，其存储容量比单面盘片多一倍。计算机在磁盘表面存储的数据容量取决于磁盘密度，磁盘密度是指磁盘表面磁粒的密度和大小，磁盘密度越高，磁粒越小，能够存储的数据越多。高密度磁盘（HD 或 HDD）存储的数据要比双密度磁盘（DD 或 DDD）存储的数据多得多。例如，常用的双面高密度 5.25 英寸软盘的存储容量为 1.2 MB，双面高密度 3.5 英寸软盘的存储容量为 1.44 MB。

② 硬盘：硬盘是由若干个硬盘片组成的盘片组，盘片一般由铝或玻璃制成，平滑、坚硬，上面覆盖着磁性氧化物。硬盘一般被固定在计算机箱内。硬盘的存储格式与软盘类似，但硬盘的容量要大得多，存取信息的速度也快得多。现在，一般微型机上所配置的硬盘容量通常为几十 GB，甚至几百个 GB。图 1-21 所示为硬盘的内部结构，硬盘由读/写磁头和一个或多个盘片组成，盘片直径通常为 3.5 英寸，但其表面粒子密度和数据存储容量远远超过软盘。另外，它的访问时间也比软盘的访问时间快许多。图 1-22 所示为 2.5 英寸、1.8 英寸、1 英寸和 0.85 英寸的硬盘。

图 1-21 硬盘内部结构

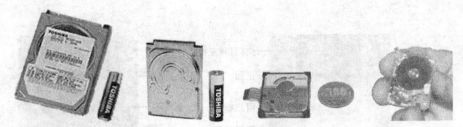

图 1-22　从左到右依次为 2.5 英寸、1.8 英寸、1 英寸和 0.85 英寸硬盘

（2）磁带

磁带在 20 世纪 60 年代是大型计算机上最为流行的存储设备，微机出现以后，使用的磁带是盒式磁带，与目前的录音磁带类似，如图 1-23 所示。

使用磁带作为存储设备速度比硬盘慢，因为磁带对数据进行读取或写入时采用的是顺序存取方式，而不是像磁盘那样采用随机存取。在顺序存取中，数据存储和读取按照字节在磁带中的顺序进行，即使要读取的数据在磁带的最后一个存储单元中，对于磁带来说，也需要从第一个存储单元开始查找。

图 1-23　磁带

虽然磁带在存取速度上不如磁盘一类的存储器，但作为大容量的备份工具却是最好的选择。磁带备份就是将硬盘上的数据复制到磁带上，当硬盘上的数据丢失时用来恢复数据。磁带备份相对比较便宜，是经常采用的一种备份方式。

（3）光盘

光盘的存储原理不同于磁盘和磁带，它属于另一类存储器。由于光盘具有容量大、存取速度快、不易受干扰等特点，使得光盘的应用越来越广泛。光盘根据其制造材料和记录信息方式的不同一般分为 3 类：只读光盘（CD-ROM）、一次性写入光盘（CD-R）和可擦写光盘（CD-RW）。图 1-24 所示为 CD-R、CD-RW 和常见的 DVD 光盘。图 1-25 所示为 CD-ROM、CD-RW、DVD 和外置式驱动器。

图 1-24　CD-R、CD-RW 和常见的 DVD 光盘

图 1-25　从左到右为 CD-ROM、CD-RW、DVD 刻录机、外置式光驱

① 只读光盘（Compact Disk-Read Only Memory，CD-ROM）：生产厂家在制造时根据用户要求将信息写到光盘上，用户不能抹掉，也不能写入，只能通过光盘驱动器读出光盘中的信息。这一点是 CD-ROM 与磁盘、磁带可读、可写的最大区别所在。CD-ROM 的标准存储容量为 650 MB，理论上相当于 34 万页教科书的内容。CD-ROM 与磁性存储器相比，不易受

潮湿、灰尘或磁铁的影响，质量最好的 CD-ROM 可使用百年以上。

CD-ROM 驱动器也有人称其为 CD-ROM 播放器，是当今微型计算机的标准配置之一。使用 CD-ROM 驱动器读取 CD-ROM 盘片上的数据。计算机上用的 CD-ROM 有一个数据传输速率指标，称为倍速。1 倍速的数据传输速率是 150 Kbps，24 倍速 CD-ROM 的数据传输速率是 24×150 Kbps=3.6 MBps，目前 40 倍速以上的驱动器比较常见。

② 一次性写入型光盘 CD-R（Compact Disk-Recordable）：可以由用户写入信息，但只能写一次，不能抹掉和改写。这种光盘的信息可多次读出，读出信息时使用只读光盘驱动器即可。一次写入型光盘的存储容量一般为 650 MB。

CD-R 最为常用的一个用途是存档，是指在数据不再经常使用时，将数据从主存储器中转移出来的过程。存档的数据一般不会再变化，使用 CD-R 一次写入即可。

③ 可擦写光盘 CD-RW：用户可自己写入信息，也可对已记录的信息进行抹掉和改写，就像磁盘一样可以反复使用。可擦写光盘需插入特制的光盘驱动器进行读/写操作，它的存储容量一般在几百 MB 至几 GB 之间。目前，市场上有紫外线可擦写光盘和电可擦写光盘两大类。

④ DVD 光盘：目前，DVD 光盘主要有以下 4 种主流的刻录格式：DVD-R(DVD Recordable) 格式、DVD-RAM (DVD Random Acess Meory)格式、DVD-RW(DVD Rerecordable)格式、DVD +RW (DVD ReWritable)格式。DVD 光盘具有很大的容量，目前国外厂商正在大力开发可擦写 DVD 技术。DVD 刻录格式能否兼容于各种 DVD 驱动器是决定其生存的关键。

（4）新型存储设备

除了上述介绍的几种存储设备之外，随着技术的不断发展和人们需要的不断变化，又出现了许多新的存储设备。

① U 盘：如图 1-26 所示，U 盘外形小巧，携带方便，其存储容量比软盘大得多。目前，市场上常见的 U 盘的存储容量为 128 MB、256 MB 和 512 MB、1 GB 等。同时，U 盘不易损坏，是文档等信息最为合适的存储和传送工具。

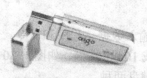

图 1-26　U 盘

② 移动硬盘：移动硬盘是以硬盘为存储介质的便携式存储产品，如图 1-27 所示。移动硬盘存储容量大，目前市场中的移动硬盘能提供 10 GB、20 GB、40 GB 等容量。它使用方便灵活，具有真正的"即插即用"特性。移动硬盘最大的优点在于其存储数据的安全可靠性。此类硬盘与笔记本计算机硬盘的结构类似，多采用硅氧盘片，并且耐用、存储容量大。

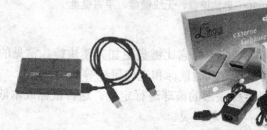

图 1-27　2.5 英寸 USB 移动硬盘和 3.5 英寸 USB 移动硬盘

③ MO：3 英寸光盘 MO 与其他存储器相比，体积更小、携带更方便、造型更美观，如图 1-28 所示，其存储容量可以达到 230～640 MB。

④ 名片光盘：随着技术的不断进步，存储设备逐渐向小巧精致方向发展。除了上面常见到的 5 英寸光盘以外，还有 3 英寸光盘、名片光盘等。如图 1-29 所示就是一张名片光盘，它更加小巧，携带更方便。

图 1-28　MO

图 1-29　名片光盘

1.3.3　输入设备

输入/输出设备是计算机的五大组成部分之一，统称为外围设备，也简称为外设。输入设备的作用是将程序、数据、文本等内容输入计算机。输出设备的作用是将计算机的计算结果以图形、图像、文字等方式显示出来。

常用的输入设备包括：

① 文字输入设备：键盘、磁卡阅读器、条码阅读器、纸带阅读器、卡片阅读器等。

② 图形输入设备：光笔、鼠标器、触摸屏等。

③ 图像输入设备：扫描仪、数码照相机、摄像头等。

在此重点介绍以下几种输入设备。

1. 键盘

键盘是计算机最基本的输入设备，用户可以用它来输入数据、程序和命令。目前，使用最多的为 101 键盘和 104 键盘，即键盘上有 101 个按键或 104 个按键，如图 1-30 所示。按照键盘结构的不同，可以把键盘分为机械式键盘和电容式键盘两种。

图 1-30　自然键盘、无线键盘、手写键盘

2. 鼠标

鼠标是最常用的输入设备，在某些方面它比键盘更加方便快捷。常见的鼠标一般为两键和三键两种。市场上流行的鼠标主要有机械鼠标和光电鼠标等。

机械鼠标（见图 1-31）依靠鼠标底部的滚球进行定位。这种鼠标成本低、寿命长，但最大的缺点是滚球容易吸附灰尘，导致鼠标失灵。

光电鼠标，利用红外线技术，定位更加准确，鼠标更加灵活，如图 1-32 所示。

图 1-31　机械鼠标

图 1-32　光电鼠标

3．扫描仪

扫描仪是一种光机电一体化的产品，用于捕获影像（照片、文字、图形和插画等），并将其转换为计算机可以显示、编辑、存储和输入的数据格式，是继键盘和鼠标之后的第三代主要的计算机输入设备。

扫描仪的种类很多，大体上分为以下几种：

① 手持式扫描仪：它重量轻、体积小、方便易携带，如图 1-33 所示。

② 平板式扫描仪：目前，在市面上大部分的扫描仪都属于平板式扫描仪，它是现在的主流产品，如图 1-34 所示。平板式扫描仪的最大特点是使用方便，书本、报纸、杂志、照片底片都可以放上去扫描，而且扫描出的效果也是所有常见类型扫描仪中最好的。

③ 滚筒式扫描仪：滚筒式扫描仪（见图 1-35）是手持式扫描仪和平台式扫描仪的中间产品，这种扫描仪最大的好处就是体积较小，但使用起来有多种局限性。

图 1-33　手持式扫描仪

图 1-34　平板式扫描仪

图 1-35　滚筒式扫描仪

④ 名片扫描仪：顾名思义能够扫描名片的扫描仪，以其小巧的体积和强大的识别管理功能，成为许多办公人士最得力的商务小助手，如图 1-36 所示。名片扫描仪是由一台高速扫描仪加上一个质量稍高的光学字符识别（OCR）系统，再配上一个名片管理软件组成。

目前，市场上主流的名片扫描仪的主要功能大致上以高速输入、准确的识别率、快速查找、数据共享、原版再现、在线发送、能够导入 PDA 等为基本标准。尤其是通过计算机可以与掌上计算机或手机连接使用这一功能越来越为用户所看重。此外，名片扫描仪的操作简便性和便携性也是选购者比较的两个方面。

4．数码相机

数码相机是一种新型的计算机输入设备，如图 1-37 所示。它与传统的照相技术不同，采用数字技术，照出来的相片通过专用的读卡器可以直接输入计算机，更加方便、快捷。

图 1-36　名片扫描仪

图 1-37　数码相机

1.3.4 输出设备

常用的输出设备包括显示器、打印机（喷墨式打印机、激光打印机）和绘图仪等。

1. 显示器

显示器用来显示图像、文字或影像。目前，市场上常用的显示器大体上可以分为两种：阴极射线管（CRT）显示器和液晶显示器（LCD）。

（1）阴极射线管显示器

如图 1-38 所示，对于这种类型的显示器来说，按照屏幕对角线长度的大小分为 14 英寸、15 英寸和 17 英寸等。显示器上的图形和文字均以像素的形式构成，像素越多，两个像素点之间的距离越小，显示的图像越清晰。

另外，还有一个重要的技术指标——分辨率，是指屏幕上水平方向和垂直方向所显示的像素点数，常见的有 800×600 像素、1 024×768 像素等。分辨率越高，图像表现就越清晰。

（2）液晶显示器

液晶显示器轻巧、方便，如图 1-39 所示。一般可以从亮度、对比度、可视角度、信号反应时间和色彩 5 个方面来衡量液晶显示器的性能。

亮度值越高，显示画面越亮丽；对比度越高，色彩越鲜艳饱和，立体感越强；可视范围越大，浏览越轻松；信号反应时间关系到观察文本和视频文件时，画面是否出现拖尾现象；液晶显示器的色彩为 26 万色左右，色彩越多，图像色彩还原越好。

图 1-38　CRT 显示器

图 1-39　液晶显示器

2. 显示适配器

显示适配器也称为显卡，是显示器与主机通信的控制电路和接口，如图 1-40 所示。显卡的主要作用是将计算机数据处理成显示信息，并在显示器上显示出来。显卡的好坏对显示的最终效果起着重要作用。

PCI 接口显卡　　　　　　　AGP 接口显卡　　　　　PCI Express×16 接口显卡

图 1-40　显卡

3．打印机

打印机将计算机中的信息打印到纸张或者其他介质上，以供读取和保存。常见的打印机有针式打印机、喷墨打印机（见图 1-41）和激光打印机（见图 1-42）3 种。

图 1-41　喷墨打印机

图 1-42　激光打印机

4．音响和声卡

音响是计算机的一个输出设备，它将计算机中的声音信息放大并播放出来，如图 1-43 所示。音响也是多媒体技术所需要的一个重要工具。

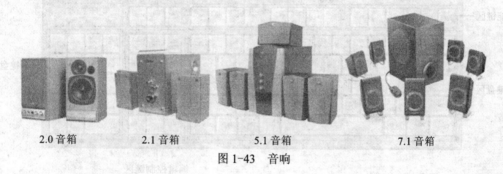

2.0 音箱　　2.1 音箱　　5.1 音箱　　7.1 音箱
图 1-43　音响

声卡，如图 1-44 所示，将计算机的数字化声音信息转换为人的耳朵可以听到的声音，即把数字信号转换为模拟信号。

Mic In (话筒输入)　　　　　　　　　　　　　　内部连接端口
Line In (线性模拟输入)　　　　　　　　　　　　Codec
Front Out (前置模拟输出)
Rear Out (环绕模拟输出)
C/W Out (中置/低音输出)
BS Out (后置模拟输出)　　　　　　　　　　　　DSP
SPDIF In (光纤数字输入)
SPDIF Out (光纤数字输出)

图 1-44　PCI 声卡

1.4　PC 外部设备的使用

用户要对计算机进行操作，必须先向其发出"命令"，而这个"命令"基本上都是通过键盘和鼠标来传递给计算机的，它们是计算机中极为重要的输入设备。因此，在讲解 Windows XP

的基本操作之前，应首先介绍键盘和鼠标的使用方法，以便读者能够正确、轻松地向计算机发出"命令"。

1.4.1 键盘的使用

1. 键盘布局

键盘是用户与计算机进行交流的途径之一，也是在计算机中输入文字的主要工具。无论是英文、中文、特殊字符还是各种数据信息都可通过键盘输入到计算机中。只有掌握了键盘上各个键的分布位置以及每个键的作用和正确的击键方法，才能快速有效地输入文字。

目前，大多数用户使用的键盘都是 107 键的标准键盘，该键盘按照各键功能的不同，可大致分为主键盘区、功能键区、编辑控制键区、小键盘区及状态提示灯区 5 个键位区，如图 1-45 所示。

图 1-45　键盘布局

（1）主键盘区

主键盘区是键盘上使用最频繁的键区，同时也是键盘中键位最多的一个区域，主要用于英文、汉字、数字和符号等的输入，该区包括字母键、数字键、符号键、控制键、Windows功能键和回车键，如图 1-46 所示。

图 1-46　主键盘区

① 字母键 A~Z：字母键的每个键面上都标有大写的英文字母，但其排列位置与英文打字机上字母键的排列位置完全相同。在默认情况下，按相应的键将输入键面所标注的小写英文字母，若要输入大写字母，可在按住 Shift 键的同时按相应的字母键或先按下 Caps Lock 键，再按字母键。

② 数字键 0~9：数字键键面上标有上下两种字符，因此该类按键又被称为双字符键，如图 1-47 所示。单独按这些键，将输入下挡字符，即数字 0~9；如果按住上挡键 Shift 键不放再按这些键，将输入上挡字符，即特殊符号。

图 1-47　数字键

③ 符号键：符号键共有 11 个，除□ 键位于主键区的左上角外，其余各键都位于主键盘区的右侧。与数字键一样，符号键也是双字符键，其输入方法与数字键的操作方法相同。

④ 控制键：主键盘区的控制键较多，常用控制键的作用分别如下：

● Tab 键：Tab 是英文 Table 的缩写，也称制表定位键，它位于键盘字母键的左侧，常用于文字处理中的格式对齐操作。Tab 键也由上下两种不同符号组成，默认情况按该键，光标会向右移动一个制表位的距离；若按住 Shift 键不放再按此键，光标会向左移动一个制表位的距离。

● Caps Lock 键：该键又被称为大写字母锁定键，主要用于大写或小写字母输入状态的切换。

● Shift 键：Shift 键又被称为上挡键，如前所述，它主要用于辅助输入双字符键中的上挡符号，即具有在上下挡符号之间变换的作用。键盘上共有两个 Shift 键，分别位于主键盘区的左右两侧，其功能完全相同，只是为了方便左右手的输入。

● Ctrl 键：Ctrl 键在主键盘区的左下角和右下角各有一个，通常与其他键配合使用。在不同的应用软件中其作用也不尽相同。例如，在 Word 等文档编辑软件中按 Ctrl+Home 键可将文本插入点移至文档最前端，按 Ctrl+End 键可将文本插入点移至文档末尾。

● Alt 键：Alt 键也主要与其他键配合使用，例如在应用程序中按 Alt+F4 键可退出程序。

　　提示：Ctrl 键、Shift 键和 Alt 键单独使用时并不具有任何意义，都需要与其他按键或鼠标组合使用，操作时只需按住该键不放，再按其他键或单击鼠标即可。

● 空格键：空格键位于主键盘区的下方，是键盘上最长的键，其上面通常无任何标记符号。在文档编辑软件中每按一次该键，将在文本插入点的当前位置产生一个字符的空格，同时光标向右移动一个字符位置。

● BackSpace 键：BackSpace 键也称为退格键，位于主键盘区的右上角，主要用于删除光标左侧的字符。

● Enter 键：Enter 键又称回车键，它具有确认并执行输入的命令和在文字输入时进行换行两个功能。

● Windows 功能键：Windows 功能键包括□ 键和□ 键，□ 键又被称为"开始菜单"键或 Win 键，主键盘区的左右两侧各有一个，按下该键可打开"开始"菜单；键又被称为"快捷菜单"键，位于主键盘区的右下角，按下该键可打开相应的快捷菜单，相当于单击鼠标右键。

（2）功能键区

功能键区位于键盘的顶端，排列成一行，包括 F1～F12 键、Esc 键和最右侧的用于控制计算机系统的 3 个控制键，如图 1-48 所示。其中 Esc 键和 F1～F12 功能键在不同的应用软件中有着各自不同的功能。通常情况下，按 Esc 键可以把已输入的命令或字符串取消，在一些应用软件中可起到取消和退出的作用；在程序窗口中按 F1 键可以获取该程序的帮助信息；按 Power 键将执行关机操作；按 Sleep 键将使计算机转入睡眠状态以节约用电；按 Wake Up 键可将计算机从睡眠状态唤醒。

图 1-48　功能键区

（3）编辑控制键区

编辑控制键区（见图 1-49），位于主键盘区和小键盘区之间，主要用于在文本编辑中对光标进行控制。常用按键的功能如下：

● Print Screen 键：Print Screen 键又称屏幕复制键，在 Windows XP 操作系统中按下该键可以将当前整个屏幕的内容以图片形式存储到剪贴板中，按 Ctrl+V 键可把屏幕图片粘贴到各种文档中；按 Shift+Print Screen 键，则将当前活动窗口的内容以图片形式复制下来。

● Insert 键：Insert 键也称为插入键。该键可以切换插入和改写状态。处于"插入"状态时，在光标处输入字符，光标右侧的内容将后移；处于"改写"状态时，输入的内容将自动替换原来光标右侧的内容。

图 1-49　编辑控制键区

● Home 键：按下 Home 键，光标将快速移至当前行的行首。按下 Ctrl+Home 键，可将光标移至文档的首行行首。

● End 键：按下 End 键，光标将快速移至当前行的行尾。按下 Ctrl+End 键，可将光标移至文档的末行行尾。

● Page Up 键：Page Up 键也称向前翻页键。按下此键，文档向上移动一屏。

● Page Down 键：Page Down 键也称向后翻页键。按下此键，文档向下移动一屏。

● Delete 键：Delete 键也称删除键，用于删除所选对象。在 Word 等文本编辑软件中每按一次该键，将删除光标位置右边的一个字符，随后的所有字符将向左移动一个字符。

● ↑、↓、←、→键：统称为光标键，分别用于将光标向 4 个箭头所指的方向移动。

 注意：Home 键、End 键及光标键的作用都只是移动光标，而不带动文字。

（4）小键盘区

小键盘区位于键盘的最右侧，主要用于快速输入数字及进行光标移动控制，在银行系统和财务会计等领域应用非常广泛。小键盘区的所有键几乎都是其他键区的重复键，如主键盘区的数字键和符号键、光标控制键区的 Home 键、End 键和↑、↓、←、→键等。该区的数字键也是双字符键，通过 Num Lock 键可在其上下挡之间切换，当状态提示灯区的 Num Lock 灯亮时，只能使用上挡键，反之则只能使用下挡键。

（5）状态提示灯区

状态提示灯区位于小键盘区上方，主要包括 Num Lock、Caps Lock 和 Scroll Lock 三个提示灯，如图 1-50 所示，分别用来提示小键盘工作状态、大小写状态以及滚屏锁定状态。

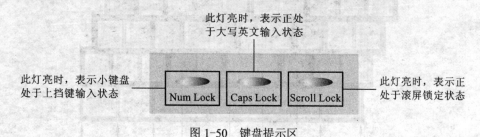

图 1-50　键盘提示区

2．击键指法与姿势

为了快速轻松地操作键盘，还需要熟悉各个手指在键盘上的分工以及打字的手法。另外，掌握正确的打字姿势也有助于办公人员提高工作效率并减轻长时间工作带来的疲劳感。

（1）手指的分工

为了确定每根手指的分工，通常将键盘中的 A、S、D、F、J、K、L、;（:）8 个键认定为基准键位，左右手除两个拇指外的其他 8 个手指分别对应其中的一个键位，如图 1-51 所示。其中，F 和 J 键称为定位键，该键的表面有一凸起的小横杠，便于手指迅速找到这两个键。在没有进行输入操作时，应将左右手食指分别放在 F 和 J 键上，其余 3 个手指依次放下就能找到相应的键位；左右手的两个大拇指则应轻放在空格键上。

图 1-51　基准键位手指分工图

 注意：初学者要养成良好的触键习惯，即随时保持双手位于基准键位，完成其他键的击键动作后也应迅速回到相应的基准键位。

在将各手指分别放于基准键位后便可开始击键操作，此时除拇指外，双手其他手指应分别"管辖"不同的区域，即分别负责相应字符的输入，如图 1-52 所示。

只有进行手指分工后，操作键盘时才不会出现盲目、混乱输入的情况。

（2）击键的规则

在敲击键盘时应注意以下几点规则：

● 敲击键位要迅速，按键时间不宜过长，否则易造成重复输入的情况。

- 击键时应该是指关节用力，而不是手腕用力。
- 每一次击键动作完成后，只要时间允许，一定要习惯性地回到各自的基准键位。
- 应严格遵守手指分工，不要盲目乱打。
- 尽量学会"盲打"，即不看键盘，凭手指触觉击键。

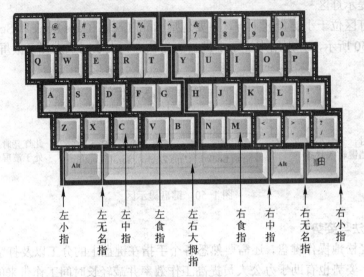

图 1-52　手指分工

（3）打字的姿势

初学者应在学习之初就养成良好的打字姿势，因为如果打字姿势不正确，不仅会影响文字的输入速度，还会增加用户的工作疲劳感，造成视力下降和腰背酸痛的情况。要养成良好的打字姿势，应注意以下几点：

- 面向计算机坐在椅子上时，全身应放松，身体坐正，双手自然放在键盘上，腰部挺直，上身微前倾。身体与键盘的距离大约为 20 cm。
- 眼睛与显示器屏幕的距离约为 30～40 cm，且显示器的中心应与水平视线保持 15°～20° 的夹角。另外，不要长时间盯着屏幕，以免损伤眼睛。
- 双脚的脚尖和脚跟自然地放在地面上，无悬空，大腿自然平直，小腿与大腿之间的角度近似 90°。
- 坐椅的高度应与计算机键盘、显示器的放置高度相适应。一般以双手自然垂放在键盘上时肘关节略高于手腕为宜。

1.4.2　鼠标的使用

1. 鼠标的使用

由于 Windows XP 是图形化视窗操作系统，因此鼠标是极其重要的输入设备，通过拖动鼠标或单击鼠标按键可实现对计算机的各种控制操作。目前，最常使用的三键鼠标的外观如图 1-53 所示。由于早期的两键鼠标与最新出现的轨迹球鼠标目前已没有太多人使用，因此这里不做详述。

要想轻松熟练地使用鼠标，应先掌握其正确的握法：食指和中指自然放在鼠标的左键和右键上；拇指横向放在鼠标左侧，无名指和小指放在鼠标右侧，拇指与无名指及小指轻轻握住鼠标；手掌心贴住鼠标后部，手腕自然垂放在桌面上，如图1-54所示。

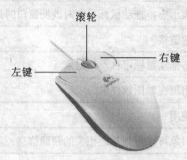

图1-53　鼠标外观　　　　　　　　图1-54　鼠标握法

　　鼠标对计算机的控制操作是通过鼠标指针来完成的，在移动鼠标时，屏幕上的一个形状的指示图标即为鼠标指针。鼠标的基本操作可根据实现的功能不同分为6种，其具体操作及功能如表1-5所示。

表1-5　鼠标的基本操作

鼠标操作类型	操作方法及功能
指向	指移动鼠标，将鼠标指针放到所需位置的过程
单击	指将鼠标指针指向目标对象，用食指按下鼠标左键后快速松开按键的过程。该操作常用于选择对象、打开菜单或单击按钮
双击	指将鼠标指针指向目标对象后用食指快速、连续地按鼠标左键两次的过程。该操作常用于启动某个程序、执行任务以及打开某个窗口、文件或文件夹
右击	指将鼠标指针指向目标对象，按下鼠标右键后快速松开按键的过程。该操作常用于打开目标对象的快捷菜单
拖动	指将鼠标指针指向目标对象，按住鼠标左键不放，然后移动鼠标指针到指定位置后再松开的过程，该操作常用于移动对象
滚动	指在浏览网页或长文档时，滚动三键鼠标的滚轮，此时文档将向滚轮滚动方向进行浏览

　　在使用鼠标进行上述操作或系统处于不同的工作状态时，鼠标指针会呈现出不同的形态。几种常见鼠标指针的形态及其所代表的含义如表1-6所示。

表1-6　鼠标指针形态与含义

指针形态	含　义
↖	表示Windows XP准备接受用户输入命令
↖⧖	表示Windows XP正处于忙碌状态
⧖	表示系统处于忙碌状态，正在处理较大的任务，用户需等待
I	此光标出现在文本编辑区，表示此处可输入文本内容
↔ ↕	鼠标光标处于窗口的边缘时出现该形态，此时拖动鼠标即可改变窗口大小

续表

指针形态	含　义
↖↗	鼠标光标处于窗口的四角时出现该形态，拖动鼠标可同时改变窗口的高度和宽度
👆	表示鼠标光标所在的位置是一个超链接
✛	这种鼠标光标在移动对象时出现，拖动鼠标可移动该对象
＋	表示鼠标此时将做精确定位，常出现在制图软件中
⊘	鼠标所在的按钮或某些功能不能使用
↖?	鼠标光标变为此形态时单击某个对象可以得到与之相关的帮助信息

 提示：在浏览网页或文档时，若在其内容区按下滚轮，此时鼠标指针将变为⬍或⬍形状，向下或向上稍微移动鼠标，将自动浏览网页或文档。此时，用户也可通过移动鼠标的方法来控制自动浏览的速度。

2. 键盘和鼠标的配合

通常情况下，用户在操作计算机时鼠标和键盘的操作是分开的，即操作鼠标时不操作键盘，操作键盘时不操作鼠标。如果两手同时操作鼠标和键盘，可提高工作效率。下面介绍几种常用的键盘和鼠标的配合使用方法。

● Ctrl+单击：在选择对象时，按住 Ctrl 键，再用鼠标逐个单击各个对象，可以选中相邻或不相邻的多个对象。在不同的软件中，Ctrl+单击的作用可能有所不同，例如在 Word 文档中按住 Ctrl 键再单击鼠标时，会选中光标所在的整个句子。

● Shift+单击：在选择对象时，先单击第一个对象，然后按住 Shift 键的同时再单击另一个对象，则两个对象之间的所有顺序排列的对象均会被选中。例如，在 Word 文档中先将光标定位到文档中的某一位置，再按住 Shift 键并单击其他位置，则两个位置之间的所有文本都将被选中。

● Alt+单击：此组合方式应用较少，例如在 Word 文档中按住 Alt 键再拖动鼠标，则可选中一个矩形文字区域。

● 右击：在用鼠标右击某一对象时，通常会弹出其相应的快捷菜单，通过它可以进行一些与该对象相关的操作。如图 1-55 所示即为在"我的电脑"图标上用鼠标右击时弹出的快捷菜单。从菜单中可以看到很多命令选项，在每个命令选项后还有一个带括号的英文字母，如"属性（R）"选项，英文字母即为该命令的快捷键，按下此快

图 1-55　右键快捷菜单

捷键，就相当于用鼠标单击该命令选项。因此，要想提高操作速度，可在弹出的快捷菜单中按下要执行命令的快捷键。

1.4.3　显示器的使用

1. 显示器的安装和拆卸

显示器尾部有两根电缆线，一根是信号电缆，为"D"形 15 针插头，用于连接显示器；另一根是 3 芯电源线，为显示器提供电源，如图 1-56 所示。

2．设置显示器的属性

右键单击桌面上的空白区域，从打开的快捷菜单中选择"属性"命令，打开"显示属性"对话框，再单击"设置"选项卡，如图 1-57 所示。

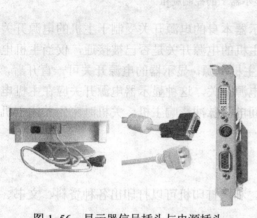

图 1-56　显示器信号插头与电源插头　　　　图 1-57　显示属性对话框

3．安装显示器驱动程序

显示器驱动程序一般并不是 Setup.exe 执行文件，而是.inf 文件，这是专用的驱动信息文件。如果驱动程序是压缩文件，要先把这些文件解压缩到一个空文件夹中。刚购买的计算机和机房的计算机均由专业人员事先安装好了显示器驱动程序，若重新安装 Windows 后需要再次安装显示器驱动程序。

在购买计算机时，要保存好显示器驱动程序，以便日后重装系统时使用。

4．显示器的调控项目

显示器上一般都有亮度、对比度的调节旋钮，这些旋钮的使用与电视机上相应的旋钮使用基本相同。用户可以调节有关的旋钮，选择合适的亮度、对比度和色彩。显示器的调节方式有低档的旋钮式和高档的数字式。

（1）模拟调节方式

模拟调节方式调控的项目较少，显示器上一般有亮度、对比度、图像大小、位置等调节旋钮，如图 1-58 所示。

（2）数控调节方式

数控调节方式调控的项目较多，显示器上除有亮度、对比度、图像大小、位置等调节按钮外，还有梯形调整、手动消磁等按钮，如图 1-59 所示。

图 1-58　模拟旋钮　　　　　　　　　　　图 1-59　数控旋钮

（3）OSD 调节方式

OSD（On Screen Display）调节方式有两种：原来的单键飞梭调节方式和现在流行的四按

键调节方式，如图 1-60 所示。

图 1-60　OSD 方式显示器上的控制旋钮

显示器开关的使用有两种情况：一种是显示器本身的电源开关受制于主机的电源开关。当它的电源开关被打开时，通电与否还取决于主机的电源开关是否已被接通，仅当主机电源打开时，显示器电源才被接通。这种老式的 AT 主机电源，显示器的电源开关可一直开着，不用关闭。另一种是显示器本身有独立于主机的电源开关，这种显示器电源开关应在主机电源被接通前打开，以防止显示器接通电源时的瞬间电流脉冲影响主机，关机时应先关闭主机，再关闭显示器。现在流行的 ATX 电源就属于这一种。

1.4.4　打印机的使用

打印机是微机系统中常用的输出设备之一。利用打印机可以打印出各种资料、文书、图形、图像等，以便长期保存。

1．打印机分类

（1）激光打印机

激光打印机为非击打式打印机，其工作原理类似于静电复印，只不过用激光束曝光，从而将计算机内的信息打印出来。激光打印机速度快、无噪声、清晰度高，印出的字符非常精美。

激光打印机的主要参数有打印速度、最高分辨率、打印幅面、介质类型、打印能力、接口类型、双面打印、纸盒容量等，是衡量激光打印机的主要依据。

（2）喷墨打印机

喷墨打印机是通过精细的喷头把墨水喷到纸上而打印出字符、图像。它是一种非击打式打印机，其优点是打印精度高、速度快、噪声小，价格和点阵式打印机相当。缺点是打印机的日常消耗比较高，维护稍显麻烦，不能打印蜡纸。

喷墨打印机的主要参数与激光打印机差不多，主要有打印速度、彩色打印能力、最高分辨率、打印幅面、介质类型、打印能力、接口类型、双面打印、纸盒容量等，是衡量喷墨打印机的主要依据，其含义与激光打印机的参数相同。

（3）针式打印机

针式打印机又叫点阵打印机，是利用机电作用，通过若干根钢针来撞击打印色带而打出字符，每个打印出的字符由点阵构成。有些打印机带有汉字库，它可以在西文环境下打印出中文的文本文件，而那些不带汉字库的打印机，必须在中文环境下才能打印出汉字。按照打印钢针的多少，有 9 针打印机和 24 针打印机，目前常用 24 针打印机，主要有 TH3070、OPKI8320、LQ 系列、AR 系列等。按照打印宽度，可将打印机分为宽行（132 列）打印机和窄行（80 列）打印机。例如，EPSON 的 LQ-1600K 就是宽行打印机，LQ-100 就是窄行打印机。

针式打印机的优点是工作可靠、维护方便、能打印蜡纸，打印质量能满足日常工作的需要，价格不高；缺点是噪声较大，打印速度慢，打印精度不高。随着技术的发展，针式打印机的性能也有明显提高。

点阵针式打印机的主要参数主要有打印速度、彩色打印能力、最高分辨率、打印幅面、介质类型、打印能力、接口类型、双面打印、纸盒容量等，是衡量点阵针式打印机的主要依据。其含义与激光打印机的参数相同。

2．选购打印机时应考虑的问题
① 打印质量。
② 打印速度。
③ 噪声。
④ 打印纸的种类和幅面。
⑤ 整机价格及打印成本。
⑥ 技术支持、销售服务。

3．打印机的安装

对于并行接口打印机，激光打印机、喷墨打印机、点阵打印机的安装完全一样，分为连接数据线电缆、电源线和安装打印机驱动程序 3 个步骤。

① 打印机与计算机物理上连接。计算机的后面板上有一个并行打印接口（25 针 D 型母头），将打印机的信号线与其连接上。为防止松脱，可拧紧螺丝。

连接时应注意关闭打印机和计算机的电源，否则将有可能烧坏打印接口。计算机并行接口和打印机端口都是梯形设计，因此打印机电缆反插时插不进去。拧紧接计算机并行接口的两颗螺钉，然后把打印机上的卡子卡住打印机电缆卡槽。

② 连接电源线。有些打印机没有电源开关，只需插入电源线。

③ 按使用说明安装打印驱动程序，并在安装打印驱动程序的过程中打印测试页，若测试页正常，则安装完毕。

1.5 计算机软件系统

1.5.1 计算机软件概述

硬件和软件一起构成计算机系统。如果说硬件是计算机的躯体，那么软件就是计算机的灵魂；若把硬件比作乐器，那么软件就好比乐谱。没有硬件，软件就失去了工作的物质基础。同样，如果只有硬件，而没有软件，那就好比没有乐谱的乐器，不可能演奏出优美的乐曲。既有性能良好的硬件，又有功能完善的软件，计算机才能充分发挥它应有的作用。

随着计算机技术的不断发展，硬件和软件也相互渗透、相互取代。原来由硬件实现的功能在一定条件下可以通过软件来完成（通常称为"硬件软化"）；原来是软件完成的任务也可以由硬件加以实现（通常称为"软件硬化"）。

计算机系统的组成如图 1-61 所示。

软件是计算机中所有的程序、数据和各种文档资料的总称。软件可分为两大类：系统软件和应用软件。

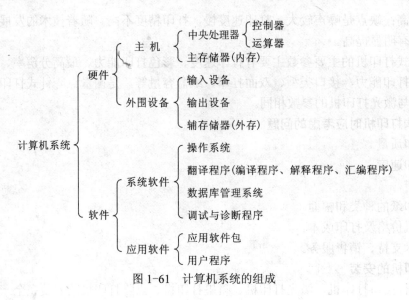

图 1-61　计算机系统的组成

1. 系统软件

系统软件是管理计算机的软件，包括操作系统、各种语言处理程序、机器的监控管理程序、调试程序、故障检查和诊断程序、程序库（各种标准子程序的总和）。

操作系统是一组程序，其作用是管理和控制计算机系统的全部硬件和软件资源，合理地组织计算机系统的工作、流程，最大限度地提高资源利用率，并为用户提供良好的工作界面。从资源管理的角度讲，操作系统有 5 大功能，即 CPU 管理、作业管理、内存管理、设备管理和文件管理。

操作系统的种类很多，按照它在同一时刻所容纳服务对象的数量，可分为单用户和多用户操作系统。按照使用环境，操作系统可分为 3 类：批处理系统、分时系统和实时系统。按照硬件结构，操作系统可以分为网络操作系统、分布式操作系统和多媒体操作系统。

目前，微机上广泛使用的操作系统是 Windows 操作系统。在 Windows 之前广泛使用的操作系统是 MS-DOS 系统。MS-DOS 属于单用户、单任务文字界面操作系统。也就是说，在同一时间内只能支持一个用户使用计算机，且在同一时间内只能有一个用户程序在运行。此类操作系统的主要工作方式为人机交互方式，也允许批处理方式。Windows 是单用户、多任务图形界面操作系统。

2. 应用软件

用于解决各种实际问题的程序，统称为应用软件。应用软件包括各种文字或表格处理程序、软件开发程序、数据库管理程序、用户根据自己的需要所编写的程序以及各种软件包。软件包是经过标准化、模块化以后所形成的用于解决各类典型问题的应用程序的组合。

一个完整的计算机系统包括计算机硬件和软件两大部分。计算机的硬件是指由电子器件、机械部件等构成的计算机的物质设备。计算机的主机及其外部设备统称为硬件。硬件自身并不能完成任何工作，它必须在程序（软件）的支配和调度下才能发挥作用。

计算机的软件是指各种程序、数据以及有关文档资料的总称。软件的主要任务是"管好、用好"计算机；监视和维护计算机的正常运行；实现各种规定的功能；提高计算机的运行和使用效率。

1.5.2　程序设计语言

"语言"是人与人交流思想、表达意愿的重要工具。要使计算机按照人的意图去工作，就必须使计算机了解人的意图，接受人向它发出的命令和提供的信息。计算机就是通过程序设计语言来理解人的意图，并按照程序设计语言所描述的解题步骤——程序而工作的。

计算机程序设计语言通常包括机器语言、汇编语言和高级语言三大类。

1．机器语言

由于计算机只能识别"0"和"1"两种信号，也只能处理这种由"0"和"1"表示的二进制数码，因此用 0 和 1 的不同排列组合表示不同的功能，通过译码电路产生各种控制信号指挥计算机完成相应的操作。例如，在某种计算机中，表示加法和减法的机器指令代码分别为"10000111"和"10010111"。这种由 0、1 代码组成的基本命令称为机器指令。

所谓机器语言就是机器指令的集合。采用机器语言编写的程序，计算机可以直接执行，而且执行速度比较快。但是，机器指令辨认、记忆、书写都很困难，而且编出的程序不直观，易出错，程序设计的效率很低，机器语言随 CPU 型号的不同而不同（同系列 CPU 一般向下兼容），因此称之为面向机器的语言，用它编写的程序通用性和可移植性差。机器语言只是在早期由少数专业人员所使用。

2．汇编语言

为了克服机器语言难读、难写、难记忆的缺点，人们用一些易于记忆和识别的符号（指令助记符和地址符）来代替机器指令代码，从而形成另一种计算机语言——符号语言，通常称为汇编语言。例如，上述用机器语言表示的加法指令和减法指令，采用汇编语言可分别写成"ADD A"和"SUB A"。

汇编语言与机器语言相比，易写、易读、易记，为编写程序提供了方便，而且保持了机器语言运行速度快的优点，但是符号指令与机器指令是一一对应的，因此汇编语言也是依赖某一类型的计算机的语言，即面向机器的语言，因而通用性和可移植性也比较差。

机器语言和汇编语言都是面向机器的语言，都属于低级语言。

3．高级语言

随着计算机的不断发展和普及，使用计算机的人越来越多。为了解决低级语言难学难用的问题，人们设计出了面向问题（或过程）的语言，相对于低级语言来说，称为高级语言。高级语言接近于自然语言和数学语言。由于高级语言不涉及计算机内部的逻辑结构，因此通用性强，也使编程效率大幅度提高，计算机的应用进一步扩大。

从 20 世纪 50 年代至今，先后出现过上百种高级语言。常用的高级语言有适用于科学和工程计算的 FORTRAN 语言、适用于初学者的 BASIC 语言、适用于开发系统软件的 C 语言、适用于教学的结构化程序设计的 Pascal 语言、适用于商业管理和数据处理的 COBOL 语言以及跨平台分布式程序设计语言 Java 等。

1.5.3　操作系统的形成与发展

计算机由硬件和软件两部分组成，操作系统（Operating System，OS）是配置在计算机硬件上的第一层软件。它在计算机系统中占据特别重要的地位，其他所有的系统软件、应用软件都依赖操作系统的支持。操作系统是所有计算机都必须配置的软件。

1．操作系统的概念及其功能

（1）操作系统简介

操作系统是控制计算机所有活动的核心，是软/硬件资源的组织者和管理者。从用户的观点来看，操作系统是计算机硬件系统与软件系统之间的接口，用户通过操作系统实现对计算机硬件的控制。从资源管理的观点来看，操作系统可以看做系统资源的管理者。

（2）操作系统的功能

总体上看，操作系统的作用类似城市交通的决策、指挥、控制和调度中心，它组织和管理整个计算机系统的硬件和软件资源，在用户和程序之间分配系统资源，使之协调一致地、高效地完成各种复杂的任务。具体包括以下几个方面：

① CPU 管理：CPU 是计算机的核心部件，它控制和协调硬件资源的使用。操作系统对 CPU 的管理主要是对 CPU 的处理时间进行分配。

CPU 时间的分配和运行都是以进程为单位的。进程是比通常概念上的程序更小的程序单元，一个程序可以划分为几个进程，CPU 时间的分配以进程为单位，运行时也同样以进程为单位。因为在内存中同时存在多个进程，究竟是哪个进程可以获得 CPU，这项工作由操作系统来决定。

② 存储器管理：存储器是存放程序和数据的计算机部件，存储器容量的大小是衡量其性能高低的一个重要指标。由于在内存中同时存在多个进程，因此如何给各个进程分配内存空间，提高存储器的利用率，以减少不可用的内存空间是操作系统要完成的任务之一。同时，操作系统还要保证多个用户程序之间互不干扰，即不允许其他用户程序进行非法访问。为了保证操作系统的安全运行，也不允许用户程序访问操作系统的程序和数据。

③ 文件管理：计算机存储器中的程序和数据是以文件的方式存放的，因此管理文件的存储空间、管理目录和如何对文件进行共享和保护也是操作系统工作的重要方面。

● 管理文件存储空间：为每个用户分配文件存储空间，并且对其进行管理（如分配、回收等），目的是提高外存的利用率，提高整个文件系统的工作效率。

● 管理目录：为了方便用户的使用，系统采用目录的形式，为每个文件建立对应的目录，对众多的目录加以有效的管理，实现方便的按名存取，即用户提供文件名，就可以按其目录找到相应的文件，对其进行存取。

● 文件的共享和保护：多个用户之间可能需要共享某些资源，或者系统文件和一些用户文件不希望被非法读取或更改，这也需要操作系统进行控制，例如采用口令、加密等方式来实现。

④ 外部设备管理：计算机发展到今天，具有极其强大的功能，很大一部分要归功于外部设备的不断发展，使得计算机的应用可以深入到社会生活的各个领域。但外部设备种类繁多，功能各异，如何对外围设备进行统一管理，方便用户使用，提高外围设备的利用率，这些工作都由操作系统来完成。

2．操作系统的发展历程

操作系统从 20 世纪 50 年代中期开始，历经了 50 多年的发展历程。从最初的批处理操作系统，到后来的分时操作系统和实时操作系统以及现在的网络操作系统，可以说操作系统的发展速度令众人瞩目。下面介绍一下各个时期的操作系统的发展情况。

（1）人工操作

从 1946 年第一台电子计算机出现到 20 世纪 50 年代中期，还没有操作系统的概念。此时主要是依靠用户采用人工操作方式直接对计算机的硬件进行操作。用户将程序和数据输入计算机，启动计算机进行运算，最后将得到的计算结果拿走，之后才允许下一个用户使用计算机。

整个操作过程中只允许一个用户使用计算机，严重降低了计算机资源的利用率。随着技术的不断进步，CPU 速度越来越高，人工操作方式与 CPU 之间的矛盾日趋严重。

为了缓解上述矛盾，人们发明了脱机输入/输出方式，即事先在一台外围机的控制下将用户程序和数据输入到磁带上，当 CPU 需要这些程序和数据时再从磁带上把程序和数据调入内存。

脱机输入/输出方式从一定程度上提高了 CPU 的利用率，减少了 CPU 的运行时间，大大缓和了人机矛盾。

（2）批处理操作系统

在计算机发展的初期，为了充分利用计算机，人们希望系统能够连续运行，减少空闲时间，尽量减少人为干预。因此，通常在计算机系统中设置一个监控程序，将一批作业先输入到磁带上，然后在监控程序的作用下，逐个连续执行作业。这样，在整个运行过程中，可以大幅减少人为干预的时间，提高计算机的利用率。

根据在内存中停留作业的数目，可分为单道批处理操作系统和多道批处理操作系统两种。

① 单道批处理操作系统。

在系统对作业的处理过程中，内存中始终只保持一道作业，这样的批操作系统称为单道批处理操作系统。

单道批处理操作系统具有自动性、顺序性和单道性等特点，可以说是现代操作系统的前身。

② 多道批处理操作系统。

为了进一步提高计算机资源的利用率和系统吞吐量，在 20 世纪 60 年代中期又引入了多道程序设计技术，由此形成了多道批处理操作系统。

在多道批处理操作系统中，用户提交的多个作业在外存上排成一个队列，系统根据一定的调度算法从这个队列中选择多个作业调入内存，使它们共享 CPU 和各种资源，从而在更大程度上提高了 CPU 和各种资源的利用率以及系统的吞吐量。

（3）分时操作系统

分时操作系统的出现，其主要源于用户对计算机资源的需要。前面几种操作系统都存在一个相同的缺陷，就是一次只允许一个用户使用计算机，无法满足用户共享主机、共享资源的需要。

为了解决这个问题，提出了分时操作系统的概念。分时操作系统是指在一台主机上连接多个带有显示器和键盘的终端，同时允许多个用户共享主机中的资源，每个用户都可以通过自己的终端以交互的方式使用计算机。

多道批处理和分时系统一般都配置在大、中型计算机上，因为它们对硬件资源都有比较高的要求。

（4）实时操作系统

随着社会生产力的不断发展，批处理操作系统和分时操作系统在某些方面已经无法满足人们的需要。例如，在化工生产领域，要求系统能够实时采集现场数据，并对采集的数据进行及时处理，之后自动控制执行机构进行相应的动作，从而保证产品的质量、生产的安全等。这种情况下，对实时性要求比较高，满足这种要求的操作系统称为实时操作系统。

常见的实时系统有实时过程控制系统（如工业中的过程控制）和实时信息处理系统（如航空订票系统、银行管理系统等）。与上述几种操作系统相比，实时操作系统的主要特征是系统响应速度快，它要求计算机对输入的信息做出及时响应，并在规定的时间内完成规定的操作。

多道批处理、分时、实时操作系统的相继出现，标志着操作系统的不断完善与功能上的扩充。目前，大型机上的操作系统都兼有批处理、分时和实时的功能，因此可称为通用操作系统。

目前，多种机型上配置的 UNIX 等就是通用操作系统。随着计算机网络的发展，网络管理功能融入了操作系统，于是又出现了网络操作系统，如 NetWare、Windows NT 等。除此以外，还有分布式操作系统等。

由于近年来微型计算机的普及，人们对微型计算机上配置的 Windows 操作系统更加熟悉，它是一个图形化的多任务操作系统。

3．常见的几种操作系统

（1）Windows 操作系统

Windows 操作系统把 PC 带入了图形用户界面时代，便于广大普通用户使用。

1983 年 11 月，Microsoft 公司开始研制 Windows 操作系统。1985 年 11 月，推出了 Windows 1.01 版。它针对 8088 IBM PC 而设计，采用平面式窗口界面，并支持弹出窗口。1987 年 11 月，Microsoft 公司推出了 Windows 2.0 版，它支持"重叠"窗口的新用户界面。

1990 年 5 月，Windows 3.0 版隆重推出，它开发了全新的、漂亮的用户窗口界面，提供了方便的操作手段。特别是它突破了 640 KB 的内存限制，可以在任何方式下使用扩展内存，具有运行多道程序、处理多任务的能力。

1992 年 Microsoft 公司又推出了 Windows 3.1 版，它把桌面排版、网络应用、图像处理、绘图、音乐处理和多媒体技术集成为一体，而且可靠性更高，系统更加完善，使得微型计算机操作系统发展到一个新的阶段。1993 年 10 月，Microsoft 公司推出了中文版 Windows 3.1。

1995 年 8 月，Microsoft 公司推出了 Windows 95，它获得了全球计算机用户的认可，成为世界上主要的 PC 生产厂家在其出厂时预装的个人计算机操作系统。

随着新技术的发展，Microsoft 公司的新一代 Windows 产品 Windows 98 又于 1998 年正式推出，它带给用户一个性能更好，功能更强，使用更方便的 Windows 世界。随后，Microsoft 公司推出 Windows 2000 操作系统，Windows 操作系统已逐渐成为主流操作系统。

2002 年，Microsoft 公司隆重推出 Windows XP 系统。对于 Windows XP 系统，Microsoft 公司做了大量的改进，抛弃了以前版本中不稳定的编码，转换成更快、更可靠的 Windows NT 内核，同时崭新的界面也让 Windows XP 看起来更漂亮、更整洁，也更加容易使用。

2007 年年初，Microsoft 公司在中国与全球同步发售了新一代操作系统 Windows Vista。

2009 年 10 月 23 日，Microsoft 公司在 Windows XP 和 Windows Vista 的基础上推出了新

一代操作系统 Windows 7，它是一款兼容 32 位和 64 位的操作系统，与其历史版本相比，更易用、更快速、更安全。

（2）UNIX 操作系统

UNIX 操作系统是在科学领域和高端工作站上应用最广泛的操作系统。

UNIX 的最初设计者是贝尔实验室的 D. Ritchie 和 K. Thompson。他们曾经参加了当时一个著名的分时交互式操作系统的研制工作，这个系统的某些思想对后来的 UNIX 系统设计思路起到了重要的作用。在结束此项工作以后，贝尔实验室的科研人员为了改善他们的程序设计环境，由 D. Ritchie 和 K. Thompson 等人在一台 PDP-7 上设计了一个简单的文件系统，即一个操作系统的雏形，这就是最早的 UNIX 操作系统。

UNIX 的另一主要分支始于 1980 年，当时加州大学重新设计了 UNIX 系统以有利于分布式计算的研究。它对以前版本的 UNIX 做了很大的改进，例如进程空间扩大、引入了请求页面的存储管理、进程间通信的推广等概念，还增加了全屏幕编辑、终端通用接口等应用程序。1982 年，贝尔实验室推出了 UNIX 的第一个商用版本——UNIX 系统Ⅲ。1984 年，又公布 UNIX 系统Ⅴ，后来相继推出了 UNIX 系统 V.2 和系统 V.3。

UNIX 的主要特点是多任务、多用户、设备独立性、可移植性、可编程 Shell 和网络功能。

（3）Linux 操作系统

Linux 本身就是 UNIX 的一个变体，它起源于芬兰赫尔辛基大学的学生 Linus Torvalds 的业余设计，当时他的想法就是要建立一个基于 Intel 平台的个人计算机上的 UNIX 类操作系统。

Linux 的最大特色在于源代码完全公开，在符合 GNU 的通用公共许可的原则下，任何人都可以自由取得、散布甚至修改源程序。

1997 年，InfoWorld Red Hat Linux 被评为最佳网络操作系统，并被认为是 Windows NT 强有力的竞争对手。全球卖座率最高的好莱坞巨片《泰坦尼克号》中的许多特技镜头，就是用多台 Linux 机器组成"演出场"制作的。Linux 在业界引起了强烈的反响，众多应用软件供应商，如 Netscape、Informix、Oracle 和 Sybase 都支持 Linux，专门的 Linux 供应商如 Caldera 和 Red Hat Software 公司推出了性能更好的产品。相信 Linux 在未来将会得到更加广泛的应用。

综合练习 1

一、选择题

1. 针对世界上第一台电子计算机的缺点，1946 年美籍匈牙利科学家冯·诺依曼和英国科学家图灵几乎同时提出了_____的概念。

A. 加快计算机的运行速度 　　　　　B. 使用新型的 CPU

C. 存储程序 　　　　　　　　　　　D. 使用计算机网络

2. 个人计算机（Personal Compute，PC）属于_____。

A. 巨型机　　　　B. 小型机　　　　C. 专用计算机　　　　D. 微型机

3. "按照人们预先确定的操作步骤，协调各部件自动进行工作"是对_____的功能描述。

A．运算器   B．控制器   C．输入设备   D．输出设备

4．系统软件中主要包括_____。

A．过程控制程序、操作系统、数据库管理系统

B．操作系统、语言处理程序、信息管理程序

C．操作系统、语言处理程序、数据库管理系统

D．辅助设计程序、办公专用程序、财务软件

5．在下面关于计算机系统硬件的说法中，不正确的是_____。

A．CPU 主要由运算器、控制器和寄存器组成

B．当关闭计算机电源后，RAM 中的程序和数据就消失了

C．软盘和硬盘上的数据均可由 CPU 直接存取

D．软盘和硬盘驱动器既属于输入设备，又属于输出设备

6．二进制数 11101011-10000100=_____。

A．01010101   B．10000010   C．01100111   D．10101010

7．二进制数 11101101.111 与_____不等。

A．ED. 7H   B．ED. EH   C．355.7Q   D．237.875D

8．二进制数 1101×111=_____。

A．1011011   B．1010101   C．1000010   D．10101010

9．将十进制数 215.6531 转换成二进制数是_____。

A．11110010.000111   B．11101101.110011

C．11010111.101001   D．11100001.111101

10．将二进制数 1011011.1101 转换成八进制数是_____。

A．133.65   B．133.64   C．134.65   D．134.66

二、简答与综合题

1．电子计算机的发展经历了哪几个阶段？

2．一个完整的计算机系统，包括哪两大部分，什么叫裸机？

3．什么是 BIOS？

4．计算机的硬件系统由哪几部分组成，现代电子计算机的组成结构是哪位科学家提出的，其基本思想是什么？

5．计算机软件是如何分类的？

6．微型机硬件系统有哪些主要部分，其中哪些属于主机，哪些属于外部设备，各有什么功能？

7．指出你正在使用机的硬件配置和软件配置。

8．学会正确开机、关机。

9．观察键盘的布局，上机操作练习英文、数字、符号的输入。

10．鼠标有哪几种基本操作？

11．熟悉显示器开关及各种调节钮的使用。

12．常用的打印机有哪几类？

13．对非计算机专业的读者来说，是否一定要学习计算机程序设计语言？

14．什么是操作系统？

IBM 与个人计算机

1981 年，IBM 公司推出了个人计算机（PC），标志着人类社会从此跨进个人计算机的新纪元。

20 世纪 70 年代末，苹果公司短短几年就把微型计算机演成了大气候。有"蓝色巨人"之称的 IBM 公司步子慢了半拍，为摆脱尴尬的处境，IBM 有了新的举措。

弗兰克·卡利（F. Cary），斯坦福大学企业管理硕士，1973 年接任 IBM 董事长。为了让 IBM 也拥有"苹果计算机"，1980 年 4 月起 IBM 在迈阿密附近的海滨小镇博卡雷顿建立了一个"国际象棋"专案小组，开发自己的微型计算机。博卡雷顿实验室由 13 名精干员工组成，技术负责人是唐·埃斯特奇（D. Estridge）。为了能在一年内开发出能迅速普及的微型计算机，IBM 实行了"开放"政策，决定采用英特尔 8088 微处理器作为该计算机的中枢，同时委托独立软件公司为它配置各种软件，并把新机器命名为"个人计算机"，即 IBM PC。

IBM PC

在整整一年时间里，埃斯特奇领导"国际象棋"13 人小组奋力攻关；后来，围绕 PC 的各项开发，投入的力量逐步达到 450 人。1981 年 8 月 12 日，IBM 在纽约宣布 IBM 个人计算机出世，个人计算机以前所未有的广度和速度面向大众普及。IBM PC 主机板上配置着 64 KB 存储器，另有 5 个插槽供增加内存或连接其他外部设备。此外，它还装备着显示器、键盘和两个软磁盘驱动器，并把过去一个大型电脑机房的全套装置全部搬到个人的书桌上。为了推广这种计算机，IBM 还巧妙借助卓别林式小流浪汉形象，挥舞个人计算机，表示人人都能够使用。

1982 年，IBM PC 销售了 25 万台；1983 年，改进型 IBM PC/XT 增加了硬盘装置，当年市场占有率超过 76%；1984 年，IBM 的销售额达到 260 亿美元，并促使全美的计算机总量从 1980 年的 100 万台猛增至 1984 年的 1 000 万台。

从此，IBM PC 就成了个人计算机的代名词，它甚至被《时代》周刊评选为"年度风云人物"，它是 IBM 公司本世纪最伟大的产品。

第 2 章
Windows XP 的使用

引子：常人欣赏一成之得，智者享受规律之美。

 本章知识结构与主要内容：

2.1 Windows XP 入门操作 —— 桌面定制
  任务 1： 设置"开始"菜单
  任务 2： 设置"任务栏"
  任务 3： 窗口的操作
  任务 4： 对话框的设置
  任务 5： 定制桌面项目
  任务 6： 定制桌面
2.2 Windows XP 基本操作 —— 文件管理
  任务 1： 浏览文件和文件夹
  任务 2： 文件和文件夹的操作
  任务 3： 管理文件和文件夹
2.3 Windows XP 高级操作 ——管理与控制 Windows XP
  任务 1： 控制面板的操作
  任务 2： 任务管理器的使用
  任务 3： 定制计算机电源开关的作用

使用计算机进行办公操作之前，首先应能熟练灵活地使用操作系统。如今，最流行的操作系统是 Windows XP，它以美观的界面和强大的功能备受广大用户的青睐。本章将通过 3 个典型案例介绍 Windows XP 桌面定制、文件管理以及管理与控制 Windows XP 等，以提高读者对该操作系统的整体认识，让读者在将来进行计算机办公的过程中更能得心应手，达到事半功倍的效果。

2.1 Windows XP 入门操作——桌面定制

2.1.1 桌面定制案例分析

1. 任务的提出

小张是新入学的大学生，上中学时就学习过计算机，因此他对大学里学习的第一门计算机课程"计算机应用基础"并没有太在意，觉得很简单。但当他看完学校下发的"计算机应用基础课程作业"后，却轻松不起来。因为要系统地设置 Windows XP 桌面，要求比原来想象的情况复杂得多。例如，设置"开始"菜单和"任务栏"、定制桌面项目、对话框的设置、在文件夹窗口中显示文件的扩展名、区别图案和墙纸等，这些知识是小张以前从未遇到的，不得已他只好去请教王老师。

小张来到老师的办公室，看到王老师的计算机桌面上的图标排成左右两列：左边的是系统原来的那些图标，右边的是自己建立的文件图标，这样使用起来很方便。而小张的桌面则比较混乱，怎么拖也拖不到右边。小张想，怎样才能排成老师桌面的那个样子？

2．解决方案

王老师说，小张遇到的问题很普遍，如何能更快更好地使用 Windows XP，首先要根据自己的使用习惯和工作需要设置好使用环境。王老师讲，我相信有 90%的人都没有享受过自己定制桌面带来的方便，实际工作中我们也经常遇到许多问题：如何定制个性化"开始"菜单，怎样去掉自己不想要的程序，如何避免意外死机带来的损失，等等。如此众多的问题都和工作效率有很大关系，正如古语所讲的，"工欲善其事，必先利其器。"先花点时间调整好 Windows XP 的使用环境，用起来才会更顺手。

王老师说，你也想把桌面的图标排成左右两列这个样子，其实很简单。这是因为你把桌面图标的排列方式改为了"自动排列"。系统默认的桌面图标排列方式为非自动排列，如果想要按自己的意图随便排列桌面图标，只要右键单击桌面的空白区域，取消选择"排列图标"下面的"自动排列"选项即可。

王老师说，对于很多用户来说，感觉 Windows XP 默认配置的"开始"菜单用起来不太方便。其实，只需稍加设置，便能为自己量身定做一个 Windows XP 开始菜单，这就是下面将要讨论的主题之一。

2.1.2 相关知识点

1．桌面背景

桌面背景是操作系统为用户提供的一个图形界面，其作用是让系统的外观变得更加漂亮。用户可通过设置更换不同的桌面背景。

2．桌面图标

桌面上的图标类似于图书馆中的图书标签，通过图书标签读者可以方便地找到并打开自己需要的图书。每个图标代表一个程序、文件或文件夹等，双击某个图标即可启动相应的程序或打开相应的文件或文件夹。在第一次登录系统时，只会在桌面的右下角显示"回收站"图标 ，其他图标的生成将通过用户手动添加或在安装程序时自动添加。

3．"开始"按钮

单击"开始"按钮将打开"开始"菜单，其中存放着系统中所有的应用程序。通过"开始"菜单可对 Windows XP 进行各种操作。

4．任务栏

"任务栏"是用来启动应用程序和在所有打开的应用程序窗口之间进行切换的区域。默认情况下任务栏位于桌面的底端，是一个长条形区域，通过它可以进行相关的任务操作，包括快速启动程序、快速打开某个文件夹、切换打开的窗口、查看系统时间和事件（如收到电子邮件或网络连接状态）通知等，因此任务栏主要由快速启动栏、任务按钮、工具栏和通知区域等部分组成，如图 2-1 所示。

图 2-1　任务栏

（1）快速启动栏

默认情况下，Windows XP 的任务栏上没有显示快速启动栏，若要将其显示出来，可在任务栏的空白处单击鼠标右键，从弹出的快捷菜单中选择"工具栏/快速启动栏"命令。显示出的快速启动栏位于"开始"按钮的右侧，单击任一图标即可快速打开相应的程序。对于这些快捷图标，用户可自行添加或删除。默认情况下，快速启动栏中只显示 3 个图标，若图标超过 3 个，快速启动栏右侧会出现 按钮，单击该按钮，从弹出的菜单中选择其他图标即可执行相应的程序。

 提示：将鼠标指针停留在快速启动栏的任意图标上，系统会显示其说明文字，帮助初学者认识图标所代表的程序及作用，如图 2-2 所示。

（2）任务按钮

在 Windows XP 中每打开一个窗口，在任务栏中都将显示一个对应的任务按钮，当在 Windows XP 中打开多个窗口时，单击相应的任务按钮可进行当前显示窗口的切换。

图 2-2　提示信息

 提示：当前窗口就是显示在桌面上最前端的窗口。在 Windows XP 中，用户在某一时刻只能对当前窗口进行操作，即表示该窗口为活动窗口。因此，在对窗口进行操作前，需先使其成为当前窗口。

（3）工具栏

在默认情况下，任务栏中并没有显示工具栏，但用户可通过自定义来显示工具栏，通过它可以快速实现打开目标文件或文件夹的功能，如图 2-3 所示即为单击工具栏右侧的 按钮后弹出的菜单，单击其中的任意文件夹或文件图标，即可打开相应的文件夹或文件。

（4）通知区域

通知区域位于任务栏的最右侧，其中主要显示了当前的系统时间、某些正在后台运行的程序快捷图标以及 Windows 的通知图标等，如图 2-4 所示。当该区中包含多个图标时，系统将自动隐藏近期没有使用的程序图标，单击 按钮可展开该区域。

图 2-3　工具栏

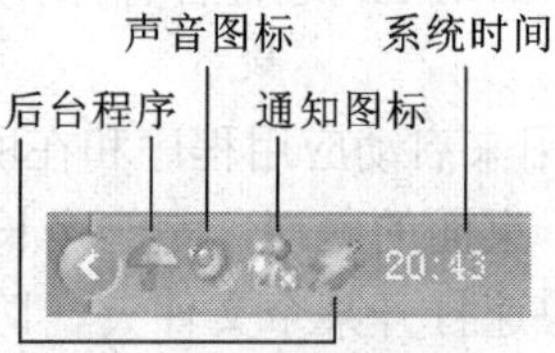

图 2-4　通知区域

提示：在任务栏中还可以显示平时不常使用的地址栏，在其中可以输入需要打开的地址，如网址等。显示方法是在任务栏空白区域处单击鼠标右键，从弹出的快捷菜单中选择"工具栏/地址"命令。

5. 语言栏

语言栏是一个浮动的工具栏，如图 2-5 所示，它总是位于所有窗口的最前面，方便用户选择要使用的输入法。其默认状态为█图标，表示目前正处于英文输入状态，单击█图标，在弹出的列表框中可选择其他输入法。单击语言栏右侧的█按钮可将其缩小到任务栏中。

图 2-5　语言栏

2.1.3　实现方法

任务1：设置"开始"菜单

1."开始"菜单的使用

单击桌面左下角的"开始"按钮，打开"开始"菜单，其各部分组成如图 2-6 所示。通过"开始"菜单可以完成 Windows XP 中的绝大部分操作。

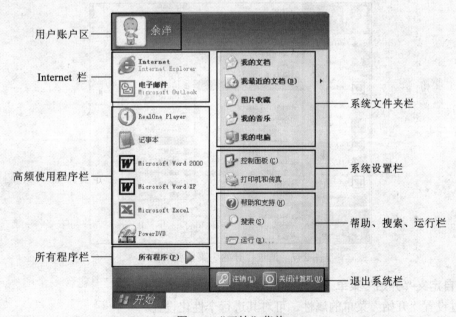

用户账户区
Internet 栏
高频使用程序栏
所有程序栏
系统文件夹栏
系统设置栏
帮助、搜索、运行栏
退出系统栏

图 2-6　"开始"菜单

若菜单选项右侧有小三角形符号▶，则表示该选项下面还有子菜单，有些子菜单还有下一级的子菜单。将鼠标指针移动到有子菜单的选项上稍等片刻，即可展开其子菜单。单击其中的选项，则可打开相应的应用程序、窗口或对话框。

不同用户的"开始"菜单中的内容可能会不一样，这是因为"开始"菜单中的命令选项会随着用户使用某些程序的频率以及系统安装的应用程序而自动调整，这是 Windows XP 智能化的一个体现。

● 用户账户区：位于"开始"菜单的最顶部，用于显示当前登录用户的账户名和账户图片。

● 所有程序栏：打开"开始"菜单后，移动鼠标指针在该栏上停留片刻可弹出"所有程序"子菜单，通过该子菜单及其下一级子菜单可以启动计算机中安装的绝大部分应用程序。

● 高频使用程序栏：Windows XP 系统自动将使用频率较高的程序图标显示在该区域，以方便用户下一次能快速启动该程序。

● Internet 栏：该栏包含 Internet 浏览器及电子邮件收发程序的快捷图标。

● 系统文件夹栏：该栏显示了"我的文档"、"我的电脑"、"我的音乐"和"网上邻居"等几个常用文件夹图标，单击某个图标，即可打开相应的窗口。

● 系统设置栏：该栏通常包括"控制面板"与"打印机和传真"两个命令项。选择"控制面板"命令，可以打开"控制面板"窗口以进行系统设置；选择"打印机和传真"命令，可以进行打印机或传真的添加和设置等。

● 帮助、搜索、运行栏：通过选择相应的选项可获取帮助、搜索文件和运行程序等。

● 退出系统栏：用于完成注销或切换当前用户、关闭和重新启动计算机等操作。

通过"开始"菜单启动程序是计算机操作中最基本也是最常用的操作之一，其方法比较简单。通过"开始"菜单启动游戏"红心大战"的示意图如图2-7所示。其中，第1、4步是单击，第2、3步是指向。

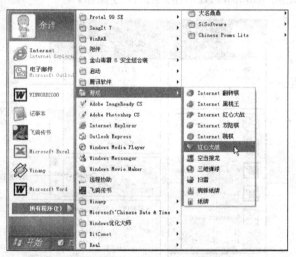

图2-7 通过"开始"菜单启动程序

2. 自定义"开始"菜单

通过设置"开始"菜单的属性，可对其进行个性化设置。

操作实例1：个性化设置"开始"菜单。

操作步骤如下：

① 右击"开始"按钮，从弹出的快捷菜单中选择"属性"命令，打开"任务栏和「开始」菜单属性"对话框，默认打开的为"「开始」菜单"选项卡，如图2-8所示。

② 对话框的上部为预览框，在下部选中不同的单选按钮时，该预览框中将显示不同的"开始"菜单风格，默认情况下选中◉「开始」菜单(S)单选按钮，即菜单风格为 Windows XP 的风格。若选中◉经典「开始」菜单(M)单选按钮，将使"开始"菜单变为 Windows 以前版本的风格。

③ 单击右侧的 自定义(C)... 按钮，将再次打开一个对话框，如图2-9所示。

图2-8 "任务栏和「开始」菜单属性"对话框

图2-9 "自定义「开始」菜单"对话框

④ 在该对话框中默认打开 "常规"选项卡，从中可以对"开始"菜单进行一些具体的设置。例如，在"为程序选择一个图标大小"栏中选中不同的单选按钮，将对菜单中的图标大小进行改变；在"程序"栏中的数值框中设置数字可以更改"开始"菜单中"高频使用程序"栏中显示的程序图标个数；单击旁边的 清除列表(C) 按钮可全部清除"高频使用程序"栏中的程序图标；在"在「开始」菜单上显示"栏中可设置是否在"开始"菜单中的"Internet 栏"中显示图标以及显示何种图标。

⑤ 选择"高级"选项卡，在打开的对话框中可对"开始"菜单进行较高级的设置，如设置"开始"菜单中显示的项目以及是否列出最近打开过的文档等，其设置方法大致相同，读者可自行练习设置方法。

 任务2：设置"任务栏"

1．设置快速启动工具栏

快速启动工具栏用于一些常用的工具和应用程序快捷启动，作用与桌面上的图标相同。将常用的工具和应用程序快捷方式放置在快速启动工具栏，可以使桌面更加整洁。

操作实例2：将"计算器"图标放到快速启动工具栏。

操作步骤如下：

① 用鼠标右键单击任务栏的空白区域，选择"工具栏"，确认已选中"快速启动"命令。

② 从"我的电脑"或"Windows 资源管理器"中将程序文件（calc.exe）拖放到任务栏的快速启动区。该程序的图标将位于任务栏上其他快速启动图标旁边。

2．设置"任务栏"

任务栏最常见的功能就是暂时摆放应用程序，当把桌面上的窗口最小化时，它就暂时放置在任务栏上。在 Windows 中，如果同时打开多个应用程序，则每个程序在任务栏中都会有一个对应的按钮，而且无论打开了多少个应用程序，出现在任务栏上的程序也不会重叠。此外，通过任务栏还可以在各个应用程序之间进行切换。任务栏上凹进的应用程序按钮，表示该应用程序为当前任务。

操作实例3：锁定任务栏/解除对任务栏的锁定。

为了防止用户随意更改任务栏设置或者误操作而造成不方便的后果，Windows XP 中设置了一种锁定任务栏状态。

操作步骤如下：

① 在任务栏快捷菜单中选择"锁定任务栏"命令，该命令前面出现一个"√"，表明已处在锁定任务栏状态。

② 在任务栏快捷菜单中再次选择"锁定任务栏"命令，使该命令前面的"√"被消除，表明已解除对任务栏的锁定。

操作实例4：将任务栏移动到桌面的四周。

操作步骤如下：

在系统默认状态下，任务栏在桌面上的位置是可以改变的，可以将其放置在桌面的上、下、左、右任意一边，但不能移到桌面的中间。

可以用鼠标拖曳任务栏到默认的位置。

操作实例5：自动隐藏任务栏。

操作步骤如下：

① 在任务栏的空白区域单击鼠标右键，然后选择"属性"命令。

② 选中"自动隐藏任务栏"复选框，如图2-10所示。

③ 单击"应用"或"确定"按钮。

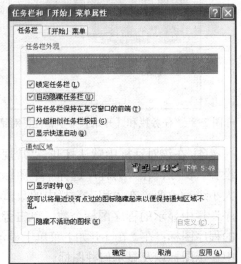

图2-10 "任务栏和「开始」菜单属性"对话框

注意：除了"自动隐藏"，还有一种临时隐藏任务栏的方法，即指向任务栏的顶部并在出现双向箭头时向下拖动。要重新显示任务栏，向上拖动可见的边缘即可。

任务3：窗口的操作

1. 打开"我的电脑"窗口

窗口是 Windows XP 操作系统中最为重要的对象之一，是用户与计算机进行"交流"的场所。双击桌面上的"我的电脑"图标即可打开"我的电脑"窗口，通过它可以对存储在计算机中的所有资料进行操作。"我的电脑"窗口的组成部分如图2-11所示。

提示：默认情况下，Windows XP 在安装后并没有在桌面上显示"我的电脑"图标，要想将其显示在桌面上，可打开"开始"菜单，右击"我的电脑"选项，从弹出的快捷菜单中选择"在桌面上显示"命令即可。直接在"开始"菜单中选择"我的电脑"命令，也可打开"我的电脑"窗口。

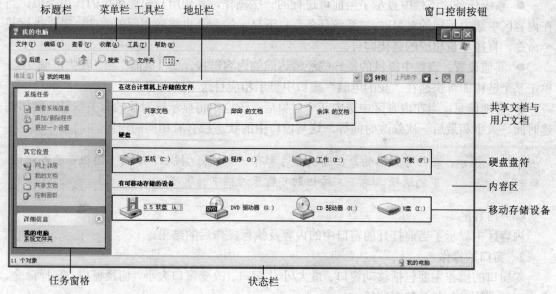

图 2-11 "我的电脑"窗口

在 Windows XP 中打开一个程序、文件或文件夹时都将打开对应的窗口，虽然窗口的样式多种多样，但其组成结构大致相同，下面就以"我的电脑"窗口为例进行介绍。

（1）标题栏

标题栏位于窗口的顶部，在其左端显示了当前所打开对象的名称。通过标题栏右端的 ▬、▢ 和 ☒ 3 个窗口控制按钮，可以分别对窗口进行如下操作：

● 单击 ▬ 按钮可将窗口最小化为任务栏上的一个任务按钮。

● 单击 ▢ 按钮可使窗口最大化，此时窗口将占满整个屏幕，且该按钮变成"还原"按钮 ▣，单击 ▣ 按钮可将窗口还原为原来的大小。

● 单击 ☒ 按钮可关闭窗口。

（2）菜单栏

菜单栏中包含了多个菜单项，单击某个菜单项即可弹出相应的下拉菜单，其中包含了多个命令，可对"我的电脑"中的内容进行相应的操作。

（3）工具栏

工具栏提供了处理窗口内容的一些常用工具，它们是一些常用命令的快捷按钮，用户可以直接单击工具栏上的按钮进行相应的操作，例如单击 搜索 按钮可打开搜索界面。

（4）地址栏

地址栏用于确定当前窗口显示内容的位置，用户可以通过在地址栏中输入或单击其右侧的 ∨ 按钮选择要打开对象的地址。

（5）任务窗格

任务窗格是 Windows XP 中新增的一项功能。它位于窗口的左侧，其作用是为窗口操作提供一些常用的命令、常访问的对象以及常查看的信息。任务窗格可细分为"系统任务"、"其他位置"和"详细信息" 3 个组，如图 2-12 所示。

图 2-12 任务窗格

● 系统任务：该栏中显示了当前可进行的一些操作，其作用与快捷菜单的作用类似。当在内容区中选中不同的对象时，"系统任务"栏下显示的命令也将做相应的改变。需要执行某一命令，直接单击相应的链接即可。

● 其他位置：该栏中提供的是一些经常访问的内容链接，如"桌面"和"我的电脑"等，单击某个链接即可快速在"我的电脑"窗口中显示相应目录下的内容。

● 详细信息：当在内容区中选中某个对象后，该栏中将显示该对象的有关信息，例如创建时间、大小和最后一次修改时间等，这与窗口中的状态栏有着相同的作用。

提示： 在任务窗格的每栏选项旁边都有一个 ⊗ 或 ⊗ 按钮，单击 ⊗ 按钮可隐藏该栏下的选项，单击 ⊗ 按钮则可展开该栏下的选项。

(6) 内容区

内容区中显示了当前打开的窗口中的内容及执行操作后的结果。

2．窗口的操作

对窗口的操作主要包括移动窗口、最大/小化窗口、改变窗口大小、切换窗口、选择命令、操作窗口中的对象和关闭窗口等。

操作实例 6： 移动窗口。

操作步骤如下：

窗口是显示在桌面上的，当打开的窗口遮住了桌面上的其他内容，或打开的多个窗口出现重叠现象时，可通过移动窗口位置来显示其他内容。移动窗口的方法是：用鼠标左键单击窗口标题栏后按住鼠标不放拖动窗口标题栏到适当位置后释放鼠标左键即可。

注意： 最大化后的窗口由于已填满了整个屏幕，因此不能进行移动操作。要想显示其他内容，可将其还原至原始大小后再进行移动，或直接将其最小化至任务栏。

操作实例 7： 最大/小化窗口。

操作步骤如下：

① 单击 ▭ 按钮可将窗口最小化，单击 ▭ 按钮可使窗口最大化。

② 双击窗口标题栏中的空白区域，可使窗口在最大化与原始大小之间切换。

③ 将窗口最小化至任务栏后，可单击任务栏上的相应按钮将其还原。

④ 按 Windows+D 键可将所有窗口最小化并显示桌面。

操作实例 8： 改变窗口大小。

操作步骤如下：

① 将鼠标指针指向窗口的四边，当鼠标指针变为 ↔ 或 ↕ 形状时按住鼠标左键不放并拖动即可改变窗口的宽度或高度；

② 将鼠标指针指向窗口的四角，鼠标指针会变为 ↖ 或 ↗ 形状，此时按住鼠标左键不放并拖动可同时改变窗口的高度和宽度。

操作实例 9： 切换窗口。

操作步骤如下：

方法一：要在多个打开的窗口之间进行切换，可通过单击任务栏中窗口对应的按钮来实现。

　　方法二：当同时打开多个窗口与对话框时，可先按住 Alt 键不放，再按 Tab 键，在打开的对话框中即显示出当前已经打开的窗口和对话框的图标。仍然按住 Alt 键不放，再多次按下 Tab 键即可在各个图标之间进行切换，如图 2-13 所示，被选中的窗口或对话框图标将被一个蓝色线框框住，此时松开按键，该窗口或对话框即被切换至当前位置。

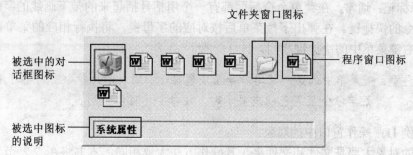

图 2-13　窗口切换对话框

　　操作实例 10：选择命令。

　　操作步骤如下：

　　通过选择窗口菜单栏中的菜单项，即可弹出相应的下拉菜单，图 2-14 所示为在"我的电脑"窗口中选择"查看"命令弹出的下拉菜单。而多数下拉菜单中还包含有子菜单，图 2-15 所示为选择"工具栏"命令后弹出的子菜单。

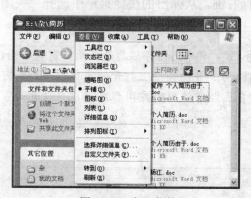

图 2-14　窗口菜单

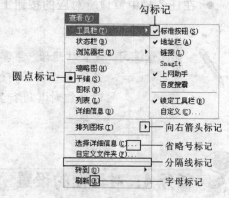

图 2-15　菜单及其子菜单

　　下面将介绍菜单项中的各种符号标记、名称及作用。

　　● 圆点标记：选择某些命令后，该命令的左侧会出现一个圆点标记●，该标记又被称为单选标记。若单击命令后出现该标记，表明当前选择的是同一组菜单命令中的一个排他性命令。所谓排他性命令即表示该组命令中同时只能选择其中一个命令，当用户选择了该组菜单中的另一命令后，系统将自动在其前面显示●标记。

　　● 勾标记：选择某些命令后，该命令的左侧会出现一个勾标记✔，该标记又被称为复选标记。若选择命令后出现该标记，则表示该项已被选中，该命令对应的功能已执行，再次选择将取消选中状态。

　　● 向右箭头标记：若某个菜单项的右侧带有一个箭头标记▶，表示在该菜单项下还有一个子菜单，将鼠标指针移至该菜单项上或单击该菜单项就会将其打开。例如，在图 2-14 中将鼠标指针移至"工具栏"命令，即可打开如图 2-15 所示的子菜单。

● 省略号标记：某些菜单命令后有一个省略号标记…，表示在执行这类命令时，系统将打开一个对话框，需要用户做相应的设置才能完成此命令。

● 分隔线标记：某些菜单命令之间有暗色的分隔线，其作用是将整个菜单中的同类命令分为一组，方便用户操作。

● 字母标记：通常，在菜单命令后面都有一个用括号括起来的带下画线的字母，该字母为该菜单命令的快捷键。在弹出下拉菜单后按对应的字母键，将执行相应的菜单命令。这与前面所述的右键菜单中的快捷键相同。

注意：若菜单中的某一菜单命令呈灰色显示，则表示此命令当前不可用。只有在菜单命令呈黑色状态显示时，该命令才可以使用。

操作实例 11：操作窗口中的对象。

窗口中的对象主要是文件和文件夹，其操作方法大致相同，本书将在 2.2 节对其进行详细介绍。

操作实例 12：关闭窗口。

当不需要对某一窗口进行操作时，可将其关闭。关闭窗口的方法主要有以下几种：

● 单击窗口右上角的 ⊠ 按钮。

● 双击窗口标题栏左侧的程序或文件夹图标。

● 将该窗口切换为当前窗口，然后按 Alt+F4 键。

● 在任务栏中窗口所对应的按钮上单击鼠标右键，从弹出的快捷菜单中选择"关闭"命令。

课堂练习：设置"开始"菜单与"任务栏"。要求：任务栏总是在所有窗口前面，且任务栏在任何情况都不能动；当任务栏上打开的窗口过多时，可以分组对其进行显示；将自己经常使用的应用程序存放在"开始"菜单上。

任务 4：对话框的设置

对话框是一种执行特殊任务的窗口，如用户执行了某个操作或选择了右边带"…"的菜单命令时，系统便会打开一个对话框，在其中可输入信息或做出某种选择和设置。图 2-16 所示即为 Windows XP 中的两个对话框，其中各组成部件的名称及其使用方法如下。

（1）选项卡

当对话框中的设置内容较多时，Windows XP 会按类别将其分为几个组，通常称这样的组为"选项卡"，各选项卡依次排列在一起。在如图 2-16（a）所示对话框上方的"主题"、"桌面"以及"屏幕保护程序"等是选项卡的标签，单击其名称即可在各选项卡之间进行切换。

（2）复选框

复选框的外形是一个小的方形框，用来表示是否选中该选项。当复选框被选中时，方形框为 ☑；若没有被选中，则方形框为 ☐。若要选中或取消选中某个复选框，只需单击复选框前的方形框即可。

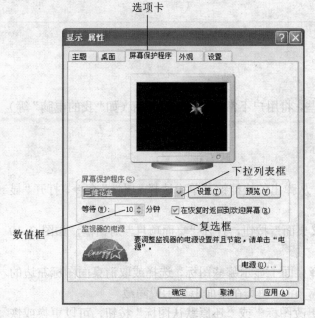

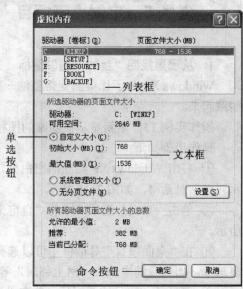

(a) "显示 属性"对话框　　　　　　　　(b) "虚拟内存"对话框

图 2-16　Windows XP 的对话框

（3）下拉列表框

图 2-16（a）中的"屏幕保护程序"就是下拉列表框，默认情况下它只显示一个选项，单击其右侧的 ∨ 按钮，将弹出一个下拉列表，从中可以选择其他所需的选项，如图 2-17 所示。

（4）数值框

图 2-16（a）中的"等待"后面就是数值框，用户可在数值框中输入数值，也可通过单击其右侧微调按钮 ⬍ 的向上或向下箭头来按固定步长调整数值大小。

图 2-17　下拉列表框

（5）命令按钮

命令按钮简称按钮，其外形为一个矩形块，上面显示有该按钮的名称。如图 2-16（b）中的"确定"和"取消"都是命令按钮。单击命令按钮，即可执行相应的操作。

（6）文本框

文本框是用于输入文本的方框，如图 2-16（b）中的"初始大小"就是一个文本框。在文本框中单击插入光标后即可在文本框中输入新字符。

（7）列表框

列表框与下拉列表框不同的是，在未对列表框进行任何操作前它就已经显示出了全部或部分内容，如图 2-16（b）所示的"驱动器"就是列表框。

（8）单选按钮

单选按钮的外形是一个小圆圈，当选中单选按钮时小圆圈将变为 ⊙ 形状；当没有选中单选按钮时小圆圈为 ○ 形状。由于单选按钮具有排他性，因此一次只能有一个单选按钮可被选中。

任务 5：定制桌面项目

1. 从哪里找回"我的电脑"图标

Windows XP 为了让桌面变得整洁一些，将用户不常使用的一些图标（如"我的电脑"等）隐藏起来。

操作实例 13：重新显示被隐藏的图标。

操作步骤如下：

① 右击 Windows XP 桌面的空白处，从弹出的快捷键菜单中选择"属性"命令，打开"显示属性"对话框，如图 2-18 所示。

② 单击"桌面"选项卡中的"自定义桌面"按钮，打开"桌面项目"对话框，如图 2-19所示。

③ 在"桌面项目"对话框中可以选择桌面上显示哪些图标，选择或取消桌面图标左边的复选框，如"我的电脑"、"网上邻居"等，可以使其在桌面上显示或隐藏。

④ 选择某一项目的图标后，单击"更改图标"或"还原默认图标"按钮，可以更换或恢复图标样式。

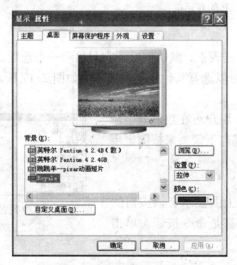

图 2-18 "显示属性"对话框

图 2-19 "桌面项目"对话框

例如，把"我的电脑"选中，然后单击两次"确定"按钮，"我的电脑"图标就出现在桌面上。

2. 清理桌面

Windows XP 提供了一个名为"清理桌面"的新功能。如果选择了"每60天运行桌面清理向导"，则在 60 天后该向导自动启动，在桌面上创建一个名为"未使用的桌面快捷图标"文件夹，并将那些在 60 天后或更长时间内未使用过的桌面图标移动到该文件夹中，以保持桌面的整洁。

如果单击"现在清理桌面"按钮，可以立即运行清理桌面向导。必要时也可以将快捷方式从"未使用的桌面快捷图标"文件夹中恢复出来。

3．用户自己创建图标

之所以要创建图标是为了更快捷地执行某个文件，通过双击该图标便能实现。桌面上可以由用户创建的图标有 3 种。

● 快捷图标：图标左下角有一小箭头标志，这种图标可以直接从桌面执行某个应用程序。

● 文件夹图标：用一个文件夹形状的图形来表示，双击该图标可以打开某个文件夹。

● 文件图标：用一个文件形状的图形来表示，另外图形中还有与之相关联的编辑工具的标志，如 Word 等，双击该图标则先启动该编辑器，然后再打开文件。

操作实例 14：创建快捷图标——"记事本"。

操作步骤如下：

① 在桌面空白处单击鼠标右键，从弹出的快捷菜单中选择"新建"→"快捷方式"命令。

② 在弹出的对话框命令行中输入"C:\Windows\Notepad.exe"（也可以单击"浏览"按钮从文件列表中查找"Notepad.exe"并选择这一文件，然后单击"打开"按钮，则上述命令中将自动出现"C:\Windows\Notepad.exe"）。

③ 单击"下一步"按钮，在弹出的对话框中将"选择快捷方式的名称"文本框中的"Notepad.exe"改写为"记事本"。

④ 单击"完成"按钮，桌面上将自动出现一个"记事本"图标。

操作实例 15：创建文件夹图标——"学生档案"文件夹。

操作步骤如下：

① 在桌面空白处单击鼠标右键，从弹出的快捷菜单中选择"新建"→"文件夹"命令。

② 桌面上会出现一文件夹形状的图标，光标落在图标下方的名称框中，系统默认的名称为"新建文件夹"且为蓝色，表示此时可以改名。

③ 将名称改为"学生档案"文件夹，回车或光标脱离该框即可。

操作实例 16：创建文件图标——"工作总结"。

操作步骤如下：

① 在桌面空白处单击鼠标右键，从弹出的快捷菜单中选择"新建"→"Microsoft Word 文档"命令。

② 桌面上会出现一个文件形状的图标，光标落在图标下方的名称框中，系统默认的名称为"新建 Microsoft Word 文档"且为蓝色，表示此时可以改名。

③ 将名称改为"工作总结"，回车或光标脱离该名称框即可。

 注意：以上图标均用快捷方式创建，如果磁盘上已存在相应的文件，只需从资源管理器中拖到桌面即可。

4．排列桌面上的图标

如果用户将过多的图标放到桌面上，会使屏幕显得很乱。可按以下操作解决这个问题：

在桌面上单击右键，即弹出一个快捷菜单，如图 2-20 所示。"排列图标"命令的子菜单中包含一组命令："名称"、"大小"、"类型"、"修改时间"和"自动排列"等。

● 名称：若想按字母或拼音次序排列图标，则选择该命令。

● 大小：若想按文件大小次序排列图标，就选该命令。

● 类型：若想按所代表的文件类型排列图标，就选该命令。

● 修改时间：若想按最后一次修改的日期来排列图标，就选该命令。

● 自动排列：若想按系统给定的顺序排列图标，就选该命令；"自动排列"命令为选定状态时，图标始终会自动按系统给定的顺序排列。

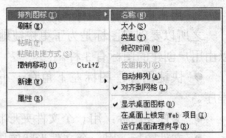

图 2-20　桌面快捷菜单

课堂练习：有些用户只希望桌面上包含有"回收站"、"我的电脑"、"我的文档"，而不希望再出现其他的图标，如"网上邻居"和"Internet Explorer"等图标等，试帮助该用户设置桌面项目。

任务6：定制桌面

在 Windows XP 中，用户可以根据自己的喜好改变桌面的设置，如屏幕颜色、分辨率、屏幕保护程序等。Windows 强大的功能能使屏幕颜色丰富多彩。

操作实例 17：把图片做成屏幕保护。

如果在一段时间内不触动键盘和鼠标，屏幕保护程序会自动启动，在屏幕上显示活动的图像，以避免静止的图像灼伤屏幕，从而起到对屏幕的保护作用。现代的显示器已不存在这种问题，屏幕保护程序可以用来娱乐，或锁定计算机以防他人使用。

Windows XP 允许将"图片收藏"中的图片以屏幕保护的方式来显示。

① 在桌面上单击鼠标右键，选择"属性"命令，打开"显示属性"对话框，单击"屏幕保护程序"选项卡，如图 2-21 所示。

② 选择"屏幕保护程序"下拉列表框中的"图片收藏幻灯片"选项，然后单击"预览"按钮，先来预览一下效果，如图 2-22 所示。

图 2-21　"屏幕保护"选项卡

图 2-22　"图片收藏幻灯片" 屏幕保护效果

③ 除了使用放在"图片收藏"下的图片作为屏幕保护以外，也可以通过自定义来指定其他目录下的图片作为"幻灯片屏幕保护"。

单击"屏幕保护程序"选项卡中的"设置"按钮，打开一个选项对话框，如图 2-23 所示。在此可以设置幻灯片播放时，更换图片的时间间隔、图片相对屏幕尺寸的比例。

单击"浏览"按钮就可以选择其他目录，以代替"图片收藏"作为屏幕保护，如图 2-24 所示。

选择另外一个存放图片的目录，单击"确定"按钮并预览，就可以看到效果。最后，单击"确定"按钮，即可设置好屏幕保护。

图 2-23 屏幕保护的选项设置

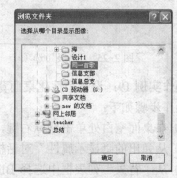

图 2-24 更改图片目录

④ 若选中"密码保护"复选框，当过了等待的时间不触动键盘和鼠标时，屏幕保护程序会自动启动，此时必须输入正确的密码才能解除锁定。

⑤ 从"等待"数字输入栏中选择等待时间 10 min（在此时间内若无任何操作，系统会自动启动屏幕保护程序）。

⑥ 设置完毕后，单击"确定"按钮。

操作实例 18：让 Windows XP 运行得更快。

如果计算机配置不是很高，Windows XP 的运行速度就会较慢，那么，有什么办法让 Windows XP 运行得快一些吗？

Windows XP 之所以运行得比较慢，主要是因为增加了许多视觉效果，占用了许多资源。只要把这些显示效果去掉，就能提高 Windows XP 的运行速度。

为此，系统专门设置了一个平衡"效果"和"性能"的选项。

操作步骤如下：

① 右击"我的电脑"图标，选择"属性"命令，打开"系统属性"对话框"高级"选项卡，如图 2-25 所示。

② 单击"性能"栏中的"设置"按钮，打开"视觉效果"选项卡，如图 2-26 所示。

在"视觉效果"选项卡中，有"调整为最佳外观"和"调整为最佳性能"等 4 个选项。

其中，选择"调整为最佳性能"可以使计算机获得较高的运行速度；选择"调整为最佳外观"将可以看到 Windows XP 最佳效果，但速度较慢。

默认选项是"让 Windows 选择计算机的最佳设置"，此时 Windows 根据计算机的配置自动调整"性能"与"效果"。

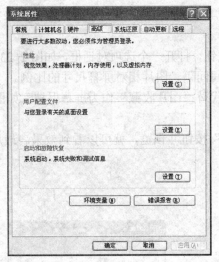

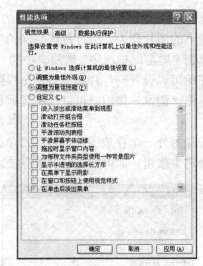

图 2-25 "高级"选项卡　　　　　　　　图 2-26 "视觉效果"选项卡

操作实例 19：设置个性化桌面背景。

操作步骤如下：

① 在桌面空白处单击鼠标右键，选择"属性"命令。

② 从弹出的"显示属性"对话框中，选择"桌面"选项卡，如图 2-27 所示。

③ 从"背景"列表框中选择 Bliss 选项，或者单击"浏览"按钮查找硬盘上其他位置的图像文件。

④ 从"位置"下拉列表中选择一个选项："居中"、"平铺"或"拉伸"，以决定图片在桌面上的显示方式。

⑤ 设置完后，单击"应用"按钮或者"确定"按钮。

操作实例 20：设置桌面外观。

操作步骤如下：

桌面的外观是指各种屏幕项目，包括桌面的颜色、对话框和窗口中各种组件的显示外观等。Windows XP 提供了多种外观设置方案供用户选择。若用户对其不满意，可以改变设置方案。

① 单击"显示属性"对话框中的"外观"选项卡，如图 2-28 所示。

图 2-27 "显示属性"对话框　　　　　　图 2-28 "外观"选项卡

② 单击"窗口和按钮"下拉列表框右边的下拉按钮，选择窗口和按钮的样式。

③ 单击"色彩方案"下拉列表框右边的下拉按钮，可选择已选取的窗口和按钮样式中新的颜色。

④ 单击"应用"按钮使设置生效。此时，并不关闭"显示属性"对话框，可以继续修改其他项目。

⑤ 全部设置完毕后，单击"确定"按钮关闭"显示属性"对话框。

操作实例 21：设置分辨率、颜色和屏幕区域。

操作步骤如下：

① 单击"显示属性"对话框中的"设置"选项卡，如图 2-29 所示。

② 从"颜色质量"下拉列表框中，选择要使用的颜色数"最高 32 位"。

③ 拖动"屏幕分辨率"中的滑块调节屏幕区域的大小，选择"1024×768 像素"。在将屏幕区域调大后，屏幕上显示的内容会相应增多，但显示的字会相应减小，给查看带来困难。解决此问题的办法是单击"高级"按钮，在"常规"选项卡中选择 DPI 列表框中的"大尺寸"选项。这样，既可以显示更多的内容，也可以看清楚屏幕上的文字。

④ 单击"确定"按钮。

图 2-29　"设置"选项卡

课堂练习：对窗口进行操作。要求如下：

① 打开"我的文档"窗口。

② 最大化"我的文档"窗口。

③ 改变"我的文档"窗口的大小和位置。要求：用控制按钮和键盘结合完成。

④ 最小化"我的文档"窗口。

⑤ 还原"我的文档"窗口。

⑥ 打开"网上邻居"窗口。

⑦ 将打开的窗口按层叠方式排列。

⑧ 关闭"我的文档"窗口。要求：右击任务栏完成。

⑨ 关闭"网上邻居"窗口。要求：按 Alt+F4 组合键完成。

2.1.4　案例总结

本节以任务驱动的方式通过本案例中的 6 个工作任务分别介绍了设置"开始"菜单、设置"任务栏"、窗口的操作、对话框的设置、定制桌面项目、定制桌面等 Windows XP 的基本操作。

①"开始"菜单：任务栏的最左端就是"开始"菜单按钮。从启动程序、打开文档、进行查找、执行网络任务到关闭系统等，都要用到"开始"按钮。单击"开始"按钮或按下 Ctrl+Esc 组合键，将打开"开始"菜单，"开始"菜单中包括 Windows XP 中的所有应用程

序与工具命令。

② 任务栏：位于桌面最下方，显示了系统正在运行的程序和打开的窗口、当前时间等内容，用户通过任务栏可以完成许多操作，而且也可以对它进行一系列的设置。对任务栏操作有改变任务栏的大小和位置、自定义任务栏等操作。

③ 窗口：Windows 系统中最重要的对象，只有掌握了窗口的基本操作才能更加熟练地操作 Windows XP。首先，需要了解 Windows XP 操作系统的窗口组成以及窗口菜单的使用；其次，熟悉窗口的一些基础操作，例如打开与移动窗口、改变窗口大小与关闭窗口、多窗口的操作等。

④ 对话框：在 Windows XP 中，当执行某一操作需要提供额外信息时，就会弹出对话框。对话框是 Windows XP 与用户进行信息交换的关键场所。通过对话框，可以输入各种信息并进行各种选择。

⑤ 桌面项目与桌面：为了使桌面更加漂亮、具有个性化，在 Windows 操作系统中，可以根据自己的爱好选择系统自带的背景或用户喜欢的图片来自定义桌面。

2.2　Windows XP 基本操作——文件管理

2.2.1　文件管理案例分析

文件管理是 Windows XP 操作系统极其重要的功能。对于办公人员而言，需要经常处理纷繁复杂的文件以及对文件进行管理，因此要想借助计算机使办公变得轻松，就需要先掌握文件与文件夹的操作，然后再学会使用各种软件来处理不同的文件类型。

1．任务的提出

小李是学生会的秘书，最近学生会正在筹办校园文化艺术节。该校园文化艺术节是一次由学生自己举办的大型活动。内容有歌唱、舞蹈比赛，科普讲座、书画摄影展览、英语、时事辩论大赛等。作为主办单位，校学生会要为本届校园文化艺术节设计制作艺术节工作计划与工作安排、艺术节宣传海报、门票、奖状、邀请函、流程图等各种电子文档。这些电子文档的制作工作由小李具体负责完成。一开始，他把这些文件随意放在计算机中，但随着文化艺术节筹办工作的不断深入，小李建立的文件越来越多，加上其他学生会干部建立的文件以及其他的计算机作业、游戏娱乐等文件，显得非常杂乱无章。

因此，他希望对计算机中的这些文件进行有序管理，但对于没有文件管理经验的小李来说，又不知如何才能办到，于是他找到王老师，提出了自己的问题。

2．解决方案

王老师说，小李遇到的问题很普遍，对于办公人员而言，在处理各种名目繁多的文件过程中，很可能会遇到找不到需要的文件、不知道一些文件到底是什么、垃圾文件越来越多以及文件夹变得越来越大等问题，在这种情况下进行办公操作就会变得非常困难且没有头绪，从而大幅降低工作效率。

王老师对小李说，在使用计算机进行办公时，应按照合理的结构对计算机中的文件和文件夹进行规划，并分类存放不同的文件，这样不仅有利于文件的操作和管理，也可提高计算机的运行速度。科学的文件管理一定要做到两点：一是要把众多的文件进行"分类存放"，二是要对重要的文件进行"备份"。对于"分类存放"，小李能够理解，但不知具体应该如何操作；对于文件"备份"，小李则从来没有听说过。

王老师介绍说，"备份"其实就是把重要的文件复制一份存放在其他地方，以防原文件丢失。对于一些重要的文档，如果不慎将其丢失或破坏，将带来巨大的损失。而使用计算机时也存在着许多不安全的因素，例如病毒发作、系统瘫痪或者用户的误操作等，都有可能让使用的文档在瞬间就消失得无影无踪。进一步讲，如果你在一个公司上班，不小心删除了一个非常重要的"项目合同"文件，或者这个文件被病毒破坏，而没有备份的文件，将会造成很大的损失。因此，提前对重要文件进行一些必要的防护措施显得尤为重要，而进行防护措施最有效的方法就是对其进行"备份"。备份文件的中心思想就是让文件存在着多个副本。这样，如果有一个文件损坏或丢失，就不会影响该文件的使用。

听了王老师的介绍后，小李不但理解了有序管理文件的重要性，而且也深深懂得了文件备份的必要性。

针对小李的实际工作需要，王老师提出了一套解决方案，并给出一个参照结构，如图 2-30 所示。大家可按照类似的方法并结合自己的实际情况规划文件和文件夹。

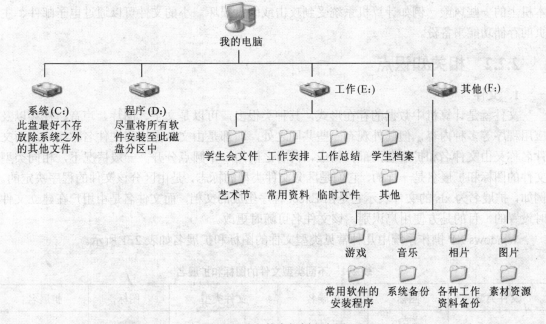

图 2-30　文件夹规划方案图

① 所有应用软件安装在 D：盘，以 E：盘或其他盘为数据盘，不要将数据文件放在 C：盘中，因为 C：盘一般作为系统盘，专门用于安装系统程序。

② 在 E 盘建立多个文件夹，用来分别存放文化艺术节文件、学生档案等不同类型的文件；文件夹或文件最好用中文命名，这样就可以做到一目了然。

③ 重要的文件包括文化艺术节工作计划、工作安排等，每次必须把这些文件的最新结果复制一份存放在另外一个磁盘或"U 盘"中，作为文件备份。

④ 在桌面上为经常访问的文件夹建立快捷方式，省去反复打开文件夹的操作。

⑤ 经常清理计算机的垃圾文件，保持计算机在比较轻松的环境中工作；定期清理回收站。

对于备份文件，王老师也给出了一套解决方案：

存放副本时存放的位置越安全越好，可以将其存放在计算机、U 盘、光盘中，或者通过网络进行备份。

① 存放在计算机：这是执行备份操作最为简易也是最常用的存放位置。但它不能避免恶意病毒或磁盘损坏而带来的影响。在计算机备份时，可以通过 3 种方式进行。第一，简单地复制一个副本作为备份，或者创建一个备份文件夹统一进行保存和管理；第二，使用压缩备份，把需要备份的文件和文件夹压缩成一个压缩文件，这样既保证了数据的安全也减少了磁盘的空间。第三，使用"系统工具"中的"备份工具"，把需要备份的文件和文件夹制作成一个专门格式的备份文件。

② 备份在 U 盘：U 盘是方便、快捷的移动存储器，它不仅有相对于软盘容量大的特点，而且 U 盘新增了文件加密系统，U 盘的加密功能在权限上仅限加密用户使用。这样做不仅保证用户文件不会被轻易窃取，而且还可以避免对被保护文件的入侵。

③ 刻录成光盘：可以将需要备份的文件和文件夹通过刻录机刻录在光盘上进行保存。

④ 保存在网络：可以把文件和文件夹通过网络转移到其他的计算机上，这样可以避免在本机上的一些风险，例如计算机系统受到攻击或硬盘损坏。小的文件可以通过电子邮件、主页的存储功能来备份。

2.2.2　相关知识点

1. 文件

文件就是计算机中数据的存在形式，其种类很多，可以是文字、图片、声音、视频以及应用程序等多种内容，但其外观有一些共同之处，即都是由文件图标和文件名称组成，而文件名称又由文件名和扩展名两部分构成，两者之间用一个圆点分开。一般情况下，相同类型文件的图标和扩展名是一样的，它们是区分文件类型的标志，是由区分该文件的程序决定的。例如，扩展名为.xls 的文件表示它是由 Excel 程序生成的文档，而文件名是由用户在建立文件时设置的，目的是方便用户识别，该文件名可随时更改。

Windows XP 操作系统中几种常见类型文件的图标和扩展名如表 2-1 所示。

表 2-1　不同类型文件的图标和扩展名

文件类型	图标	扩展名	文件类型	图标	扩展名
文本文件		.txt	WinRAR 压缩文件		.rar
应用程序文件		.exe 或.com	配置文件		.ini
帮助文件		.hlp	Excel 文件		.xls
Word 文档		.doc	视频文件		.avi
音频文件		.mp3	图片文件		.jpg

2．文件夹

文件夹是计算机保存和管理文件的一种方式，通常被称为目录。在屏幕上一般用 🗀 图标表示。文件夹既可以包含文件，也可以包含其他文件夹。不同的文件可以归类存放于不同的文件夹中，而文件夹又可以存放下一级子文件夹或文件，子文件夹同样又可以存放文件或子文件夹。文件与文件夹的这种包含结构在"资源管理器"中可以很直观地看到。

另外，计算机中还有一些其他类型的文件夹图标，如表 2-2 所示。

表 2-2　特殊的文件夹图标

图标	文件夹类型	图标	文件类型
	"我的视频"文件夹		"我的数据源"文件夹
	"我的音乐"文件夹		Web 文件夹
	"图片收藏"文件夹		共享文件夹

3．复制、移动和删除

文件或文件夹的复制和移动是文件管理中最常用、最基本的操作。

复制操作是将选定的对象从源位置复制到新的位置，也可以复制到同一位置。复制完成后源文件或源文件夹保持不变。

移动操作是将选定的对象从源位置移动到新的位置，不可以移动到同一位置。移动完成后源文件或源文件夹将消失。

当文件或文件夹已经没有任何作用时，应该及时删除，以免占用存储空间。

4．回收站

回收站用来收集硬盘中被删除的对象，以保护误删的文件。

Windows 系统会把用户刚删除的文件放在"回收站"中，并且把最近删除的文件放在窗口工作区的最顶端。在存放过程中，如果"回收站"的容量被占用完，则最先删除的文件被挤出"回收站"即被永久删除。未被挤出"回收站"的文件可以进行还原操作。当发现硬盘中的文件被误删除时，可以到"回收站"中把被删除的文件"还原"到原来的位置，这就为删除文件或文件夹提供了安全保障。

5．剪贴板

剪贴板实际上是内存中的一块区域，它是 Windows 实现信息传送和共享的一种手段，剪贴板中的信息不仅可以用于同一个应用程序的不同文档之间，也可用于不同的 Windows 应用程序之间。传送和共享的信息可以是一段文字、数据，也可以是一幅图像、图形或声音等。

6．快捷方式

快捷方式提供了一种对常用程序和文档的访问捷径。快捷方式实际上是外存中原文件或外部设备的一个映像文件，通过访问快捷方式可以访问到它所对应的原文件或外部设备。

7．资源的搜索

Windows 提供的搜索工具既可以搜索文件或文件夹，也可以搜索计算机、网上用户以及 Internet 资源，操作方便简单。

8．网上邻居

通过局域网的"网上邻居"可以方便地相互共享交流一些文件资料。局域网内部相互连接的速度非常快，因此局域网内的计算机之间传送文件资料非常方便快捷。

2.2.3　实现方法

计算机中的数据大多数都是以文件的形式存储在硬盘上，而文件夹则用来存放文件。对于文件或文件夹的操作都是在"我的电脑"窗口和"资源管理器"窗口中进行的。通过对文件和文件夹进行操作，可使计算机中存储的数据变得井井有条，用户管理起来就会更加轻松、有序。

任务 1：浏览文件和文件夹

本任务将详细介绍在窗口中文件与文件夹的显示方式和排列方式等。

1．使用"我的电脑"

"我的电脑"用于管理计算机中的文件、文件夹和磁盘等资源。在桌面上双击"我的电脑"图标，将打开"我的电脑"窗口。在该窗口中，可以看到计算机上的各种资源，这些资源以图标的方式显示在窗口中。单击某个图标时，在窗口的左侧就会显示与其有关的信息。

操作实例 22：启动"我的电脑"，并查看 D 盘的内容。

操作步骤如下：

① 双击"我的电脑"的图标，打开如图 2-31 所示的"我的电脑"窗口。在该窗口中列出了计算机的各主要存储设备。

② 双击 D:驱动器图标，即可打开该存储设备并显示保存在其中的文件和文件夹，如图 2-32 所示。

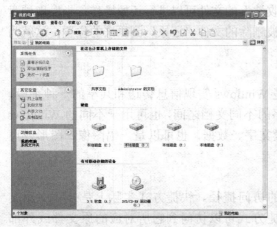

图 2-31　"我的电脑"窗口

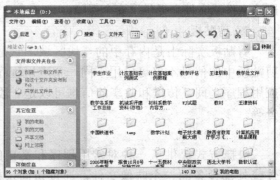

图 2-32　D:驱动器窗口

③ 在打开的驱动器窗口中双击"学生作业"文件夹，即可打开该文件夹，在该文件夹窗口中，用户可以看到许多的文件夹和文件。要查看某一文件或文件夹中的内容时，只需双击其文件或文件夹图标即可。

在"我的电脑"与打开的文件夹窗口的工具栏上，有 3 个工具按钮，可以帮助用户更加便捷地浏览所需要的文件和文件夹。

● "后退"按钮 ：单击此按钮，将退回到浏览当前文件夹之前浏览过的那个文件夹。

● "前进"按钮 ：此按钮的功能与"后退"按钮相反，当单击 "后退"按钮后，再单击"前进"按钮，可浏览到单击"后退"按钮前浏览过的文件夹。

● "向上"按钮 ：打开当前文件夹的上一级文件夹。例如，在 D:\学生作业窗口中单击"向上"按钮，可打开 D:驱动器窗口。

 说明：在"我的电脑"窗口的"地址栏"文本框内直接输入"D:\学生作业"后，按 Enter 键，也可打开该文件夹。

2. 使用资源管理器

"资源管理器"是 Windows XP 中另外一个重要的文件管理工具，通过 Windows 的资源管理器，可以直接启动某一个应用程序，还可以非常直观地看到该文件夹与计算机中有所文件夹之间的关系。

操作实例 23：4 种打开资源管理器的方法，并查看文件或文件夹。

操作步骤如下：

方法一：选择"开始"→"程序"→"附件"命令，从弹出的子菜单中选择"Windows 资源管理器"命令，即可打开如图 2-33 所示的资源管理器窗口。

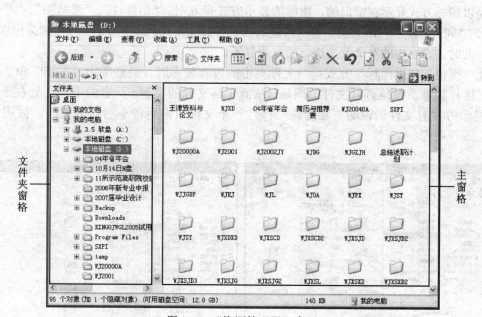

图 2-33 "资源管理器"窗口

方法二：右击"我的电脑"，从弹出的快捷菜单中选择"资源管理器"命令。

方法三：右击任一驱动器或文件夹对象，从弹出的快捷菜单中选择"资源管理器"命令，此时资源管理器的视图将从所选的驱动器或文件夹开始。

方法四：右击"开始"菜单按钮，从弹出的快捷菜单中选择"资源管理器"命令。

通过图 2-33 可以看出，整个"资源管理器"的窗口由两部分组成：左侧的"文件夹"窗格中显示了计算机中所有的文件夹以及各文件夹之间的关系；右侧的主窗格列出了当前驱动器或文件夹中的文件与文件夹。

在"文件夹"列表的大部分文件夹图标前都有"+"或"−"符号，这表明此文件夹中还包含有下一级的子文件夹。单击文件夹或驱动器前面的"+"号，可以展开该文件夹或驱动器。展开后，文件夹前的"+"符号会自动变为"−"符号，单击"−"符号就可将展开的内容恢复到没有展开时的状态。

在列表框中，如果有些内容并没有全部显示在"文件夹"窗格中，可以通过拖动滚动条中的滚动块来调整显示内容。如果要进行上下翻页或左右翻页，可以单击滚动条的空白区域，也可以按下 PageUP 键和 PageDown 键。

 说明：如果用户知道当前要查找的文件和文件夹的首字母，可以直接通过键盘按下该文件和文件夹所对应的首字母。窗口会自动显示以输入字母开始的第1个文件和文件夹。

3．文件的显示方式和排列方式

在 Windows XP 系统中有一个通用特性，即窗口中文件的显示方式与排列方式具有共同的特点。用户可以根据实际需要选择一种适合自己使用的文件显示方式和排列方式。

（1）文件的显示方式

在 Windows XP 中，当在"我的电脑"或"资源管理器"中打开文件夹时，文件夹的内容都是以图标方式显示在窗口的。图标的显示方式有 6 种："幻灯片"、"缩略图"、"平铺"、"图标"、"列表"和"详细信息"。每次只能选择一种显示方式，选中的菜单项左侧会出现"·"符号，此时主窗格中的对象就按选定的方式显示。

①"平铺"和"图标"方式：当文件夹中的内容较多时，最好采用"平铺"和"图标"方式，这样能够清楚地查看文件的图标，从而了解文件的类型。两者的不同之处在于，"图标"显示方式对文件的说明更加简略一些，一个文件只占用很小的显示空间，如图 2-34 所示。

图 2-34 "图标"和"平铺"显示方式

②"幻灯片"和"缩略图"方式：当文件夹中包含太多的图像文件时，选用"幻灯片"显示方式能够更加方便地查看图形和图像文件。在"幻灯片"显示方式下，选中一个图形文件后，资源管理器就会显示该图形文件的缩略图，如图2-35左图所示。如果想对整个文件夹的内容有一个整体的了解，可以采用缩略图显示方式，如图2-35右图所示。

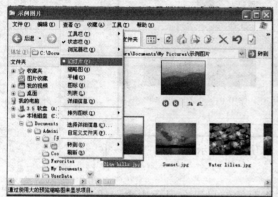

图2-35 "幻灯片"和"缩略图"显示方式

③"列表"和"详细信息"方式：如果想尽可能多地显示文件和文件夹，可以采用"列表"方式显示，以便看到更多的内容。以"列表"方式显示时，图标是从上至下、再从左至右排放，如图2-36左图所示。如果要看到每个图标的详细信息，如名称、大小、类型和修改时间等，可以采用"详细信息"显示方式，如图2-36右图所示。

图2-36 "列表"和"详细信息"显示方式

如果要改变图标的显示方式，可以选择"查看"菜单中的相应命令。例如，在"我的电脑"窗口中直接选择"幻灯片"显示方式，其效果如图2-37所示。也可以在工具栏上单击"查看"按钮 旁边的下拉按钮，在弹出的下拉列表中选择相关的选项，如图2-37所示。

 说明： 在幻灯片显示方式下，Windows XP还提供了4个常用按钮： 显示上一个图像； 显示下一个图像； 顺时针旋转； 逆时针旋转，可以通过它们快速、便捷地切换图片和翻转图像。

图 2-37　直接选择"幻灯片"显示方式

（2）文件的排列方式

在查看文件的相关信息时，如果发现有些需要的信息没有显示出来，或者显示的方式不适合查看，可以调整文件和文件夹的显示顺序。为文件夹选用一种更加突出其特点的排列方式，以适合用户查找和使用，这将会给浏览带来极大的方便。在"资源管理器"窗口中，Windows XP提供了几种不同的文件排列方式，分别是按名称、类型、大小和修改日期排列文件，可根据需要选择其中任意一种排列方式。

选择"查看"→"排列图标"命令，在弹出的级联菜单中选择所需要的命令，选中"自动排列"命令时，窗口中文件图标被用户随意拖动后，资源管理器可将其自动重新排列；选中"按组排列"命令时，窗口中的文件图标不允许用户随意拖动。

如果窗口中的图标是以"详细信息"方式显示的，可以直接单击窗口列表中的"名称"、"大小"、"类型"和"修改时间"按钮来快速改变图标的排列方式。

 说明：需要指出的是，如果继续单击刚才单击过的按钮，则图标列表会反向排列，即由大到小变为由小到大，反之亦然。

图 2-38　"选择详细信息"对话框

另外，还可以设置在"详细列表"显示时，在列这一方向所包括的内容。选择"查看"→"选择详细信息"命令，在打开的如图 2-38 所示的对话框中进行设置。从"详细信息"下拉列表框中选中需要显示的信息项前面的复选框，包括名称、大小、类型、创建日期、修改日期等。选中项目，单击"下移"或"上移"按钮可以设置信息显示的先后顺序。如果不想让某一项显示，可以取消选中其复选框。

 任务 2：文件和文件夹的操作

本任务将详细介绍文件和文件夹的操作方法，包括如何创建文件和文件夹，对文件和文件夹如何选取，如何更改文件和文件夹的名称，如何对文件和文件夹进行复制、移动和删除操作，如何使用回收站等。

1. 创建新文件和文件夹

文件夹是用于存放文件或其他文件夹的，利用文件夹可以更好地将磁盘组织起来。在 Windows XP 中，可以在许多位置创建文件夹。例如，可以在桌面上，也可以在"资源管理器"或"我的电脑"窗口。

可以在磁盘、文件夹或桌面上直接创建一个新的文件夹，然后就可以在其中存放各种文件。创建的方法有多种，用户可以根据自己的操作习惯进行选择。

操作实例 24：创建新的文件夹。

操作步骤如下：

① 右击桌面空白处或窗口的空白处，从弹出的快捷菜单中选择"新建"→"文件夹"命令，即可在桌面或窗口新建一个文件夹。

② 也可以在窗口的菜单栏中选择"文件"→"新建"→"文件夹"命令创建一个新的文件夹，如图 2-39 所示。

图 2-39　创建新的文件夹

操作实例 25：创建新文件——创建 Microsoft Word 文档。

如果在创建新文件时用户不想打开应用程序，可以先创建一个新的空白文件。其创建方法与创建新的文件夹方法相同。

操作步骤如下：

① 若想制作一份个人简历，可以通过右击"资源管理器"窗口的空白处，从弹出的快捷菜单中选择"新建"→"Microsoft Word 文档"命令（如图 2-40 所示），此时当前文件夹中会出现一个"Microsoft Word 文档"的图标。

② 双击该图标，打开该应用程序文档，就可以在新建的空白文档中输入内容。

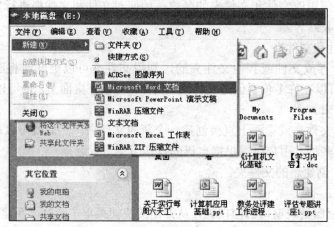

图 2-40　新建 Microsoft Word 文档

操作实例 26：单个文件或文件夹的重命名。

操作步骤如下：

① 在"我的电脑"窗口中右击待重命名的文件或文件夹，从弹出的快捷菜单中选择"重命名"命令。

② 此时选定的文件或文件夹图标的标识文字将被黑框框住，输入要更换的文件名。

③ 按 Enter 键即可实现对文件或文件夹的重命名。

在更改文件名时，如果所更换的新文件名与已存在的文件名重复，则系统会弹出提示对话框，提醒用户无法更换使用新的文件名。更改名称时要输入完整的文件名标识，文件名和文件类型中间要有一个半角的下圆点符号来作为分隔符。

操作实例 27：对多个文件或文件夹重命名。

在 Windows XP 中，可以根据所编辑的文件，对它们进行统一的一次性重命名。

操作步骤如下：

① 选中多个要进行重命名的文件，然后选择"文件"→"重命名"命令。

② 输入新的文件名称后，按 Enter 键即可实现对多个文件进行统一重命名。例如，输入"s"，则除第一个文件的名称是 s 外，其他选中的文件都将被命名为 s(1)、s(2)…，依次类推，如图 2-41 所示。

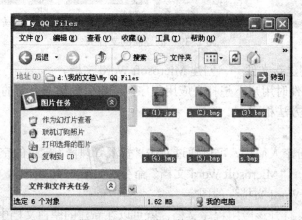

图 2-41　对多个文件重命名

说明：对文件或文件夹重命名时，首先选择待重命名的文件或文件夹，按下 F2 快捷键。此时，就会出现如图 2-41 所示的效果，然后按 Enter 键即可实现对文件或文件夹重命名。

课堂练习：将多个文件和文件夹批量重命名。

我们通过网络下载了许多图片，但是每张图片的名称都不一样且非常杂乱。此时，就需要对多个文件和文件夹重命名来统一管理。

① 双击打开存放下载图片的文件夹，在该窗口中选择"查看"→"缩略图"命令，将图标以"缩略图方式"显示在窗口中。

② 选中多个要重命名的图片文件。

③ 右击选中的文件，从弹出的快捷菜单中选择"重命名"命令，输入"图片"，按 Enter 键，即可对选中文件进行重命名。

2. 选取文件或文件夹

在文件的管理过程中，为了完成文件和文件夹的创建、更名、复制、移动和删除操作，需先选定文件或文件夹，再进行相应的操作。

① 选定单一的文件、文件夹或磁盘：直接单击要选定的对象。

② 选定多个连续的文件或文件夹：单击第一个文件或文件夹图标，按住 Shift 键，再单击最后一个文件或文件夹。此时，它们之间的文件或文件夹都会被选定。此外，也可用圈选的方法来选定：在空白处某个适当的位置按住鼠标不放，拖出一个矩形框直接将要选定的对象框起来即可。

③ 选定多个不连续的文件或文件夹：单击第一个文件或文件夹图标，按住 Ctrl 键，再依次单击要选定的对象即可。

④ 选定全部文件或文件夹：在"我的电脑"或"资源管理器"中，选择"编辑"菜单中的"全部选定"命令，将主窗格中的所有文件或文件夹全部选定；也可以按 Ctrl+A 组合键选取窗口中的全部文件或文件夹。

⑤ 反向选定文件或文件夹：在"我的电脑"或"资源管理器"中，选择"编辑"菜单中的"反向选定"命令，即取消已选定的文件或文件夹，而原来未被选中的文件或文件夹都被选定。

课堂练习：选择文件和文件夹。

① 用鼠标拖动和 Ctrl 键结合的方式选定 C:Windows 下的多个文件和文件夹。

② 选择 help 文件夹下的所有文件。提示：用 Ctrl+A 组合键。

③ 查看上一步所选文件的个数和占用的磁盘空间。提示：在所选文件的图标处右击，在弹出的快捷菜单中选择"属性"命令。

3. 移动和复制文件或文件夹

移动和复制文件或文件夹都是将文件或文件夹从原位置放到目标位置，区别在于：移动是把文件或文件夹存放到另一个位置，而原有位置的内容消失；复制是把文件或文件夹存放到另一个位置，而原有位置的内容不变。在 Windows XP 中移动和复制时既可以利用任务列表来实现，也可以使用鼠标拖动来实现。

操作实例 28：利用任务列表移动和复制文件或文件夹。

操作步骤如下：

① 在窗口中选择要移动、复制的文件或文件夹。

② 在左侧的"文件和文件夹任务"列表中单击"移动所选项目"或"复制所选项目"选项，弹出"移动项目"或"复制项目"对话框，如图 2-42 所示。

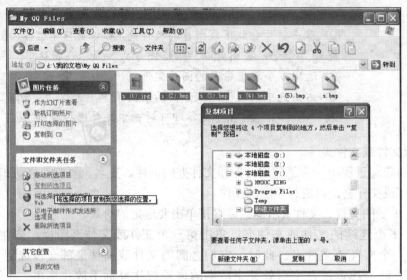

图 2-42　通过任务列表移动、复制文件或文件夹

③ 在文件夹列表框中可以选择要进行移动或复制的目标文件夹。

④ 单击"移动"或"复制"按钮，即可完成移动或复制文件和文件夹的操作。

另外，在复制和移动文件或文件夹时也可以采用"编辑"菜单中的"复制"、"剪切"和"粘贴"命令或使用 Ctrl+C、Ctrl+ X、Ctrl+V 快捷键来进行。

> **说明**：复制文件或文件夹可以通过另一种更加快捷的操作方法，即将文件和文件夹发送到所需要的地方。在窗口中右击要发送的文件或文件夹，从弹出的快捷菜单中选择"发送到"命令，在其子菜单中，选择相应的命令即可。

操作实例 29：使用鼠标拖动来移动、复制文件或文件夹。

如果用户要在不同窗口的两个文件夹之间进行文件的拖动，就需要同时打开源文件夹和目标文件夹。

操作步骤如下：

① 打开源文件夹和目标文件夹，如图 2-43 所示。在源文件窗口中选定一个或多个文件或文件夹。

② 将选定的文件或文件夹拖动到打开的目标文件夹窗口的空白处，如图 2-43 所示。

③ 在进行拖动时，如果按住 Ctrl 键进行拖动则是将选定的文件夹复制到打开的目标文件夹；如果按住 Shift 键拖动则是将选定的文件夹内容移动到打开的目标文件夹。

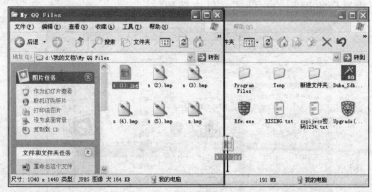

图 2-43 在两个窗口间拖动来移动、复制文件或文件夹

4. 删除文件或文件夹

操作实例 30：在文件夹窗口或资源管理器窗口中删除文件或文件夹。

操作步骤如下：

① 在打开的"文件夹"窗口或"资源管理器"窗口中，右击要删除的文件或文件夹图标，从弹出的快捷菜单中选择"删除"命令。

② 此时在窗口中将弹出一个"确认文件删除"对话框，如图 2-44 所示。如果要删除，单击"是"按钮，系统会将要删除的文件或文件夹放入回收站中；单击"否"按钮，则不删除选中的文件或文件夹。

图 2-44 确认是否要删除

用户在文件夹窗口中选中所要删除的文件或文件夹后，使用"文件"菜单中的"删除"命令或按 Delete 键同样可以实现上述的删除操作。

说明：如果用户一次删除的文件过多，容量过大时，"回收站"有可能放不下，系统将给出一个"确认文件删除"对话框，提示用户所删除的文件太大，无法放到"回收站"中。此时，如果单击"是"按钮，则会永久删除该文件，所以用户在使用时一定要特别注意此情况。

如果在删除时，误删了一些文件，可以右击文件夹窗口的空白处，从弹出的快捷菜单中选择"撤销删除"命令，如图 2-45 所示。或者使用 Ctrl+Z 组合键，此命令只能撤销上一次的删除操作。需要指出的是，撤销删除只对本次开机工作时误删的文件或文件夹才有效，否则需要打开"回收站"将误删的文件或文件夹还原。

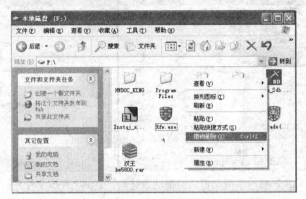

图 2-45   撤销上一次的删除操作

操作实例 31：彻底删除文件。

操作步骤如下：

① 在打开的文件夹窗口中选定要删除的文件或文件夹。

② 然后按 Shift+Delete 键或者在按住 Shift 键的同时，选择"文件"→"删除"命令，将弹出一个确认删除的对话框，在该对话框中可以确认是否要真正删除所选定的文件或文件夹。

③ 单击"是"按钮后，系统将把这些文件或文件夹从磁盘上彻底删除，而不会将其存放在"回收站"中，但这样便无法对所做的操作进行还原。因此，在实现此操作时要特别小心。

5．使用回收站

在 Windows XP 中，有一个专为用户设立的"回收站"，用来保护误删的文件。

操作实例 32：还原文件和文件夹。

如果用户在使用过程中，删除了不该删除的文件，可以通过"回收站"中的"还原"命令，将其还原到原来的位置。

操作步骤如下：

① 双击桌面上的"回收站"图标，在打开的"回收站"窗口中，选中要还原的文件和文件夹。

② 选择"文件"→"还原"命令或者右击要还原的文件，从弹出的快捷菜单中选择"还原"命令，文件就会还原到原来的位置。

操作实例 33：清理"回收站"。

已删除的文件或文件夹虽然都被存放在"回收站"中，但并没有从磁盘中真正删除，它们仍占用磁盘空间。为了提高计算机的运行速度和增加磁盘的可用空间，需要及时地对"回收站"进行清理。

操作步骤如下：

① 选择"文件"→"清空回收站"命令或者在窗口左侧的"回收站"任务窗格中单击"清空回收站"选项，即可将回收站中的所有文件和文件夹永久删除。

② 如果用户只想永久地删除其中的一个或多个文件，并不想删除所有的文件，可以选中并右击一个或多个要删除的文件，从弹出的快捷菜单中选择"删除"命令。

操作实例 34：更改"回收站"属性。

如果用户感觉自己计算机上的"回收站"磁盘空间太小。这时，可以通过改变"回收站"

属性来进行更改。

操作步骤如下：

① 在桌面上右击"回收站"图标，从弹出的快捷菜单中选择"属性"命令，打开"回收站属性"对话框，如图 2-46 所示。

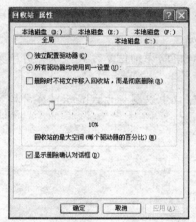

图 2-46　更改"回收站"属性及磁盘回收站空间

② 在该对话框中，可以通过调整"回收站"所占磁盘空间的百分比来设置"回收站"的大小。只需向左或向右拖动对话框中的滑块，即可改变"回收站"空间的大小。

默认的空间大小是磁盘总容量的 10%。如果磁盘空间不是太充足，可以相对地把回收站空间减少一些；如果当前磁盘空间足够大，并且又想恢复更多的文件，则可以将百分比调整得相对大一些。

如图 2-46 所示，在该对话框中的"全局"选项卡各选项的含义如下：

● "独立配置驱动器"：选中此单选按钮，可以对计算机中各硬盘驱动的"回收站"空间大小进行单独设置。该单选按钮被选中后，单击对话框中各驱动器标签，打开该驱动器选项卡，图 2-46 右图所示是本地磁盘 D:的回收站属性设置，在此对话框中列出了驱动器 D:的磁盘空间和"回收站"保留的空间大小。

● "所有驱动器均使用同一设置"：该单选按钮被选中后，系统中所有的磁盘驱动器均使用当前选项卡中的"回收站"空间的百分比设置。

● "删除时不将文件移入回收站，而是彻底删除"：选中该复选框，则删除的所有文件都不移入"回收站"，而是直接永久删除。建议用户在使用过程中不要选中该复选框。在不选中该复选框的情况下，拖动滑块可调节用于保存所删除文件的空间大小，这就为每个驱动器创建了一个独立的恢复存储区。

● "显示删除确认对话框"：如果禁用该复选框，则在进行删除时将不弹出提示对话框。建议不要禁用该复选框。

课堂练习：文件夹操作，要求如下：

　　① 在"本地磁盘（F:)"窗口中创建一个"公司档案"文件夹。

　　② 打开新建的文件夹，在该文件夹中再分别创建一个"公司简介"文本文件和"公司徽标"的位图文件。

③ 在"本地磁盘（F:）"中创建一个"档案"文件夹，并将"公司档案"文件夹复制到"档案"文件夹中。

④ 在桌面上创建"公司档案"文件夹的快捷方式。选中并右击"公司档案"文件夹，从弹出的快捷菜单中选择"发送到"→"桌面快捷方式"命令。

⑤ 将"公司档案"和"档案"文件夹都删除，再从"回收站"中将"公司档案"文件夹还原。

⑥ 在"我的电脑"窗口中以详细信息方式显示公司档案"文件夹中的内容。

⑦ 在"资源管理器"窗口中以图标方式显示"公司档案"文件夹，按日期方式排列窗口内容。

任务 3：管理文件和文件夹

使用 Windows XP 对文件或文件夹进行管理的内容包括多个方面，除了普通的文件或文件夹操作外，还包括设置重要文件的只读属性、将机密或私人文件隐藏起来、让文件在局域网中与他人共享、查找符合条件的文件等内容，下面将分别进行介绍。

1．查看与设置文件或文件夹的属性

在 Windows XP 中，每个文件或文件夹都包含特定的信息，如文件类型、存放位置、占用空间大小、修改和创建时间以及存放方式等，这些信息统称为文件或文件夹的属性。文件和文件夹的存放方式分为只读、隐藏和存档 3 种。系统默认的存放方式是存档方式。查看和设置文件或文件夹属性时，可以先打开"我的电脑"或"资源管理器"窗口，然后右击待设置的文件或文件夹，从弹出的快捷菜单中选择"属性"命令。也可以在选中待设置的文件或文件夹时，选择菜单栏中的"文件"→"属性"命令，弹出如图 2-47 所示的对话框。

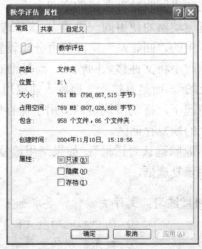

图 2-47　文件或文件夹的属性对话框

如图 2-48 所示的"常规"选项卡"属性"选项区的各复选框含义如下：

● "只读"：指定此文件或文件夹中的文件夹是否为只读，只读意味着文件不能被更改或意外删除。对于文件夹，如果选中此复选框，则文件夹中的所有文件都将会是只读。如果清除此复选框，所选文件夹中的任何文件都不得是只读。

● "隐藏"：指定是否隐藏该文件或文件夹，隐藏后如果不知道名称就无法查看或使用此文件或文件夹。如果选定多个文件，则选中标记表示所选文件都是隐藏文件。复选框为灰色表示有些文件是隐藏文件，而其他文件则不是。

● "存档"：指定是否应该存档该文件或文件夹。一些程序用此选项来控制要备份哪些文件。如果选定了多个文件或文件夹，则选中标志表示所有的文件或文件夹都设置为存档属性。复选框为灰色表示有些文件已经设置了存档属性，而其他文件则没有。

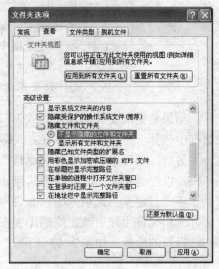

图 2-48 "文件夹选项"对话框

文件的属性包括只读、隐藏和存档等方面，而文件夹除了具有这 3 项属性外还具有共享属性，用户可通过设置来确定是否让文件或文件夹具有这些属性。

操作实例 35：对于办公人员而言，某些文件或文件夹可能不希望其他人随意更改或浏览，此时可为这类文件或文件夹设置为只读或隐藏属性。

操作步骤如下：

① 在要设置只读或隐藏属性的文件或文件夹图标上单击鼠标右键，从弹出的快捷菜单中选择"属性"命令（或在选择文件或文件夹后按 Alt+Enter 键），打开其属性对话框。

② 若选中"只读"复选框将使文件或文件夹具有只读属性，之后在删除或修改该文件或文件夹时，系统将打开提示对话框提示用户。

③ 若选中"隐藏"复选框，将使对象具有隐藏属性，但此时对象并非就能隐藏起来，还需在"我的电脑"窗口中选择"工具"→"文件夹选项"命令，并在打开对话框中的"查看"选项卡中选中"不显示隐藏的文件和文件夹"单选按钮，如图 2-48 所示。最后，单击"确定"按钮，这样具有隐藏属性的文件或文件夹便不再可见。

说明：① 根据文件类型的不同，弹出的"属性"对话框也不相同，但是其相似之处就是在"常规"选项组中，都列出了文件名和相应的图标、文件类型和打开方式、存放的位置和占用的磁盘空间以及修改创建和访问的时间、存放方式复选框等，如图 2-47 所示。

② 在只读方式下，只能查看文件或文件夹的内容，而不能对其进行修改。

③ 当文件或文件夹设置为隐藏方式时，该文件或文件夹是看不到的，通常为保护某些文件或文件夹不被轻易修改或复制才将其设为隐藏。

课堂练习：显示被隐藏的文件或文件夹。

如果文件和文件夹是隐藏的，那么浏览文件夹时默认情况下是看不到的。为了能够看到被隐藏的文件或文件夹，需要进行以下设置：
① 在"资源管理器"窗口中，选择"工具"→"文件夹选项"命令或者选择"开始"→"设置"→"控制面板"命令，在打开的"控制面板"对话框中双击"文件夹选项"图标，打开"文件夹选项"对话框。
② 单击"查看"选项卡，选中"显示所有文件和文件夹"单选按钮。
③ 如果不需要进行其他设置，则单击"确定"按钮即可。

如果要更改文件的打开方式，只需在文件属性对话框中单击"更改"按钮。从弹出的对话框中选择一种所需要的打开方式即可。

另外，还可以在"文件夹属性"对话框中的"共享"选项卡中，将其设置为"共享"文件夹，以便能够使局域网内的其他计算机用户访问它。

在"自定义"选项卡中，允许用户创建新的属性以提供关于该文件夹的其他信息。对于文件夹，允许用户更改在缩略图视图中出现在该文件夹上的图片、更改文件夹图标并为文件夹选择新的模板，如图 2-49 所示。

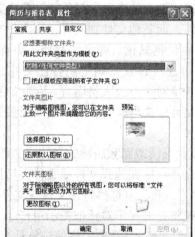

图 2-49 文件或文件夹的"自定义"选项卡

2. 设置文件夹共享

操作实例 36：要让文件能在局域网中与他人共享使用，需为其上级文件夹设置共享属性。操作步骤如下：

① 在文件夹图标上单击鼠标右键，从弹出的快捷菜单中选择"共享与安全"命令，打开该文件夹的属性对话框。

② 在"共享"选项卡的"网络共享和安全"栏中选中"在网络上共享这个文件夹"复选框，此时下面的"共享名"文本框和"允许网络用户更改我的文件"复选框被激活。在"共享名"文本框中可输入在局域网中该共享文件夹的名称；选中"允许网络用户更改我的文件 (W)"复选框可允许局域网中其他用户更改共享的文件或文件夹，例如剪贴、删除和修改等，如图 2-50 所示。

③ 单击"确定"按钮。

图 2-51 所示为在局域网中看到的刚才设置的共享文件夹。

图 2-50　设置文件夹共享属性

图 2-51　在局域网中看到的共享文件夹

3．搜索文件与文件夹

用户在使用 Windows XP 的过程中，有时可能会忘记某个文件或文件夹所在的位置。此时，就需要利用 Windows XP 中的搜索功能进行查找。搜索时，既可以通过选择"开始"→"搜索"→"文件或文件夹"命令，也可以通过在打开的窗口中单击 🔎搜索 按钮，还可以选择"查看"→"浏览器栏"→"搜索"命令或按下 🖽+F 组合键，打开如图 2-52 所示的"搜索助理"任务窗格。

操作实例 37：在所有磁盘文件中查找以 power 这几个字母开头的文件。

① 在窗口的工具栏中单击 🔎搜索 按钮，弹出如图 2-52 所示的对话框。根据要查找内容的类型，单击相应的选项。其中各选项的含义如下。

● 图片、音乐或视频：搜索图片、音乐或视频格式的文件和文件夹。

● 文档（文字处理、电子数据表等）：搜索文字处理、电子数据表(*.txt、*.doc)等。

● 所有文件和文件夹：搜索在计算机磁盘上的所有文件和文件夹。

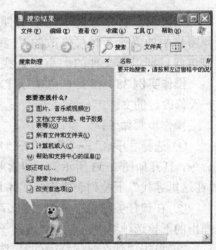

图 2-52　"搜索助理"任务窗格

● 计算机或人：搜索网络上的计算机或通信簿中的用户。

● 帮助和支持中心的信息：在帮助和支持中心搜索相关的信息。

● 搜索 Internet：在 Internet 中搜索相关的信息。

● 改变首选项：对搜索助理进行一些相关的设置。

> **说明**："*"表示代替文件名中任意长的一个字符串，不论有几个字符也不管它是什么字符。例如，使用了通配符"*"的"A*C"，它可匹配 AAC、ABBC、AC 和 A0aAC 等，而不能匹配 BAAC、0ABC 等文件；"?"表示代替每一个单个字符，可以是文件名中可用的任意字符。例如，使用了通配符"?"的"A?"，它可匹配"Aa"、"AA"等，而不能匹配"A123"等文件。

② 单击"所有文件和文件夹"选项，在弹出的"搜索助理"任务窗格中的"全部或部分文件名"文本框中输入所要查找的文件夹的全称或部分文件名，如输入"power*.*"，如图 2-53 所示。

③ 在"在这里寻找"下拉列表中选择"本地硬盘驱动器（C:; D:; E:; F:）"选项。

④ 单击该任务窗格底部的"搜索"按钮，系统便开始查找，结果如图 2-54 所示。

图 2-53　输入搜索条件　　　　　　　　　　图 2-54　搜索结果

如果用户在搜索时不知道文件名或者想细化搜索条件，可分别单击"搜索助理"任务窗格中的"什么时候修改的？"和"大小是多少"后面的 ⊗ 按钮，根据文件创建、修改或访问日期以及文件的大小来查找文件。

操作实例 38：搜索 C:盘中以 TXT 为扩展名且于前一天修改过的文件。

操作步骤如下：

① 选择"开始"→"搜索"→"所有文件或文件夹"命令，打开如图 2-53 所示的"搜索助理"任务窗格。在"在这里寻找"下拉列表中选择"本地磁盘(C:)"选项。

② 在该任务窗格中单击"更多高级选项"选项，从弹出的下拉选项组中，选中"搜索子文件夹"复选框。

③ 单击"什么时候修改的？"选项，从弹出的下拉选项组中选中"指定日期"复选框，从其下的下拉列表框中选择"修改日期"选项，将日期设置为当前日期的前一天即可。

④ 设置完成后，单击"搜索"按钮，系统开始查找，如图 2-55 所示。

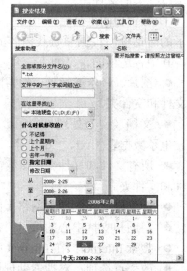

图 2-55　根据修改日期查找文件与文件夹

课堂练习：在资源管理器窗口中设置网络上的共享文件夹。

① 右击"我的电脑"图标，从弹出的快捷菜单中选择"资源管理器"命令，打开"我的电脑"窗口。

② 在该窗口，双击"本地磁盘（E:）"图标，打开"本地磁盘（E:）"

窗口。

③ 为了使得在同一个局域网内，其他用户也能够访问到此文件夹，可以将其设置为共享文件夹。右击窗口中的某一文件夹，从弹出的快捷菜单中选择"属性"命令，打开 "属性"对话框，并打开"共享"选项卡。

④ 在"共享"选项卡中，选中"网络共享和安全"选项区下方的"在网络上共享这个文件夹"复选框，单击"确定"按钮即可实现文件夹的共享。

2.2.4 案例总结

本节以任务驱动的方式通过本案例中的 3 个工作任务分别介绍了文件和文件夹的浏览、文件和文件夹的操作、文件和文件夹的管理等 Windows XP 的文件管理功能。

文件管理是计算机中最常见、最重要的操作。文件管理最关键是要做到两点：一是"分类存放"，二是重要文件必须"备份"。

1．文件的概念

● 文件是存储在一定介质上的一组信息的集合。每个文件必须有一个确定的名字。
● 创建和保存文件的三要素：文件名、存放位置和类型（扩展名）。
● 文件的属性：存档、隐藏、只读。
● 文件的基本操作：创建、打开、选取、复制、移动、删除和查找。

问答： ① 任何一个文件名必须是唯一的吗？
　　　② 属性"隐藏"的文件如何显示出来？

2．文件通配符

文件通配符"？"和"*"可出现在文件名或后缀名中，代表任意字符。

● ？：表示在该位置可以是一个任意合法字符。
● *：表示在该位置可以是若干个任意合法字符。

3．文件夹的概念

● 一个文件夹对应一块磁盘空间。文件夹的路径是一个地址，它告诉操作系统如何才能找到该文件夹。文件夹用来作为其他对象（如子文件夹、文件）的容器，打开文件夹窗口，其中包含的内容以图符的方式来显示。

● 文件夹的基本操作：创建、打开、选取、复制、移动、删除、查找、共享。
● 文件夹的属性：存档、隐藏、只读。
● 创建和保存文件夹的两要素：文件夹名和存放位置。

4．创建文件或文件夹

① 创建文件夹，并把文件按类别分开存放到各个文件夹中，实现文件的"分类存放"；注意，文件夹不要建在 C 盘（C 盘一般用于存放系统软件），应建在其他数据盘。

② 创建文件夹或文件时，应该取一个适当的名称；名称应尽量做到"见名知义"，能直接反映其中保存的内容；如果觉得文件或文件夹的名称不合适，可以重命名。

③ 创建文件夹的快捷方法：

快捷方法一：使用快捷菜单中的新建命令。

快捷方法二：使用对话框中的新建文件夹按钮。

④ 创建文件的方法：

常规的方法：通过相关的应用程序创建，然后利用"文件"菜单中的"另存为"命令将其存放在磁盘上。

快捷方法：使用快捷菜单中的新建命令。

 问答： 文件和文件夹的创建方法有何异同？

5．复制、移动文件和文件夹

① 最简单的方法（拖放）：直接用鼠标把选中的文件的图标拖放到目的地。

相同磁盘之间：

● 在同一磁盘上拖放文件或文件夹执行移动命令。

● 若拖放文件时按下 Ctrl 键则执行复制操作。

不同磁盘之间：

● 在不同磁盘之间拖放文件或文件夹执行复制命令。

● 若拖放文件时按下 Shift 键则执行移动操作。

② 常规方法（剪贴板）：借助剪贴板来复制和移动文件和文件夹。

● 复制：选择"编辑"菜单中"复制"和"粘贴"命令。

● 移动：选择"编辑"菜单中的"剪切"和"粘贴"命令。

③ 整个屏幕或当前窗口的复制：借助于剪贴板，可以把整个屏幕或当前窗口作为图片复制、粘贴到"画图"程序窗口中，以供裁剪、修改、保存和使用；也可以粘贴到 Word、Excel 等文档中作为插图使用。复制整个屏幕图像到剪贴板的方法是按 Print Screen 键；复制当前窗口图像到剪贴板的方法是按 Alt+Print Screen 键。

④ 备份文件：可以把它们复制到其他文件夹或其他磁盘中；如果文件的保存位置不对，应该将它们移动（剪切）到正确的位置；当文件或文件夹已经没有任何用处时，应该给予删除。

6．删除文件和文件夹

① 最简单的方法：选取删除对象，单击鼠标右键，从弹出的快捷菜单中选择"删除"命令。

② 常规方法：在某一窗口中（文件夹或资源管理器）选取删除对象，然后选择"文件"菜单中的"删除"命令。

 问答： ① 能否不经过回收站，直接删除文件？
② 删除的文件（文件夹）如何还原？
③ 软盘或 U 盘上的文件有回收站保护吗？

③ 文件（文件夹）的恢复：当发现硬盘中的文件被误删除时，一般可以到"回收站"把被删除的文件"还原"到原来的位置；要注意从可移动磁盘（闪存、优盘）、软盘或网络驱动器中删除对象时，它们不是送到回收站，而是直接被永久删除，是不能还原的。

④ 彻底删除文件和文件夹：通过删除操作，及时清理计算机中过时的文件或各种垃圾文件，或定期清理回收站，保持计算机在比较轻松的环境中工作。但在删除文件或清理回收站时务必慎重，以免由于误删除造成重要的数据丢失，给工作、生活带来损失或麻烦。

按住 Shift 键的同时，进行删除文件或文件夹操作，将把选定要删除的文件或文件夹从磁盘上彻底删除，而不会将其存放在回收站中。此时，这些文件（文件夹）也无法进行恢复。

7. 快捷方式、搜索文件与文件夹共享

① 如果需要经常打开磁盘中的同一个程序、文件、文件夹或设备，可以为其建立一个桌面快捷方式；然后，在桌面上双击这个快捷方式就可以立即进入它代表的对象，提高操作效率。快捷方式代表的实际对象可以是任意资源目标。

② 当忘记了文件保存在什么地方时，可以用 Windows 提供的搜索工具进行查找。Windows 提供的搜索工具功能强大，它不但能搜索文件或文件夹，还可以搜索计算机、网上用户以及 Internet 资源。

③ 必要时还可以通过局域网的"网上邻居"相互共享交流一些文件资料。实现文件交流的方法是将这些文件所在的文件夹设置为共享。

总之，灵活巧妙地运用 Windows 的文件操作，把计算机中成千上万的文件进行"分类存放"，对重要的文件及时做好"备份"，就能够对计算机做到科学管理、井然有序，为工作、生活带来极大的方便。

2.3 Windows XP 高级操作——

管理与控制 Windows XP

2.3.1 管理与控制 Windows XP 案例分析

1. 任务的提出

You and Me 计算机爱好者协会是学生自己成立的社团组织，是一个以"你学，我学，大家学，追求卓越，超越自我，成就未来"为宗旨，以丰富课外校园文化生活，活跃校园气氛，为广大同学创造学习计算机知识，增加社会实践机会为目的，以学生自发为主的群众自律性组织。

2008 年，该协会举办的活动有打字比赛、计算机知识大赛、电子竞技大赛、平面设计大赛及大型义务维修活动。

小刘是学校 You and Me 计算机爱好者协会技术部的负责人，技术部在每星期义务为全院师生维护计算机的基础上，又于 2008 年 3 月 12 日开展了一次校园大型义务维修活动，技术部人员带领大一的新会员深入学生宿舍对同学们的计算机进行维护，同时向大家现场讲解有关计算机维护的知识。在活动中新会员们意识到了 You and Me 计算机爱好者协会以会员为核心并不是一句空话，给新会员一种"家"一样的感觉，增强了新会员对 You and Me 计算机爱好者协会的向心力，得到了同学们的广泛好评。

通过本次活动，大家也提出了许多问题，如机器配置不是很高，有什么办法让 Windows XP 跑得快一点，怎样杀死一个"死亡程序"，如何更好地管理与控制 Windows XP，如何让计算机更省电，等等。

2. 解决方案

小刘说，为了更好地控制和利用计算机的强大功能，Windows XP 为用户提供了一个管

理计算机的场所——"控制面板"，它就好比是整个计算机的"总控制室"，在这里几乎可以控制计算机的所有功能。对于办公人员而言，了解"控制面板"的各项内容同样是非常重要的，通过它可使计算机更好地辅助办公，还能按照自己的实际需要设置个性化的计算机。下面通过控制面板的操作、任务管理、电源管理 3 个典型任务来介绍管理与控制 Windows XP 的方法。

2.3.2 相关知识点

1. 控制面板

"控制面板"是用来进行系统设置和设备管理的一个工具集。在"控制面板"中，用户可以根据自己的喜好对鼠标、键盘和桌面等进行设置和管理，还可以进行添加或删除程序等操作。

启动控制面板的方法很多，最简单的是选择"开始"→"控制面板"命令。

"控制面板"有两种形式：分类视图和经典视图，如图 2-56 和图 2-57 所示。经典视图是传统的界面形式，分类视图是 Windows XP 提供的最新的界面形式，它把相关的"控制面板"项目和常用的任务组合在一起，以组的形式呈现在用户面前。经典视图和分类视图之间可以互相切换。本节后面的设置均是在经典视图方式下进行的。

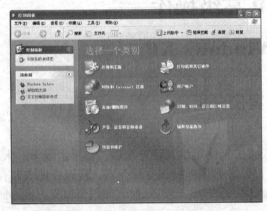
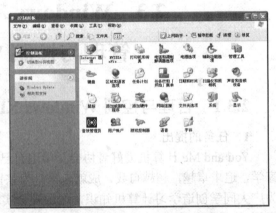

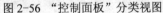

图 2-56 "控制面板"分类视图   图 2-57 "控制面板"经典视图

2. 任务管理器

任务管理器是监视计算机性能的关键指示器，可以查看正在运行程序的状态，并终止已停止响应的程序，也可以使用多达 15 个参数评估正在运行的进程的活动，查看反映 CPU 和内存使用情况的图形和数据。

此外，如果与网络连接，任务管理器还可以查看网络状态，了解网络的运行情况。如果有多个计算机连接到本地计算机，可以看到谁在连接，他们在做什么，还可以给他们发送信息。任务管理器主要用于监视应用程序、进程、CPU 和内存的使用、联网以及用户等 5 个指标。

3. 电源管理方案

电源方案就是计算机管理电源使用情况的设置集合。可以调整电源使用方案中的个别设置。例如，根据硬件的不同，用户可以自动关闭监视器和硬盘以节省电源；在计算机空闲时使其处于待机状态；使计算机进入休眠状态并将内存中的所有内容保存到硬盘，关闭监视器和硬盘，然后关闭计算机，通常短时间关闭监视器或硬盘可节省电量。

4. 待机电源管理模式

待机模式主要用于节电，该功能可以不需重新启动计算机就返回工作状态。待机模式可以关闭监视器、硬盘和风扇等设备，使整个系统处于低消耗状态。在重新使用计算机时，它会迅速退出待机模式，而且桌面（包括打开的文档和程序）恢复到进入待机时的状态。

如要解除等待状态并重新使用计算机，可以移动一下鼠标或按键盘上的任意键，或快速按一下计算机上的电源按钮即可。

> **提示：** 与下面所述的"休眠模式"不同，待机模式不在硬盘上存储未保存的信息，这些信息仅存储在计算机内存中。如果其间突然断电，这些信息将丢失。因此，在将计算机置于待机模式前应该保存文件。如果希望在离开计算机时自动保存所做的工作，可使用休眠模式而非待机模式，但是休眠模式将关闭计算机。

5. 休眠电源管理模式

在使用休眠模式时，可以关掉计算机，并确信在回来时所有工作（包括没来得及保存或关闭的程序和文档）都会完全地还原到离开时的状态。内存中的内容会保存在磁盘上，监视器和硬盘会关闭，同时也节省了电能，降低了计算机的损耗。一般来说，使计算机解除休眠状态所需的时间要比解除等待状态所需的时间要长，但休眠状态消耗的电能最小。

如果工作时经常被打断，例如一边进行文字处理一边还要接听电话等，就可以考虑将计算机设置为经过指定的时间后进入自动休眠模式。休眠模式会将内存中的所有内容保存到硬盘。关闭监视器和硬盘，然后关闭计算机。

要恢复计算机操作，可以快速按一下计算机上的电源按钮，计算机休眠前打开的所有程序和文档将全部快速地还原到桌面。

通常，关闭监视器或硬盘一段时间可以节省电源。如果想短时间离开计算机，应使计算机进入待机状态，整个系统将置于低电能消耗状态；如果要离开计算机较长时间，应该将计算机置于休眠状态。

2.3.3 实现方法

任务 1：控制面板的操作

1. 查看系统属性

如果要查看关于计算机系统方面的信息，可在控制面板中双击"系统"图标，打开"系统属性"对话框，默认打开的是"常规"选项卡，从中可以看到本地计算机的 CPU 类型、频率以及内存的大小等，如图 2-58 所示。若想知道计算机硬件方面更为详细的信息，可选择"硬件"选项卡，单击"设备管理器"按钮打开"设备管理器"窗口，如图 2-59 所示。从中列出了计算机中的所有硬件设备，单击各设备前面的 ⊞ 按钮可展开其下的各个选项，双击不同的选项即可打开相应的属性对话框，其中显示了该设备的详细信息。

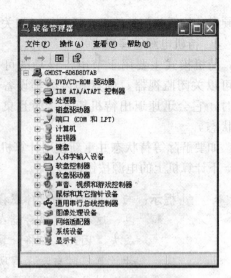

图 2-58 "系统属性"对话框　　　　　图 2-59 "设备管理器"窗口

 提示：在设备管理器中还可以了解计算机硬件是否工作正常，若某设备前面有黄色的问号或叹号，即表明该设备没有正常工作，需要专门的人员解决此问题。

2. 设置桌面背景

Windows XP 允许用户随意更改其桌面背景，这样用户就可根据自己的喜好让桌面变得更美观。在控制面板中双击"显示"图标（或在桌面空白处单击鼠标右键，从弹出的快捷菜单中选择"属性"命令），打开"显示属性"对话框，选择"桌面"选项卡，如图 2-60 所示。

"桌面"选项卡显示了当前的桌面背景效果，在"背景"列表框中可选择不同的图片作为桌面背景，单击右侧的"浏览"按钮可在打开的对话框中选择计算机中的其他图片，"位置"下拉列表框用于设置图片在桌面上的显示位置，单击"自定义桌面"按钮可进行桌面的其他设置，设置完成后单击"确定"按钮即可。

操作实例 39：为计算机设置一个 Web 桌面，这样在桌面上就可以随时浏览网页上的内容。

图 2-60 "显示属性"对话框

操作步骤如下：

① 打开"显示属性"对话框，在"桌面"选项卡下单击"自定义桌面"按钮，打开"桌面项目"对话框，再选择 Web 选项卡，如图 2-61 所示。

② 单击"新建"按钮，打开"新建桌面项目"对话框，在其中的"位置"文本框中输入要作为 Web 桌面的网址，例如，要将新浪网的主页设置为 Web 桌面，则输入其主页网址 http：//www.sina.com，如图 2-62 所示。

③ 单击"确定"按钮打开"在 Active Desktop 上添加项目"对话框，其中提示已将该站点添加到了 Active Desktop 界面，并询问是否需要输入密码，在此只需直接单击"确定"按

钮即可。

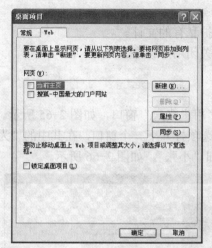

图 2-61 "桌面项目"对话框

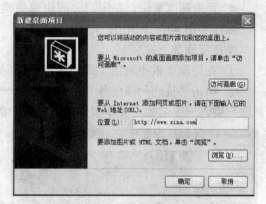

图 2-62 输入网址

④ 此时，系统打开"正在同步"对话框，其中显示了同步的进度，稍等片刻返回"桌面项目"对话框，在"网页"栏中可看到新浪网页的主页地址已添加进来，并且该复选框为选中状态，如图 2-63 所示。

⑤ 单击"确定"按钮返回"显示属性"对话框，再次单击"确定"按钮后，即可在桌面上看到设置后的 Web 桌面，如图 2-64 所示。

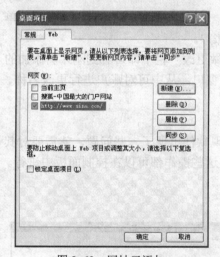

图 2-63 网址已添加

图 2-64 设置后的 Web 桌面效果

3. 添加用户账户

在实际生活中多个人使用一台计算机的情况经常出现，而每个人的个人设置和配置文件均会有所不同，此时就需要进行多用户使用环境的设置。Windows XP 系统中自带了少量的用户账户，通常这些不能够满足人们日常的需要。例如，对于家庭用户，需要为家庭中的每个成员设置一个用户账户。在 Windows XP 中，用户管理操作对于用户来说变得异常实用和简单。有了用户账户，则可以：

● 自定义计算机上每个用户的 Windows 和桌面的外观方式。

● 拥有自己喜爱的站点和最近访问过的站点列表。

● 保护重要的计算机设置。

● 拥有自己的"我的文档"文件夹，并使用密码保护私有的文件。

● 登录速度更快，在用户之间快速切换，而不需要关闭用户程序。

操作实例 40：添加用户账户。

操作步骤如下：

① 在控制面板中双击"用户账户"图标，打开"用户账户"窗口，如图 2-65 所示。

② 单击"挑选一项任务"栏下"创建一个新账户"选项打开下一个窗口，在其中的"为新账户键入一个名称"文本框中输入新账户的名称，例如"小张"，如图 2-66 所示。

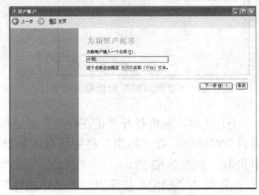

图 2-65　"用户账户"窗口　　　　　　　图 2-66　设置用户账户的名称

③ 单击"下一步"按钮进入下一个窗口，从中挑选一个账户类型，这里选中"受限"单选按钮，然后单击"创建账户"按钮即可创建一个使用账户。

④ 返回如图 2-67 所示的窗口，在"或挑一个账户做更改"栏中即可看到刚才新添加的账号名称和图标。单击该图标，将打开如图 2-68 所示的窗口，从中可对账户进行更改名称、创建密码以及更改图片等方面的设置。

4. 修复和卸载软件

将软件安装在计算机中之后，如果使用一段时间发现软件出现了一些问题，就需要对其进行修复、更改或将其从计算机中删除（也称为卸载），这些操作都可以在控制面板中进行。

操作实例 41：修复和卸载软件。

操作步骤如下：

图 2-67　新添加的用户账户窗口　　　　　图 2-68　更改账户的设置

① 打开控制面板，双击"添加或删除程序"图标，打开"添加或删除程序"窗口，单击窗口左侧不同的按钮将在窗口右侧显示相应的内容，默认情况下"更改或删除程序"按钮呈按下状态，此时窗口中显示的内容如图 2-69 所示。

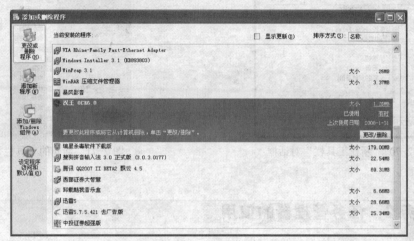

图 2-69 "添加或删除程序"窗口

② 在"当前安装的程序"列表框中显示计算机中安装的大部分程序，选择不同的选项后，单击右侧的"更改/删除"按钮，可打开相应的卸载对话框，例如选择"汉王 OCR6.0"选项，再单击"更改/删除"按钮，将打开请求确定卸载的对话框（当单击某些软件选项右侧的"更改/删除"按钮后，会打开一个对话框让用户选择是更改软件、修复软件或卸载软件）。

③ 单击"是"按钮，将打开一个显示卸载进度的对话框，稍等片刻即可打开卸载成功的对话框，单击"确定"按钮完成卸载。

某些软件除了可以通过控制面板进行卸载外，还可通过软件安装时自动生成的卸载程序来完成。该卸载程序的快捷方式一般位于"开始"→"所有程序"菜单下该软件所在的子菜单中，其名称一般包括"卸载"、"反安装"或 Uninstall 等文字，单击即可进入其卸载界面。

课堂练习：自定义工具栏。

为了方便用户快速打开各个已规划好的文件夹，可通过自定义工具栏的方法，将这些文件夹的快捷图标添加到任务栏中，这样即可通过简单的操作打开经常用到的文件夹。本例将新建一个工具栏，使其指向 E 盘下的各个文件夹，其操作步骤如下：

① 在任务栏空白区域单击鼠标右键，从弹出的快捷菜单中选择"工具栏"→"新建工具栏"命令，打开"新建工具栏"对话框。

② 在其中的列表框中单击展开"我的电脑"，并选中 E 盘盘符，如图 2-70 所示。

③ 单击"确定"按钮后即可在任务栏中看到添加的工具栏，单击工具栏右侧的 ≫ 按钮，从弹出的快捷菜单中即可显示 E 盘下的所有文件夹，如图 2-71 所示。

④ 将鼠标指针指向不同的文件夹选项，即可弹出其下的子文件夹选项，单击某个选项即可打开相应的文件夹窗口。

图 2-70 "新建工具栏"对话框   图 2-71 新建的工具栏效果

 任务 2：任务管理器的使用

任务管理器是监视计算机性能的关键指示器，可以查看正在运行程序的状态，并终止已停止响应的程序。此外，也可以使用多达 15 个参数评估正在运行的进程的活动，查看反映 CPU 和内存使用情况的图形和数据。

此外，如果与网络连接，任务管理器还可以查看网络状态，了解网络的运行情况。如果有多个计算机连接到本地计算机，可以看到谁在连接，他们在做什么，也可以给他们发送信息。任务管理器主要用于监视应用程序、进程、CPU 和内存的使用、联网以及用户等 5 个指标。

1. 启动"任务管理器"

可以用多种方法启动任务管理器，也可以从命令提示或"运行"对话框中启动任务管理器。常见的打开方法是：右击任务栏选择"任务管理器"命令，打开"Windows 任务管理器"窗口，如图 2-72 所示。在"Windows 任务管理器"窗口的最下面是状态栏，显示当前计算机的"进程数"和"CPU 使用"等信息。

 提示：可以通过按 Ctrl+Alt+Del 组合键，打开"Windows 任务管理器"窗口。Ctrl+Alt+Del 组合键也是热启动键，连续按两下计算机将重新启动；还可以按 Ctrl+Shift+Esc 组合键来打开 Windows "任务管理器"窗口。

当任务管理器运行时，在任务栏的系统托盘区域会出现一个图标，显示 CPU 使用率，当把鼠标移到图标上时，会以文本格式显示 CPU 使用的百分比。CPU 的使用率总是与"性能"选项卡中（见图 2-73）的 CPU 使用历史图表相匹配。

如果要使任务管理器成为顶端窗口，可以双击或右击图标，从弹出的快捷菜单中选择"前端显示"命令。如果要频繁运行任务管理器，而不想看到其在任务栏中的按钮，可以选择"选项"→"使用时自动最小化"命令。当任务管理器隐藏时，要打开其窗口，可以单击任务栏中的任务管理器图标。

图 2-72 "Windows 任务管理器"窗口

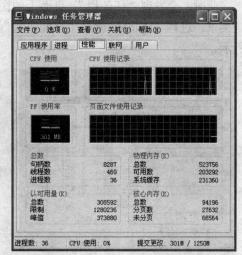

图 2-73 "性能"选项卡

2. 管理应用程序和进程

任务管理器中的"应用程序"选项卡如图 2-72 所示，其中列出了所有正在运行的应用程序。这些应用程序的名称列在"任务"栏中，"状态"栏显示了它们的运行状态，正在运行还是没有响应。

当一个应用程序运行失败后，为了释放它占据的内存和 CPU 等关键资源，用户可以切换出"任务管理器"，此时"应用程序"选项卡中会显示这个应用程序"没有响应"，单击"结束任务"按钮可以结束该应用程序，释放它占据的所有资源。

此外，还可以选中某一个应用程序，单击"切换至"按钮切换到该应用程序窗口。单击"新任务"按钮，将打开"创建新任务"对话框，用户可以直接在"打开"文本框中输入命令运行某个应用程序。

任务管理器"进程"选项卡包括所有运行各自地址空间的进程，包括所有应用和系统服务。有些应用程序可能会同时出现几个进程，Windows XP 操作系统自身也会同时运行一些进程，如图 2-73 所示。

使用任务管理器"进程"选项卡可以监视每个进程，这样就可以手工关闭一些没有被使用的服务，释放资源为其他进程或应用程序所用。仅需要选中某个进程，单击"结束进程"按钮，就可以中止一个进程，但并非所有进程都可以由任务管理器来关闭。

如图 2-73 所示，所有显示的进程都可以按任一列的升序或降序来排列。默认情况下，"进程"选项卡显示映像名称（进程名称）、用户名、CPU 和内存使用情况。如果希望显示更多的其他列，用户可以选择"查看"→"选择列"命令，打开"选择列"对话框。在对话框中启用相应的复选框即可显示该列。

操作实例 42：Explorer 进程的中止与新建。

操作步骤如下：

① 启动"任务管理器"，选择"进程"选项卡，在进程列表中，选中 Explorer.exe 这个进程。

② 单击"结束进程"按钮，终止这个进程。

③ 看看会有什么反应。

此时，会发现"任务栏"、桌面上的图标都不见了。在桌面上单击鼠标右键也不能弹出快捷菜单。进程 Explorer 就是"桌面进程"，如果将其终止，桌面自然也就不见了，如图 2-74所示。

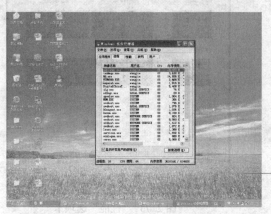

图 2-74   结束 Explorer 桌面进程

将桌面重新显示出来的方法如下：

④ 先打开"文件"菜单，选择"新建任务（运行）"命令，如图 2-75 左图所示。

⑤ 打开"创建新任务"对话框，重新输入程序的名字 Explorer，然后单击"确定"按钮，如图 2-75 右图所示。

稍等一下，桌面会重新出现。

图 2-75   运行"Explorer"进程

3．查看系统性能

"性能"选项卡中显示了内存使用总计、CPU 使用情况和总体分析结果，如图 2-76 所示。其中，"CPU 使用"动态刷新当前 CPU 使用的百分比；"CPU 使用记录"则显示了最近一段时间 CPU 使用记录曲线。默认的刷新时间间隔为两秒钟。用户可选择"查看"→"更新速度"命令，在级联菜单中选择将刷新率改为"高"（每秒两次）、"低"（每 4 s 一次）或"暂停"（不刷新）。

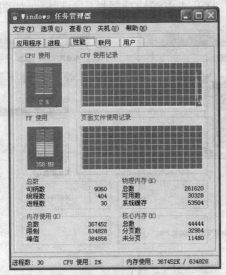

图 2-76　"性能"选项卡

下面的框中显示当前的"进程"、"线程"和"句柄"的情况。线程是包含在进程中的，一个进程中至少有一个线程，每个线程都是一个相对独立的部分。"句柄"则是包含在线程中的更小单位，例如屏幕上显示的每个窗口、菜单、列表框都是一个句柄。

另外的三项都是内存的使用情况。

课堂练习：在 Windows 任务管理器中结束正在运行的应用程序。
① 同时按下 Ctrl+Alt+Delete 键，弹出"Windows 任务管理器"窗口。
② 在"Windows 任务管理器"窗口选择"应用程序"选项卡。
③ 在"应用程序"选项卡窗口中，可以看到计算机正在运行的程序。先选择一个正在运行的应用程序。
④ 单击"结束任务"按钮即可结束其运行。
⑤ 如果选择比较大的应用程序或正在前台工作的应用程序，计算机将弹出一个"结束程序"提示窗口，提示"因为正在等您响应，系统无法结束该程序"，单击"立即结束"按钮。

 任务 3：定制计算机电源开关的作用

电源管理方案就是计算机管理电源使用情况的设置集合，可以调整电源使用方案中的个别设置。例如，根据硬件不同，用户可以自动关闭监视器和硬盘以节省电量；在计算机关闭时使其处于待机状态；使计算机进入休眠状态并将内存中的所有内容保存到硬盘，关闭监视器和硬盘，然后关闭计算机，通常短时间关闭监视器或硬盘将节省电量等。

操作实例 43：设置计算机电源开关的作用。

操作步骤如下：

① 打开"显示属性"对话框的"屏幕保护程序"选项卡，如图 2-77 所示。

② 单击"电源"按钮，打开"电源选项属性"对话框，如图 2-78 所示。

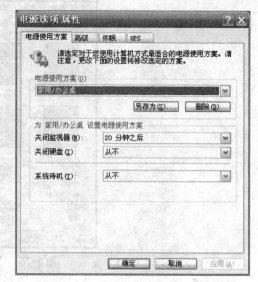

图 2-77 "屏幕保护程序"选项卡　　　　　　　图 2-78 "电源选项属性"对话框

③ 在该对话框中可以设置与电源相关的内容，先看一下"高级"选项卡，如图 2-79 所示。

图 2-79 中最下面的栏目就是设置计算机电源开关作用的，默认的作用是"关机"。打开功能选单，还可以将其设置成"不采取任何措施"、"问我要做什么"、"待机"和"休眠"等。

④ 选择"问我要做什么"，然后单击"应用"按钮。

⑤ 按下电源开关，屏幕上立刻就会出现关机的画面，如图 2-80 所示。

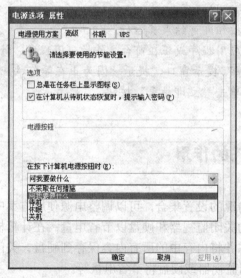

图 2-79 打开"高级"选项卡　　　　　　图 2-80 按电源按钮后弹出的提示框

操作实例 44：设置电源使用方案。

在平时使用计算机时会发现，若有一段时间不操作，显示器就会自动关闭，但动一下鼠标或键盘，显示器又会自动打开。

这些功能就是在"电源管理"中设置的，如图 2-81 所示。其中是 Windows 内置电源管理方案，从中可以设置当多长时间不操作计算机时"关闭显示器"、"关闭硬盘"、"进入待机状态"或者"系统休眠"。

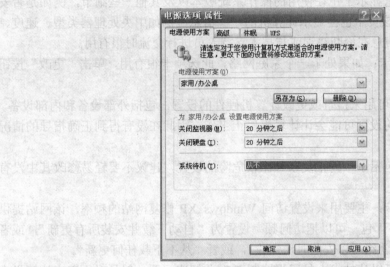

图 2-81 电源管理方案

但是这里的"关闭硬盘"并不是真正关闭硬盘，而是让硬盘内的盘片停止转动。

操作步骤如下：

① 打开"控制面板"中的"电源管理"窗口。

② 在"电源使用方案"列表中，选择一种"电源使用方案"，例如把关闭硬盘的时间设置成 20 分钟，打开这个时间列表，选择"20 分钟"。

③ 单击"应用"按钮即可。

课堂练习：电源管理。

自动设置方法就是通过设置计时器，自动将计算机转入待机或休眠状态的方法，这样有利于人们的工作和学习。

① 打开"控制面板"中的"电源管理"窗口。

② 在"电源使用方案"列表中，选择一种"电源使用方案"。

③ 自由指定"关闭监视器"→"关闭硬盘"和"系统待机"的时间。

2.3.4 案例总结

本节以任务驱动的方式通过本案例中的 3 个工作任务分别介绍了控制面板的简单操作、任务管理、电源管理 3 个典型任务。

Windows XP "控制面板"中有 30 多个选项。其中，有的选项会经常使用到，例如"管理工具"、"添加或删除程序"等，但是也有些项目基本上从未使用过，也基本上不需要使用，例如"辅助功能选项"和"电话和调制解调器选项"等。一般情况下应尽量避免改动其中的某些部分，以防止破坏 Windows 系统。

1.　"系统"图标

控制面板中最重要的图标是"系统"图标，在此程序中可以设置大部分与计算机工作相关的控制选项。双击系统图标，打开"系统"对话框会看到，该对话框有 7 个选项卡。

①"常规"选项卡：它显示了正在使用的操作系统版本以及其他一些细节，例如是否安装了 Service Pack 1 或 2。该页中也会显示计算机的一些信息，例如中央处理器类型、速度、计算机内存大小等。这些信息在诊断错误或与技术支持人员进行交流时很有用。

②　"计算机名"选项卡：如果处于一个家庭网络，此选项卡很有用，单击"更改"按钮可以更改计算机的名字。

③　"硬件"选项卡：可用来检查或更改计算机硬件的设置，包括外部设备和内部设备。

随意更改设备管理器的设置可能会让计算机停止工作，因此在没有得到正确指导的情况下操作时要格外小心。

④"高级"选项卡：包括了一些很复杂且比较危险的设置，建议不要轻易修改其中没有明确提到的任何设置。

⑤"自动更新"选项卡：主要用来设置访问 Windows XP 修复网站的频率，该网站提供了最新的 Windows 漏洞补丁包。可以把访问频率设置为"自动下载并安装所有更新"，或者"自动下载更新并且当更新就绪可以安装时通知我"，或者"从不下载任何更新"。

⑥"远程"选项卡：可以让技术人员远程控制 PC 并解决问题，但是对于家庭计算机来说此项功能不常用。为了使计算机防止非授权访问，最好不要选中第二项，即"允许用户远程连接到这台计算机"。

2．添加/删除程序

通常情况下，要安装一个新软件，只需要插入程序光盘，然后等待安装程序自动运行。如果安装程序不能自动运行，可以通过控制面板中的"添加/删除程序"来完成程序的安装。

打开"添加/删除程序"，在左边的面板中选择"添加新程序"，然后选择"光盘或软盘"，按照提示一步步安装。此外，也可以在"添加/删除程序"中通过访问 Windows Update 网站升级 Windows。

"添加/删除程序"向导在删除程序时更加有用，可以通过在"开始"菜单中找到某程序的子菜单，选择"卸载"来删除程序。此时，一般会弹出一个对话框，引导卸载应用程序。但是，有的应用程序不提供这种卸载服务，要删除此类程序就需要用到控制面板中的"添加/删除程序"。

在"添加/删除程序"对话框中，"更改或删除程序"选项卡有一系列的软件列表，列出了在计算机中目前安装的所有软件。

在 Windows XP 下该列表也显示出软件所占用的磁盘空间。如果选中列表中的某一个软件，还会显示出软件的使用频率和最近一次的使用时间，同时会出现一个"更改/删除"按钮或者两个单独的"更改"、"删除"按钮。

选择以上两个按钮之一会弹出一个对话框，引导修改或者删除应用程序。注意，删除本机软件列表中的一些 Windows 核心程序和升级补丁包会导致系统不稳定或不安全。

另外，一些应用程序（以及大多数游戏程序）卸载时会删除安装时产生的数据和设置文件，例如收藏的 Web 站点，如果希望保存这些数据，可在卸载前做好备份。

3. 用户账号

"用户账号"管理计算机的多个用户，例如各个家庭成员。每个用户账号信息包含了用户的工作环境，如桌面墙纸、个人文档文件夹、桌面图标、收藏夹和用户密码。

账号 Administrator 是计算机的管理员。即使是计算机唯一的用户，也需要设置密码，这样才能保证计算机的系统安全。此外，也可以在"用户账号"中为其他用户添加新账号。

使用管理员账号可以查阅一般用户的文档和网站访问历史列表，设置他们的 IE 浏览器的安全级别（下文将会提及）。

来宾账号 Guest 通常是被禁止的。激活来宾账号可以让别人使用你的计算机，但是他们不可以访问任何受密码保护的文件夹，也不可以更改计算机的设置。从安全方面考虑，最好禁止来宾账号。

4. 任务管理器

任务管理器是 Windows XP 中很重要的一个系统管理工具，利用任务管理器，可以中止程序、显示程序的进程或者调整进程的优先级等操作。

在 Windows XP 中有时也会出现某个应用程序没有反应的情况，习惯上把这种没有反应的程序叫做"死亡程序"。在"任务管理器"中可以杀掉"死亡程序"。

综合练习 2

一、选择题

1. 在 Windows 中，操作具有_____的特点。
   A. 先选择操作命令，再选择操作对象
   B. 先选择操作对象，再选择操作命令
   C. 需同时选择操作命令和操作对象
   D. 允许用户任意选择

2. 在 Windows XP 操作中，若光标变成"I"形状，则表示_____。
   A. 当前系统正在访问磁盘   B. 可以改变窗口的大小
   C. 可以改变窗口的位置   D. 光标出现处可以接收键盘的输入

3. 在 Windows XP 的许多应用程序的"文件"菜单中，都有"保存"和"另存为"两个命令，下列说法中正确的是_____。
   A. "保存"命令只能用原文件名存盘，"另存为"不能用原文件名
   B. "保存"命令不能用原文件名存盘，"另存为"只能用原文件名
   C. "保存"命令只能用原文件名存盘，"另存为"也能用原文件名
   D. "保存"和"另存为"命令都能用任意文件名存盘

4. 利用"Windows 资源管理器"中"查看/排列图标"命令，可以排列_____。
   A. 桌面上应用程序图标   B. 任务栏上应用程序图标
   C. 所有文件夹中的图标   D. 当前文件夹中的图标

5. 下列操作中，_____直接删除文件而不把被删除文件送入回收站。
   A. 选定文件后，按 Del 键   B. 选定文件后，按 Shift 键，再按 Del 键
   C. 选定文件后，按 Shift+Del 键   D. 选定文件后，按 Ctrl+Del 键

6. 下面关于 Windows XP 的说法中，不正确的是_____。

A．在"添加/删除程序属性"对话框可以制作启动盘。

B．打印文档的一种方法是：将文档从"Windows 资源管理器"或"我的电脑"中拖曳到"打印机"文件夹中的打印机上

C．可以交换鼠标左、右按钮的功能

D．真彩色是 16 位

7．在 Windows 中不同驱动器之间的文件移动，应使用的鼠标操作为_____。

A．拖曳

B．Ctrl+拖曳

C．Shift+拖曳

D．选定要移动的文件按 Ctrl+C 组合键，然后打开目标文件夹，最后按 Ctrl+V

8．在 Windows XP 中，要将当前窗口的全部内容复制到剪贴板，应该使用组合键_____。

A．Print Screen   B．Alt+Print Screen   C．Ctrl+Print Screen   D．Ctrl+P

9．在下列有关 Windows 菜单命令的说法中，不正确的是_____。

A．带省略号（…）的命令执行后会打开一个对话框，要求用户输入信息

B．命令前有符号（√）表示该命令有效

C．当鼠标指向带符号（▶）的命令时，会弹出一个子菜单

D．命令项呈暗淡的颜色，表示相应的程序被破坏

10．下列有关删除文件的说法不正确的是_____。

A．可移动磁盘（如软盘）上的文件被删除后不能被恢复

B．网络上的文件被删除后不能被恢复

C．在 MS-DOS 方式中被删除的文件不能被恢复

D．直接用鼠标拖到"回收站"的文件不能被恢复

11．利用组合键_____可以将剪贴板中的信息粘贴至文档中的光标插入处。

A．Ctrl+C   B．Ctrl+V

C．Ctrl+Z   D．Ctrl+A

12．在 Windows 的资源管理器中，为文件和文件夹提供了_____种显示方式。

A．2   B．3   C．4   D．5

13．下列关于 Windows XP 文件名的说法中，不正确的是_____。

A．Windows XP 中的文件名可以用汉字

B．Windows XP 中的文件名可以用空格

C．Windows XP 中的文件名最长可达 256 个字符

D．Windows XP 中的文件名最长可达 255 个字符

二、简答与综合题

1．简述 Windows 桌面的基本组成元素及其功能。

2．简述 Windows 窗口和对话框的组成元素。

3．使用拖放功能怎样移动文档，怎样复制文档？

4．窗口与对话框有什么区别？

5．什么叫快捷键，什么叫快捷菜单？

6．如何切换程序，如何最小化所有窗口，如何恢复最小化的窗口？

7．在资源管理器中，试用快捷菜单建立、移动、改名、删除、恢复文件夹。

8. 试在桌面上为 Windows 的几个游戏建立快捷方式。

9. 在 Windows 中运行应用程序有哪几种方法，最常用的是什么方法？

10. 如何在文件夹窗口中显示文件的扩展名？

11. 简述 Windows "资源管理器"的组成。在"资源管理器"中如何复制、删除、移动文件和文件夹？

12. 如何查找 C 盘上所有文件名以 pr 开头的文件？

13. 回收站的功能是什么？

14. 图案和墙纸有什么区别，屏幕保护程序的功能是什么？

计算机故事

微软的崛起

1981 年 8 月 12 日是 IBM PC 的生日。由于 IBM PC 的诞生，使得个人计算机得到普及，导致了软件工业的兴旺，其中受益最大的是微软公司。

早在 1969 年，美国西雅图湖滨中学 8 年级的学生比尔·盖茨（B.Gates）和他的同班同学保罗·艾伦（P.Allen）在学校唯一的一台 PDP-10 小型计算机终端上，设计出第一个软件"三连棋"游戏。从此，计算机成为他们最钟爱的"玩具"。

1975 年 7 月，19 岁的比尔·盖茨走出人生中最关键的一步。他毅然放弃了只差一年就到手的哈佛学位，与保罗·艾伦一起在阿尔伯克基市竖起"微软公司"的旗帜。

"微软"（Microsoft）取自于"微型"和"软件"二字，专门从事微计算机软件开发。

1980 年，当 IBM "国际象棋"专案组需要为 PC 配套操作系统软件时，找到了微软公司。比尔·盖茨想起了西雅图软件天才帕特森（T.Paterson）曾编写过一个 QDOS 软件，正好可以改造为 PC 的操作系统。微软公司购买到 QDOS 的版权后，在帕特森的帮助下，完成了影响深远的磁盘操作系统 MS-DOS 软件。

MS-DOS 伴随 IBM PC，所有 PC（包括其他厂商生产的兼容机）都需要安装 MS-DOS。其用户后来竟超过 3 000 万，历史上从来没有哪个软件能够达到如此庞大的用户数。微软公司依托 MS-DOS 而迅速崛起。

第3章
Word 2003 的使用

引子：复杂源于简单，创新源于基础。

本章知识结构与主要内容：

　　Word 2003 是 Office 办公软件中十分重要的一个组成部分，它是一个功能强大的文字处理软件，集文字处理、表格处理、图文排版于一身的办公软件，汇集 3 各种对象的处理工具（如图片和图表等），使得对文字、图形的处理更加得心应手。Word 2003 不仅适用于各种书报、杂志、信函等文档的文字录入、编辑、排版，而且还可以对各种图像、表格、声音等文件进行处理。

3.1　Word 基础应用 1——制作"自荐书"

3.1.1　"自荐书"案例分析

1．任务的提出

　　进入大三后不久，学院就业指导中心对全体大三同学提出了一个要求：为了在激烈的人才竞争中占有一席之地，除了有过硬的知识储备和工作能力外，还应该让别人尽快了解自己。因此每一位毕业生最重要的任务就是精心制作一份自荐书。一份卓有成效的自荐书是开启事业之门的钥匙，自荐书制作的好坏，将直接影响到自己的命运。

　　小张是大三学生，他想制作一份特殊的自荐书，但当初在学习"计算机应用基础"课程时对 Word 掌握得不是太好,他急忙找到计算机爱好者协会的师兄小刘,经过小刘的一番指点,小张终于制作出了一份满意的自荐书。下面是小张的解决方案。

2．解决方案

小刘告诉小张,要制作一份精美的自荐书,首先要为自荐书设计一张漂亮的封面,封面最好用图片或艺术字进行点缀;然后,就要用 Word 草拟一份自荐书。使用 Word 的目的就是用它来生成图文并茂、层次清晰的文档,并处理好文字。

小刘说,编辑文本的重点,一是输入文本,二是设置文本格式。

对于输入文本,有很多办法可让我们在输入文本时"投机取巧",不用一个字一个字地输入。例如,使用"复制/粘贴"输入重要的文字,或者从网上或其他文档中直接复制文字,使用"自动图文集"输入大量重复的文字,使用"查找/替换"输入重复内容,等等。此外,这部分内容中还包括大量自动输入、特殊符号等方面的技巧,在自荐书文本编辑中遇到的大部分问题都可以得到解决。

对于设置文本格式,要根据自荐书内容的多少,适当调整字体、字号及行间距、段间距,目的是使自荐书的内容在页面中分布合理,不要留太多空白,也不要太拥挤。

最后,设计自己的自荐书,包括基本情况、联系方式、受教育情况等内容,为了使自荐书清晰、整洁、有条理,最好以表格的形式完成。在小刘的点拨下,小张终于制作出了满意的求职简历。

3．制作流程设计

在制作本案例之前,先来看一下制作的整体流程,以便了解本案例的整体制作思路。

制作流程:进行页面设置→输入文本→设置文本的格式→保存自荐书→进行打印预览。

3.1.2　相关知识点

1．Word 操作界面

启动 Word 后,屏幕上就会出现 Word 工作界面。它由标题栏、菜单栏、工具栏和状态栏等几个区域组成,如图 3-1 所示。在屏幕中间的大块区域是文档编辑区,用户可以在这里输入、编辑、修改和查看文档。在文档窗口中可以看到光标,光标所在的位置就是当前文档要输入的位置。在文档窗口的周围设置了各种用来编辑和处理文档的按钮、菜单、标尺以及各种工具。

（1）标题栏

标题栏位于屏幕窗口的最上端,其中显示当前应用程序名及本窗口所编辑文档的文件名。当启动 Word 时,编辑区为空,Word 自动命名为"文档 1",以后再新建时依次自动命名为"文档 2"、"文档 3"……。标题栏最左端为 Word 图标,单击该图标出现下拉菜单,双击该图标可关闭窗口;标题栏最右端为 3 个控制按钮:"最小化"、"最大化"和"关闭"。标题栏颜色的变化可以表明该窗口是否被激活。

（2）菜单栏

菜单栏位于标题栏的下方,含有"文件"、"编辑"、"视图"、"插入"、"格式"等 9 项菜单。菜单栏中的菜单为主菜单,单击每一项,都会弹出一个下拉式菜单,下拉式菜单中的某些命令还有下一级命令。单击菜单栏内的菜单,或者按 Alt 功能键的同时,单击菜单右侧带下画线的英文字母都将打开所选的菜单,单击命令的名称之后即可执行相应的功能操作。这些菜单是 Word 2003 的核心部分,所有排版和编辑操作的命令都可以在此菜单中找到。

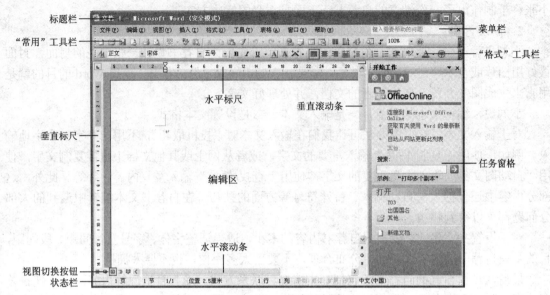

图 3-1　Word 的窗口组成

（3）工具栏

将常用命令以工具按钮的形式表示出来，这是 Word 的重要特色。通过工具按钮的操作，用户可以快速地执行使用频率最高的菜单命令，从而提高工作效率。在默认情况下，只有常用工具栏和格式工具栏出现在 Word 窗口，用户不仅可以将其他的工具栏放置在窗口，而且还能够根据个人的喜好安排工具栏的位置。

● 常用工具栏：常用工具栏包括"新建"、"打开"、"保存"、"复制"、"插入表格"和"绘图"等工具按钮，是创建文档、文件处理和打印中最常用的工具按钮。单击常用工具栏右边的下拉按钮，将出现"添加或删除按钮"，打开常用工具栏控制菜单，在命令名称前单击，当其前面出现"√"符号时，即可出现在常用工具栏内。

● 格式工具栏：格式工具栏包括"样式"、"字体"、"字号"、"斜体"等工具按钮，它还包括用于字体格式化、设置对齐方式、项目符号以及应用文本样式的按钮。单击格式工具栏右侧的下拉按钮，将出现"添加或删除"按钮，打开格式工具栏控制菜单，在命令名称前单击，当其前面出现"√"符号时，就会出现在格式工具栏内。

● 工具栏的使用及自定义：选择"工具"菜单中的"自定义"命令，在弹出的"自定义"对话框中选择"命令"选项卡，选择要添加的命令，将其拖曳到对应的工具栏中即可。

提示：这两种工具栏基本相似，操作方法也基本相同，二者的主要区别是常用工具栏侧重于文本编辑，格式工具栏侧重于排版处理。

（4）标尺

在格式工具栏的下面为标尺栏，标尺分为水平标尺和垂直标尺，使用它可以查看正文的宽度和高度。它也可以用来设置段落缩进、左右页边距、制表位和栏宽。文档窗口中也可以不显示标尺，方法是选择"视图"菜单中的"标尺"命令，取消选择该命令。

（5）编辑区

文本编辑区是 Word 2003 文档录入与排版的区域。Word 2003 处理的文字、图片和表格等都显示在这个区域。当然，文档的输入、编辑、修改等均在这个区域内进行。

（6）滚动条

使用滚动条可以对文档进行定位，Word 界面中共有两个滚动条，即水平滚动条和垂直滚动条。水平滚动条位于文档窗口的下面，垂直滚动条位于文档窗口的右面。在所编辑的文档比较大时，利用滚动条使文档上下左右滚动，以便查看和编辑文档的内容，例如对文档进行翻页、移行，改变内容在窗口中的位置均可以用鼠标来进行调整。

（7）状态栏

状态栏位于窗口的底部，在状态栏中显示了当前的文档信息。例如，当前显示的是文档的第几页、第几节，插入点位于该页的第几行、第几列和距页顶的距离等。

● 页、节、分数：显示插入点所在的页、节及"当前所在页码/当前文档总页数"的分数。

● 位置、行、列："位置"用于表示插入点距当前页头的距离（单位为厘米），"行"、"列"用于表示插入点在当前页中的行号和列号。

● 录制、修订、扩展、改写：以黑字显示时，表示当前编辑环境所处的模式，淡色显示的模式无效。双击某词可改变模式。

2．字符及段落的格式化

字符格式化包括对各种字符的大小、字体、字形、颜色、字符间距、字符之间的上下位置及文字效果等进行定义。

段落格式化包括对段落左右边界的定位、段落的对齐方式、缩进方式、行间距、段间距等进行定义。

3．制表位

制表位是一个对齐文本的有力工具，其作用就是让文字向右移动一个特定的距离。因为制表位移动的距离是固定的，所以能够非常精确地对齐文本。

4．页面边框

页面边框是在页面四周的一个矩形边框，一般来说，这个边框会由多种线条样式和颜色或者各种特定的图形组合而成。

5．打印预览及打印输出

"打印预览"就是在正式打印之前，预先在屏幕上观察即将打印文件的打印效果，看是否符合设计要求，如果满意，就可以打印。文档的打印是进行文档处理工作的最终目的。

3.1.3　实现方法

 任务1：新建一个文档

当打开 Word 时，系统自动建立了一个名为"文档 1"的新文档，此时只需要选择一种中文输入法，即可输入内容。

操作实例 1：在 Word 打开的状态下，新建"自荐书"文档。

操作步骤如下：

① 选择"文件"菜单中的"新建"命令，则在屏幕右侧显示"新建文档"任务窗格，如图 3-2 所示。

选择"空白文档"，单击"确定"按钮即可新建一个空白文档，文件名为"文档 1"。

② 单击工具栏中"新建" □ 按钮，也可建立空白文档。

③ 输入"自荐书"的具体内容。在插入点处输入内容，插入点则随之后移。先不考虑文字格式，输入标题后按 Enter 键，当输入文档的正文内容到达右边界时自动换行。如果要开始一个新段落，可按 Enter 键。

下面先按照下列内容输入文本：

图 3-2 "新建文档"任务窗格

自 荐 书

尊敬的领导：

您好！

怀着美好的憧憬与愿望，带着自信与理想，我真诚的向您自荐。

我叫王飞，是北京大学计算机科学与技术专业 2008 届应届毕业生。作为一名计算机专业的学生，我热爱自己的专业，对计算机有着浓厚的兴趣，大二已配置了自己的微机并投入了极大的精力，大三曾组建商业网吧并成功运行，大四我掌握了 VB 程序设计，熟悉 VC++、局域网组建与维护、计算机硬/软件，熟练利用 Dreamweaver 制作网页。4 年严格朴素的大学生活锻炼了我坚毅顽强的品格、雷厉风行的作风及良好的团队合作精神。

尊敬的领导，作为一个马上就要从校园走进社会的年轻人，我怀着绝对的信心，亦带着艰苦奋斗、在挫折中前进的准备和不舍不弃的斗志——需要得到您的认可和信任，我希望倾尽我所能，为贵单位贡献自己的一份力量，并借助贵单位的雄厚实力造就自己。

非常感谢您在百忙之中垂阅我的自荐书，我真诚希望成为贵单位的一员，为贵单位的辉煌事业贡献一份力量。

谨祝

顺达

自荐人：王飞

2008 年 2 月

注意：录入文字（英文）过程中，在文字的下方出现波浪线时，表示文字的拼写或语法可能有错误，更正后波浪线会自动消除。

提示：在插入状态下按 Insert 键（或双击窗口状态栏上的"改写"），将转换为改写状态；此时，状态栏上的"改写"呈深色显示。在改写状态下按 Insert 键（或双击窗口状态栏上的"改写"），则转换为插入状态。

操作实例 2：保存文档，并命名为"自荐书"。

操作步骤如下：

（1）第一次保存文档

操作实例 1 中的内容录入完毕需保存文档，第一次保存文档时，要指定路径，起文件名，选择文件类型。

① 选择"文件"菜单中的"保存"命令或单击工具栏中的"保存" 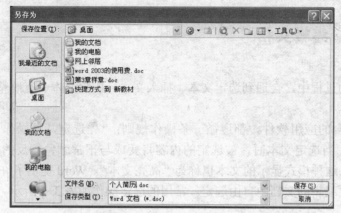按钮，如果是第一次保存新文档，出现如图 3-3 所示的对话框。

图 3-3 "另存为"对话框

② 在"文件名"右列表框中输入文件的名字为"自荐书"。

③ 单击"保存位置"右列表框中的"▼"，可以将文件保存到其他位置（默认位置是"我的文档"），此时可在下拉列表框中选择"桌面"。

④ 在"保存类型"右列表框中，如果显示的是"Word 文档"，直接按"保存"按钮，否则单击"▼"按钮，在下拉列表中选择"Word 文档"后，再单击"保存"按钮。"Word 文档"的默认扩展名为".doc"。

在为新文档选择了文件夹和所在位置之后，单击"保存"按钮即可保存文档。然后，将回到 Word 文档窗口中。

（2）保存已有文档

如果是保存已有文件，则单击工具栏中的"保存" 按钮，或者选择"文件"菜单中的"保存"命令，文件将以原名存盘。

（3）另存为

可以把现有的文件以其他的文件名或者在别的驱动器或文件夹内保存起来，即再一次进行保存。操作方法为选择"文件"菜单中的"另存为"命令，在"另存为"对话框中更改文件名或者保存位置即可。

 技巧：如果同时打开并修改了多个文件，逐个地保存文件很费时，此时，只需按下 Shift 键，选择"文件"菜单，原"保存"命令变为"全部保存"，单击该命令，则系统依次保存所有打开的文件。如果遇新建立的尚未保存过的文件，屏幕上将出现"另存为"对话框，系统提示保存文件，则按（1）中的步骤保存文件即可。

Word 使用另存为命令会重新将信息进行整理存盘，这样会使得文件的容量大幅减少。

 技巧：如果觉得那样太麻烦，可以选择"工具"菜单中的"选项"命令，再选择"保存"选项卡，在对话框中取消选择"允许快速保存"选项，以后 Word 就会在每次保存文件时自动进行信息整理并存盘。

注意：在文档的制作过程当中，为了避免操作不当造成的死机或者计算机突然断电导致的信息丢失，应及时保存文档。

任务 2：编辑文档

在输入文本的过程中，会遇到选定文本、插入文本、删除文本、复制粘贴文本等问题。

1. 选定操作

Windows 平台的应用软件，都遵循一条操作规则："先选定，后操作"，即首先必须选定要处理的文本。当选定文本时，被选定的内容将变成与正常颜色相反的颜色醒目地显示，即呈反向显示。以这种模式显示的文本也称为"高亮文本"。Word 提供了许多快捷键和工具，通过它们可以在要编辑的文档中自由选定。常用的选定操作如表 3-1 所示。

表 3-1　选定文字和图形的基本操作

选定	鼠标操作	键盘操作
任何数量的文字	拖过这些文字	Shift+光标键
一个单词	双击该单词	光标在句首，Ctrl+Shift+→
一个图形	单击该图形	Shift+光标键
一行文字	单击该行选定栏	光标在行首，Shift+↑ 或 ↓
多行文字	在对应的多行选定栏，拖曳鼠标	按住 Shift+（连续击）↑ 或 ↓
一个句子	按住 Ctrl，单击该句的任何地方	
一个段落	双击该段选定栏	光标在段首，Ctrl+Shift+↑ 或 ↓
整篇文档	三击该文档的任意选定栏	Ctrl+A
矩形块文字	按住 Alt 键时拖曳鼠标	

技巧：在选定文本区域时，使用一些特定的组合键，可使选择更方便灵活：
① 选择特定范围的文档，单击欲选定文档的起始处，然后按住 Shift 键单击欲选定文档的结尾处。
② 按 Ctrl+Shift+End 可选择光标至文档结尾处的文本。
③ 按 Ctrl+Shift+Home 可选择光标至文档开始处的文本。

（1）插入与删除操作

插入文本就是不改变原文，在文档的插入点位置输入或插入一个字符、一个句子、一个段落等。

当要删除文本时，首先选定要删除文本的内容，按 Del 键或选择"编辑"菜单中的"清除"命令即可。

注意：Del 键删除光标以后的文本；Back Space 键删除光标以前的文本。

（2）复制与移动操作

文本的移动和复制是文档编辑中的重要操作。"移动"是将所选的文本从一个位置搬到另一个位置，而"复制"是在另一个位置复制一份相同的文本。

操作实例 3："移动"和"复制"操作。

操作步骤如下：

① 选定要移动文件的内容。

② 选择"编辑"菜单中的"剪切" 命令或单击工具栏中的"剪切"按钮。

③ 鼠标指针移到要插入内容的目标处，单击左键。

④ 选择"编辑"菜单中的"粘贴" 命令或单击工具栏中的"粘贴"按钮，便实现了移动文件的操作。

如果欲移动的文件内容移动距离不远，则可使用"拖动"的方法。

① 选定要移动文件的内容。

② 鼠标指针移到选定内容处，按住鼠标左键，使插入点呈虚线，鼠标箭头尾部同时出现一个小虚框，拖动虚线到达要插入内容的目标处，释放鼠标，便实现了移动文件的操作。

复制的操作如下：

① 选定要复制文件的内容。

② 选择"编辑"菜单中的"复制" 命令或单击工具栏中的"复制"按钮。

③ 鼠标指针移到要插入内容的目标处，单击左键。

④ 选择"编辑"菜单中的"粘贴" 命令或单击工具栏中的"粘贴"按钮，实现复制文件操作。

如果欲复制的文件内容距目标处不远，可使用按住 Ctrl+"拖动"的方法实现复制。操作步骤同移动操作的步骤。

技巧：剪切、复制、粘贴操作也可分别用组合键 Ctrl+X、Ctrl+C、Ctrl+V 实现，也可以用鼠标右键来拖动。

（3）撤销与重复操作

当操作失误，想恢复到原来的状态时，可通过撤销达到所要的结果。操作方法为选择"编辑"菜单中的"撤销"命令，也可用快捷键 Ctrl+Z 完成。"重复"则与"撤销"操作相反。

2．在文档中插入特殊内容

在文档中输入的数字、英文、拼音字母及一些通用符号等，可以在键盘上找到。但很多特殊的和专用的符号在键盘上是没有的。

操作实例 4：插入一般符号。

操作步骤如下：

① 选择"插入"菜单中的"符号"命令，打开"符号"对话框，如图 3-4 所示。

② 在此对话框中选择要插入的符号。

③ 单击"插入"按钮。

操作实例 5：插入特殊符号。

操作步骤如下：

① 选择"插入"菜单中的"特殊符号"命令，打开"插入特殊符号"对话框，如图 3-5

所示。

    ② 在此对话框中选择要插入的符号。

    ③ 单击"确定"按钮。

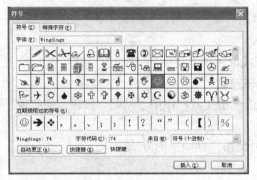 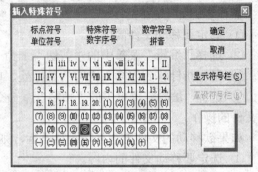

图 3-4 "符号"对话框   图 3-5 "插入特殊符号"对话框

操作实例 6：插入日期时间。

操作步骤如下：

    ① 使用"插入"菜单中的"日期和时间"命令，会很容易地得到各种格式的日期和时间，如图 3-6 所示。

    ② 单击"确定"按钮。

3．查找与替换内容

    对于文档中错误内容的修改，"查找和替换"是一种效率较高的方法，尤其是对于多次出现在一个较长文档中的内容的修改。

操作实例 7：查找指定内容在文档中出现的所有位置。

操作步骤如下：

    ① 选择"编辑"菜单中的"查找"命令，打开"查找"对话框，单击"查找"选项卡，如图 3-7 所示。

    ② 在"查找内容"右边的文本框中输入要查找的内容，如"单位"。

    ③ 单击"查找下一处"按钮，插入点后的第一个"单位"呈反向显示。

    ④ 继续单击"查找下一处"按钮，下一处的"单位"呈反向显示。在搜索到需要查找的内容后，可进行修改、删除等操作。

    ⑤ 要取消查找，可按 Esc 键或单击"取消"按钮，关闭对话框。

 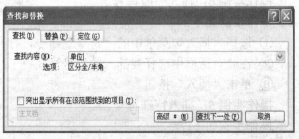

图 3-6 "日期和时间"对话框   图 3-7 "查找"选项卡

提示：替换命令还可以实现删除功能，在"查找内容"文本框中输入要查找的内容，在"替换为"文本框中不输入任何内容，然后单击"全部替换"按钮，便实现了删除。

操作实例 8：查找需要修改的内容并进行替换。

操作步骤如下：

① 选择"编辑"菜单中的"替换"命令，或单击"查找和替换"对话框中的"替换"选项卡，如图 3-8 所示。

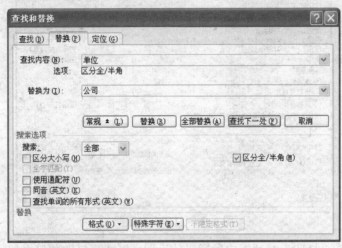

图 3-8 "替换"选项卡

② 在"查找内容"文本框中输入要查找的内容"单位"，在"替换为"文本框中输入要替换的内容"公司"。

③ 单击"全部替换"按钮，则所有符合条件的内容全部替换；如果需要选择性替换，则单击"查找下一处"按钮。如果需要替换，可单击"替换"按钮；如果不需要替换，继续单击"查找下一处"按钮，反复执行，直至文档结束。

④ 如果在替换文本内容的同时需要改变格式，可单击"高级"按钮，再单击"格式"按钮进行设置。

 注意：在查找时如果不清楚需要查找的具体内容，可使用模糊匹配符"？"和"*"。"？"表示该符号所在的位置上可以是任意一个字符；"*"表示该符号所在的位置开始可以有任意多个字符。例如，要查找所有姓"张"的同学，可输入"张*"。

 任务 3：打印"自荐书"

文档编辑完成后输出的方式有很多，例如输出到打印机打印、输出到磁盘保存、输出到网络发电邮等。打印则是最常见的输出方式。

操作实例 9：预览打印效果并打印输出。

操作步骤如下：

① 单击"常用"工具栏中的"打印预览" 按钮或者选择菜单栏中的"文件"→"打印预览"命令，Word 按定义的页面设置和打印设置把文档在屏幕上显示出来。利用"打印预览"可以在屏幕上看到打印的真实效果，便于修改。

② 单击"常用"工具栏中的"打印" 按钮或者选择菜单栏中的"文件"→"打印"命令，弹出"打印"对话框，如图 3-9 所示。

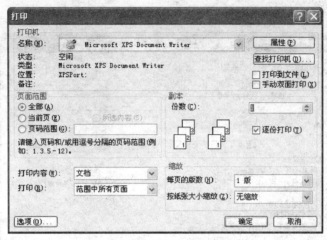

图 3-9 "打印"对话框

③ 用户可以在"打印"对话框中做适当的设置，以选择打印整篇文档、当前页、指定的几页、文档中某一部分或多份文档。

④ 设置完毕后单击"确定"按钮。

3.1.4 案例总结

本案例主要介绍的是文字处理软件的基本编辑功能，以 Word 2003 为例，介绍了编辑窗口和基本操作，旨在使读者通过这一案例的学习能够独立完成常规文档的创建与编辑。

文档的基本操作包括：新建文档、保存文档、打开文档以及在输入文本后能对文档进行插入、删除、移动、复制、查找和替换等修改和编辑工作，从而使内容更加完整和准确。

（1）保存文件的几种方式

① 选择"文件"菜单中的"保存"命令。

② 选择"文件"菜单中的"另存为"命令。

③ 退出 Word 应用程序。

④ 关闭文档窗口。

⑤ 只保存文件，不关闭窗口。

（2）保存文件的三要素

保存文件的三要素是文档名称、保存位置、保存类型。

（3）修改默认的文件保存位置

文件的保存位置是个小问题，但很多时候却耽误了人们大量的时间，其实只要在"选项"

对话框中把常用的保存文件的目录设为默认的保存位置，每次打开和保存文档时，就会自动定位到该目录下。

一般而言，默认的打开与保存文件位置是在"我的文档"文件夹。也可以根据需要，自行设置打开与保存的位置。其方法为：依次选择"工具"→"选项"命令→"文件位置"选项卡→"文档"，然后单击"修改"按钮进入"修改位置"对话框，切换至所要设置的文件夹位置，单击"确定"按钮。

（4）退出 Word 的方法

方法 1：选择"文件"菜单中的"退出"命令。

方法 2：单击窗口右上角的关闭按钮。

方法 3：按 Alt+F4 键关闭 Word 2003 应用程序。

（5）页面设置的要素

页面设置的要素包括纸张大小、走纸方向、页眉、页脚和页边距。

通过以上几步，即可掌握制作自荐书的相关知识，并明确了制作的步骤。编辑文档时应灵活运用选定、复制、粘贴等多种方法，并应熟悉"查找与替换"操作。在制作过程中，并不一定要严格按照上述步骤执行，熟悉操作之后，可根据自己的习惯顺序完成。

（6）打印的要领

使用 Word 的最终目的往往都是打印，把文档打印出来和别人分享，或者在各种会议上散发，或者印刷成小册子。不同的目的决定了不同的打印方式，因此需要下工夫来掌握打印的"诀窍"。

打印中首先要注意的是页面的设置，文档的页面设置要尽量和打印用的纸张大小一致。此外，还需要进行其他打印设置，包括选取打印机、设置打印范围、打印份数、缩放比例等。在打印之前，先使用"打印预览"功能，查看一下打印效果，调整一些不合适的地方，再开始打印，会减少很多打印错误，避免纸张的浪费。

其次，要注意打印顺序及打印页面的选择。如果是全部打印，通常不需要选择页面，Word 默认的就是按顺序打印全部页面。如果要打印其中的部分页面，则需要选择打印范围，最简单的办法是直接输入页码，中间用逗号隔开。

双面打印的情况要复杂一些。如果打印机状况良好，不卡纸，就可以采用奇偶页分开连续打印的方法：先打印奇数页，完成后把纸张换一面再放回打印机，再用倒序打印偶数页。如果打印机容易卡纸，可完全手动双面打印，以减少纸张的浪费。

3.2　Word 基础应用 2——制作"晚会海报"

3.2.1　"晚会海报"案例分析

1．任务的提出

本学期，学生会准备举办一场"圣诞晚会"，学生会主席让小张制作一份"圣诞晚会海报"。他很想出色地完成任务，以吸引更多同学来观看，为此小张和同伴一起在校园的宣传栏看了其他社团的海报宣传，发现除了文字的编辑之外，主要是对文字、段落的其他一些效果做强调处理，使其更加醒目。之后他们又查阅了课本，研究设计了以下解决方案。

2．解决方案

晚会海报首先要指明晚会的主题、内容及晚会时间地点等信息，其次就是海报吸引人的地方。可以使用各种字体格式，如斜体、大写、下画线、首字突出、首行缩进等做强调处理。这可以通过格式设置来实现。

格式设置主要包括字符格式和段落格式。

字符格式主要包括字体、字号、字符间距等，其中在字体设置中还包括了下画线、字符颜色、着重号、上下标等一些特殊的字符效果。

段落格式主要包括段落缩进、间距、换行、分页等设置。

设置字符格式和段落格式，主要的工具就是字体和段落这两个对话框，熟悉这两个对话框的各种功能，进一步了解每种设置的效果，是用好 Word 的基础。

"圣诞晚会海报"设计方案如图 3-10 所示，其操作步骤如下：

3．制作流程设计

在制作本案例之前，先来看一下制作的整体流程，以便了解本案例的整体制作思路。

制作流程：设置海报的纸张大小及页边距→输入文本→设置字体格式→设置段落格式→设置边框底纹→设置首字下沉及分栏等→设置项目符号及编号→保存海报→进行打印预览。

图 3-10 "圣诞晚会海报"设计方案

3.2.2　相关知识点

1. 页边距

页边距就是指文档内的文字距离纸张四边的距离，其单位一般是"厘米"。

2. 段落

段落是指文本、图形、对象或其他项目等的集合，最后加上一个 Enter 键的组合。每按一次 Enter 键，不但往下多加一行，而且插入点后还附一个段落标记。换言之，每按一次 Enter 键，即新开一个段落。

3. 行距

行距是指从一行文字的底部到另一行文字底部的间距，它决定着段落中各行文本的简单垂直距离。

4. 缩进

为了美观和便于阅读，文档与纸张的边缘必须有一定的距离。改变段落的左缩进（或右缩进）将使被选定的段落的左页边距（或右页边距）变大或变小。

● 首行缩进：表示段落中只有第一行缩进，中文的一般文档均采用这种方式。

● 左缩进或右缩进：表示从左（或从右）边缩进、也可以从左、右两边同时缩进文档。使文档与页边之间成为空白。

● 悬挂式缩进：即文档除首行外，其余各行均缩进，使其他行文档悬挂于第一行之下。这种格式一般用于参考目录、词汇表项目等。

3.2.3　实现方法

任务1：设置海报的纸张大小及页边距

在编辑文档时，虽然直接用标尺可以快速地设置页边距、版面大小等，但这种方法不够精确。而使用"页面设置"对话框可精确设置版面、装订线位置、页眉和页脚等内容。

文档格式化之前，应该首先确定纸张的大小、页面方向及页边距等。

纸张的大小和方向不仅对打印输出的结果产生影响，而且对当前文档的工作区大小和工作窗口的显示方式都能产生直接的影响。Word 默认纸张大小为 A4 纸型，也可以选择不同的纸型，或自定义纸张的大小。

操作实例 10：设置纸张/页边距。

操作步骤如下：

① 选择菜单栏中的"文件"→"页面设置"命令，出现"页面设置"对话框，选择"纸张"选项卡，如图 3-11 所示。

② 在"纸张大小"下拉列表中选择"自定义大小"，宽度 15 厘米，高度 18 厘米。

③ 在"页面设置"对话框中选择"页边距"选项卡，选择上、下、左、右 4 个页边距均为 1 厘米，纸张方向为纵向，如图 3-12 所示。

页边距的值与文档版心位置、页面所采用的纸张类型紧密相关。页边距及纸张方向（在默认状态下，方向为纵向）的设置对整个文档的版面美观有着直接影响。

④ 设置完毕后单击"确定"按钮。

提示：纸型分两种体系，最常用的 A4（21 cm×29.7 cm）是国内外的字母命名体系，而国内的 16 开（18.4 cm×26 cm）是以开命名的，两种规格的纸张并不兼容。

图 3-11 "纸张"选项卡

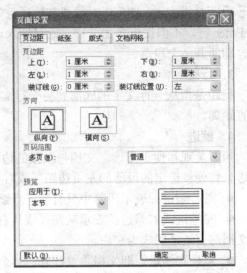

图 3-12 "页边距"选项卡

任务 2：格式设置

1. 字体格式的设置

为了使文档版面美观、便于阅读，必须对其进行精心的排版。排版主要包括：字体的设置、段落格式的设置等，达到"所见即所得"的效果。

字符格式是指对英文字母、汉字、数字和各种符号进行的外观格式设置。它是基本的操作之一，一般可通过"格式"工具栏进行设置，也可通过"格式"菜单来实现。设置时可根据海报内容及所处位置确定不同的字符格式。常见的字符格式如下：

（1）字号的设置

中文字号为八号～初号，英文磅值为 5～72，表 3-2 列出部分"字号"与"磅值"的对应关系。

表 3-2 部分"字号"与"磅值"的对应关系

字号	初号	一号	二号	三号	四号	五号	六号	七号	八号
磅值	42	26	22	16	14	10.5	7.5	5.5	5

注意：① 相同字号不同的字体看起来大小可能不一样。

② 磅值越大字符越大，中文字号越大字符越小。

③ Word 中可输入的最大字号是 1 638 磅，即 55.87 cm。

技巧：如果想使用快捷键设置字符大小，可按 Ctrl+Shift+}键增大字符字号，按
Ctrl+Shift+{键减小字符字号。

（2）字体对话框

操作方法为选择"格式"菜单中的"字体"命令，弹出"字体"
对话框，从中可进行字体、字形、字号、颜色效果等设置，如图 3-13
所示。"字符间距"命令可设置在行中字符间的距离；"文字效果"
命令可设置字符的动态显示。

（3）工具按钮

字体的设置也可以通过"格式"工具栏中的按钮进行，如
表 3-3 所示。

图 3-13 "字体"对话框

表 3-3 格式工具栏常用按钮

按钮	名称	意　　义
Times New Roman	字形窗口	拉下此列窗口，可以套用各式各样的字形
五号	字号窗口	拉下此窗口，可以选取文字的大小
B	粗体钮	按下时使文字变粗；再按一下则取消粗体的效果
I	斜体钮	按下时使文字向右倾斜；再按一下则取消斜体的效果
U	底线钮	按下时替文字加底线；再按一下则取消底线的效果
A	字符框线钮	按下时替文字加上外框；再按一下则取消外框的效果
A	字符底纹钮	按下时替文字加上底纹；再按一下则取消底纹的效果
A	字形色彩钮	单击按钮旁的下拉按钮可选取文字的颜色
A	字符比例钮	单击按钮旁的下拉按钮可调整字符横宽的大小比例

 技巧：想要设置 $2^{10}+B^{12}$ 的效果，需在"字体"对话框的"效果"设置栏内进行
上、下标的设置。

2. 段落的格式化设置

段落格式化是指在一个段落的页面范围内对内容进行排版，使整个段落更加美观大方，
符合规范。段落设置包括：段落的文本对齐方式、段落的缩进、段落中的行距、段落间距等。
根据海报内容的不同可对特殊的段落设置不同的格式。具体操作如下：

选择"格式"菜单中的"段落"命令，打开"段落"对话框，如图 3-14 所示。

 提示：在对段落排版操作中，必须遵循这样的规律：如果对一个段落进行操作，
只需在操作前将插入点置于段落中间即可；如果是对几个段落进行操作，
必须先选定操作范围，再进行段落的排版操作。

图 3-14 "段落"对话框

操作实例 11：设置段落对齐方式，将文中标题"海报"居中对齐，正文部分两端对齐。

操作步骤如下：

① 先将插入点移至标题"海报"中。

② 单击工具栏中的"居中对齐" ≣ 按钮即可。

③ 先选中正文。

④ 单击工具栏中的"两端对齐" ≣ 按钮即可。

文本的对齐方式有 4 种：两端对齐、居中对齐、右对齐和分散对齐。

 注意：两端对齐和分散对齐：对于英文文本，两端对齐以单词为单位，自动调整单词间空格的大小；分散对齐以字符为单位，均匀地分布。对于中文文本，除每个段落最后一行两端对齐是左对齐，分散对齐按行宽均匀分布，左右对齐，其余各行效果相似。

操作实例 12：设置段落缩进。设置全文段落首行缩进 2 个字符。

操作步骤如下：

① 选择全文。

② 在"段落"对话框中，选择段落缩进为"特殊格式"的"首行缩进" 2 个字符。

③ 单击"确定"按钮。

段落缩进决定文本到页面边缘的距离。有左缩进、右缩进以及特殊格式的首行缩进和悬挂缩进。

操作实例 13：设置行距。设置倒数第二段为 1.5 倍行距。

操作步骤如下：

① 选择倒数第二段。

② 在"段落"对话框中，选择"行间距"为"1.5 倍行距"。

③ 单击"确定"按钮。

Word 将调整行距以容纳该行中最大的字体和最高的图形。在"格式"工具栏有"单倍行距"、"1.5 倍行距"、"2 倍行距"按钮，其默认值是单倍行距。

提示：行间距的大小直接关系到页面文本行的数量。如果行间距偏大，那么一页内文本行的数量就太少，整个页面就会显得松散，给人内容贫乏的感觉。如果行间距偏小，那么一页内文本行的数量就太多，整个页面显得拥挤而不便于阅读。通常情况下，Word 自动调整行间距的大小。

操作实例 14：设置段落间距。将全文段落的段间距设置为自动。

操作步骤如下：

① 选择全文。

② 在"段落"对话框中，选择"间距"段前、段后均为"自动"。

③ 单击"确定"按钮。

段落间距决定段落前后空白距离的大小。当按下 Enter 键重新开始一段时，光标会跨过段间距到下一段的位置。

技巧：格式刷的使用：工具栏上的格式刷按钮 的功能就是复制格式。操作方法就是先将有格式的文字或段落选中，单击格式刷按钮，再将需要此格式的文字或段落选中，即可将格式复制过来。如果需多次使用格式刷，应将双击该按钮。

3．边框底纹的设置

此前，已经介绍了多种不同的字体属性，如字号、加粗、下画线等，可以使用它们来强调文档中的文本；也可以通过使用像居中这样的对齐方式在页面中强调文本。

操作实例 15：给文本添加边框（边框可以加在任何段落的四周，此例只给最后一段文字加边框）来美化"海报"界面。

操作步骤如下：

① 选中最后一段，选择"格式"菜单中的"边框和底纹"命令，选择"边框"选项卡，如图 3-15 所示。

② 根据需要选择"线型、颜色、宽度"等设置，并选择应用的范围为"段落"。

③ 单击"确定"按钮。

操作实例 16：给整个海报加修饰边框（称为艺术型边框）。

操作步骤如下：

① 选择"格式"菜单中的"边框和底纹"命令，选择"页面边框"选项卡，如图 3-16 所示。

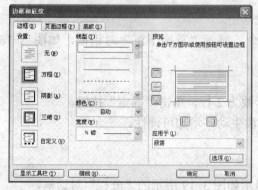

图 3-15 "边框"选项卡

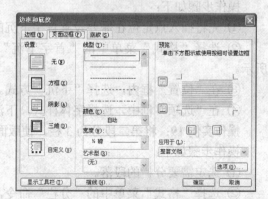

图 3-16 "页面边框"选项卡

② 选择"艺术型"下拉菜单，选择适合自己的图案即可。

③ 单击"确定"按钮。

操作实例 17：给标题加上底纹来美化"海报"界面。

可以在段落的文本下面加上彩色或灰色的图案，这种颜色或图案叫做底纹。给文本加底纹之前，首先选定要操作的段落，或将插入点移至该段落中。

操作步骤如下：

① 选中标题文字。

② 选择"格式"菜单中的"边框和底纹"命令，选择"底纹"选项卡，如图 3-17 所示。选择"底纹颜色"，并选择应用的范围为"文字"。

③ 单击"确定"按钮。

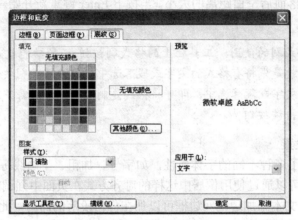

图 3-17 "底纹"选项卡

  注意：如果要设置文字或段落加边框或底纹，应注意对话框右下角的"应用于"栏中的"文字"或"段落"选项，并观察上方预览窗格的变化。

4. 首字下沉及分栏等设置

在报纸、杂志的文章中，经常在第一个段落的第一个字使用"首字下沉"的方式，以引起读者的注意，并从该字开始阅读。首字下沉就是把段首的文字进行放大。

操作实例 18：将"我"字首字下沉。

操作步骤如下：

① 先将插入点定位在需要设置首字下沉的段落中。

② 选择"格式"菜单中的"首字下沉"命令，显示"首字下沉"对话框，如图 3-18 所示。

③ 在"位置"框内，选择"下沉"方式。

④ 在"选项"框中，选择字体样式，下沉行数为 2 行，单击"确定"按钮。

操作实例 19：将第二段分为 3 栏，使版面活泼生动，增加可读性。

操作步骤如下：

① 选定需要分栏的段落。

② 选择"格式"菜单中的"分栏"命令，显示如图 3-19 所示的"分栏"对话框。

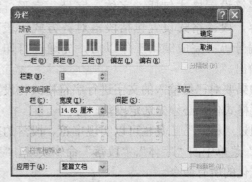

图 3-18 "首字下沉"对话框   图 3-19 "分栏"对话框

③ 选定所需的栏数为三栏，选择"分隔线"参数，单击"确定"按钮。

5．项目符号及编号的设置

编号列表经常用于按顺序阅读的内容或要点中，而项目符号则用于无须顺序阅读的内容或要点中，其目的都是强调，引起读者注意。

操作实例 20：要给"几个游戏"加上项目符号

操作步骤如下：

① 选定要设置项目符号和编号的段落。

② 依次选择"格式"→"项目符号和编号"命令，打开"项目符号和编号"对话框，如图 3-20 所示。

③ 在"项目符号"选项卡（或"编号"、"多级编号"选项卡）中选择所需的格式即可。

图 3-20 "项目符号和编号"对话框

> **提示**：如果不需要自动编号，可用 Back Space 键清除。
>
> 值得一提的是，Word 2003 对纯数字序号能够自动辨别，如 1、2、3…，1.2.3.…等。若在某段开始时用了纯数字序号，并在数字序号后紧跟"制表"符 Tab 键或 2 个以上的空格键，则 Word 2003 将自动转入编号状态，不需要进行编号格式的设置。

3.2.4 案例总结

本案例主要介绍了对 Word 文档的排版，包括字符格式、段落格式和页面格式的设置等。字符设置格式包括：字体、字号、字形、颜色、字符间距与缩放、添加边框和底纹等内容，段落格式设置包括段落对齐方式、段落缩进、段落间距与行距、分栏、项目符号和编号等；完成编辑工作以后，先通过打印预览功能对其页面进行校验，预览后即可打印输出。

如果要对已经输入的文字进行字符格式化设置，必须先选定要设置的文本；如果要对段落进行格式化，必须先选定段落。

通过"格式"工具栏可以实现字符、段落的基本设置。字符、段落的复杂设置则应使用"格式"菜单中的"字体"、"段落"命令实现，"字体"、"段落"命令集中了对字符、段落进行格式化的所有命令。

当需要使文档中某些字符或段落的格式相同时，可以使用格式刷来复制字符或段落的格式，这样既可以使排版风格一致，又可以提高排版效率。使用格式刷时，要了解单击、双击格式刷的不同作用，熟练使用格式刷可以减少排版过程中的重复工作。

对文档进行排版时应遵循以下原则：

① 对字符及段落进行排版时，要根据内容多少适当调整字体、字号及行间距、段间距，使内容在页面中分布合理，既不要留太多空白，也不要太拥挤。

② 在文档中适当地使用表格将使文档更加清晰、整洁、有条理。

③ 适当地用图片点缀文档将会使文档增色不少，但必须把握好图片与文字的主次关系，不要喧宾夺主。

④ 当文档中的文字需要快速、精确对齐时，在水平方向可使用制表位，在垂直方向可以利用段落间距实现对文本的准确定位。

注意：当在 Word 程序窗口中操作文档时，Word 可以提供多种不同的显示模式，称为视图。具体包括普通、Web 版式、页面、文档结构图、全屏显示。选择"视图"菜单，即可方便地进行切换。此外，也可以通过屏幕左下角的按钮≡□回≡◫改变当前显示方式，每种显示模式都会使文档有一种不同的外观。但有些制作效果只能在页面视图下才可显示，例如"艺术系页面边框"。

3.3 Word 基础应用 3——制作"通信录"

3.3.1 "通信录"案例分析

1. 任务的提出

为了方便班主任和班里的每一位同学能随时相互联系，班主任打算制作一份通信录。内容除每个人的基本信息外，还包含诸如宿舍、电话号码、QQ 号码、电子信箱等信息。小张是班里的计算机高手，主动承担了这项工作，他准备用 Word 提供的表格功能来制作通信录，因为表格所反映的内容简单明了、条理性强、信息量大。将通信录制作成表格形式时，操作简单，可读性强。

2. 解决方案

小张告诉大家，表格大家都会用，但经常又用不好。一方面是 Word 提供的表格功能很多，掌握起来需要一定的时间；另一方面是大家在处理表格时"计划"得不够，因此经常改来改去，越改越乱。

小张说，制作表格的技巧是尽快熟悉表格的各种处理方法，找到绘制表格的各种"诀窍"。虽然从理论上讲，完全可以通过使用表格绘制工具手动"画"出自己想要的任何表格，但那是最费时费力的办法。

想好所要表格的大致框架，必要时可以在纸上画一画，再插入一个与此框架最接近的一个表，然后在此基础上不断修改和调整，很快就会完成所要的表格。

要特别注意边框与底纹的设置，其中最容易忽略掉的就是垂直方向的对齐。只要在绘制表格时有这种意识，处理起来就会很容易。

表格也存在和周围文字的配合问题。通常只是在表格上下方有文本，此时要注意段落的间距。在一些特殊的情况下，可能需要表格周围环绕文字，这也是可以设置的，但同样要注意它与周围文字的距离。

表格还可以用在排版上，可以绘制出一个没有边框线的"虚"的表格，在其中填入文字和图形，这样排出来的页面层次非常清晰。这也是在网页设计中常用到的"招数"。

此外，还可以给表格添加一些效果，例如字体段落的基本设置、表格的边框及底纹、表内文字的对齐及其自动套用格式等。

小张设计制作的通信录如图 3-21 所示。

班 级 通 信 录					
姓 名	宿舍号	电话号码	QQ 号码	电子信箱	出生日期
张 佳	302	13991092211	56483218	zj@sina.com	1989.11.3
伍 洪	205	13207752145	135468255	wh@163.com	1989.5.6
路 谣	205	13654782456	4652223	ly@sohu.com	1990.12.6
洪 伟	106	13002935221	68955455	hw@126.com	1988.12.23
汪 洋	303	13546657778	48058909	wy@163.com	1989.3.6

图 3-21　班级通信录

3．制作流程设计

在制作本案例之前，先来看一下制作的整体流程，以便了解本案例的整体制作思路。

制作流程：创建表格→输入基本信息→设置字体格式→对表格进行编辑操作→对齐表格内的文字→为表格添加边框和底纹→自动套用表格格式→保存通信录→进行打印预览。

3.3.2　相关知识点

1．单元格

Word 的表格由水平行和垂直列组成。行和列交叉成的矩形部分称为单元格，即行和列的交叉组成的每一格称为"单元格"。

2．合并单元格

将一行或一列中的多个相邻的单元格合并成一个单元格。

3．拆分单元格

将一个单元格分成多个单元格。

4．表格的编辑

编辑表格分为两种：一是以表格为对象的编辑，例如表格的移动、缩放、合并和拆分等；二是以单元格为对象的编辑，例如选定单元格区域、单元格的插入、删除、移动和复制、单元格的合并和拆分、单元格的高度和宽度、单元格中对象的对齐方式等。

5．表格自动套用格式

将 Word 为用户提供的 40 种预先定义好的格式应用到表格上，包括表格的边框、底纹、字体和颜色等。

3.3.3　实现方法

1．创建表格并输入基本信息

生成表格时，一般先指定行数、列数，生成一个空表，再输入内容。图 3-22 所示为一个 7 行 6 列的表格，可用以下两种方法完成。

操作实例 21：使用工具栏中的制表按钮生成表格。

操作步骤如下：

① 将插入点移动到需要插入表格的位置。

② 将鼠标箭头指向工具栏中的"插入表格"![]按钮，单击左键，弹出空白表格。

③ 拖动鼠标，选择插入表格所需的行数和列数，即生成表格的行数和列数，如图 3-22 所示。单击左键，生成的表格便出现在插入点处。

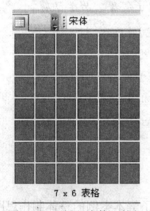

图 3-22　"插入表格"按钮

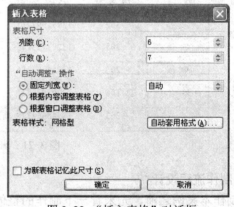

图 3-23　"插入表格"对话框

操作实例 22：使用菜单生成法生成表格。

操作步骤如下：

① 将插入点移动到要插入表格的位置。

② 选择"表格"菜单中的"插入"命令，在其子菜单中选择"表格"命令，显示"插入表格"对话框，如图 3-23 所示。

③ 在"表格尺寸"栏中输入表格的列数为 6，行数为 7。

④ 在"自动调整"操作框中，选择"自动"，系统会自动地将文档的宽度等分给各个列。单击"确定"按钮，即可在插入点处生成 7 行 6 列的一张表格。

在表格内输入文本与在一般文档窗口中输入文本的方法完全一样。

提示：在表格内用鼠标即可定位光标位置，也可利用 4 个光标移动键"←、→、↑、↓"来定位。

2. 对表格的编辑操作

表格编辑包括增加或删除表格中的行、列，改变行高和列宽，合并和拆分表格或单元格等操作。

像其他操作一样，对表格操作也必须"先选定，后操作"。

操作实例 23：表格的编辑操作——选定表格。

操作步骤如下：

① 选定单元格：当鼠标指针移近单元格内的回车符附近，指针指向右上且呈黑色时（如"➚"），表明进入了单元格选择区，单击左键，反向显示，该单元格被选定。

② 选定一行：当鼠标指针移近该行左侧的边线时，指针指向右上呈白色（如"◿"），表明进入了行选择区，单击左键，该行呈反向显示，整行被选定。

③ 选定一列：当鼠标指针移近上边线时，指针垂直指向下方，呈黑色（如"↓"），表明进入列选择区，单击左键，该列呈反向显示，整列被选定。

④ 选定整个表格：当鼠标指针移至表格之中的任一单元格，在表格的左上角出现"⊞"型图案时，单击该图案，整个表格呈反向显示，表格被选定。

另外，也可用菜单命令来选定。将插入点移至要选定的单元格、行、列、表格中，选择"表格"菜单中的"选定"命令，单击子菜单中与插入点相对应的"单元格"、"行"、"列"、"表格"，则它们分别被选定。当然，一次只能选定其中的一种。

操作实例 24：表格的编辑制作——插入/删除行、列、单元格。

操作步骤如下：

① 将插入点移至要增加行、列的相邻位置。

② 选择"表格"菜单中的"插入"命令，单击子菜单中的"行/列"命令，可分别在行的上边或下边增加一行，或在列的左边或右边增加一列，如图 3-24 所示。

删除操作类似，如图 3-25 所示。

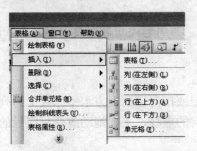

图 3-24 增加行、列、单元格

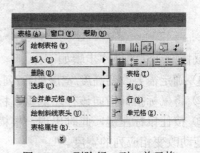

图 3-25 删除行、列、单元格

技巧：如果是在表格的最末增加一行，只需把插入点移到右下角的最后一个单元格，按 Tab 键即可。

操作实例 25：表格的编辑操作——改变表格的行高和列宽。要求：表格第一行行高最小值为 1.2 厘米，其余行 0.8 厘米；列宽均为 2.5 厘米（同一行中各单元格的宽度可以不同，但高度必须一致）。

菜单法的操作步骤如下：

① 插入点移至要改变高度的行。

② 选择"表格"菜单中的"表格属性"命令，单击"行"选项卡，如图 3-26 所示。

③ 在"指定高度"文本框中输入确定的值，在"行高值是"下拉列表框中选择"固定值"或"最小值"。

注意：例如，"指定高度"的文本框中输入的值小于该字号默认的最小值时，"行高值是"的下拉列表框中必须选择"最小值"，否则改行不显示。

④ 如果还要调整其他行，可单击"上一行"或"下一行"按钮，所有的行均设置完毕，单击"确定"按钮即可。

调整列宽的方法类似，单击"列"选项卡，在如图 3-27 所示的对话框进行操作即可。

图 3-26 "行"选项卡

图 3-27 "列"选项卡

提示：Word 允许以下列方式控制行高：

● 最小值：指定一个最小行高，当单元格内容超出时，自动转换为自动格式。

● 固定值：行高总是保持高度不变，当内容超出时，超出部分不显示。

鼠标拖动法的操作步骤如下：

① 确定需要改变高度/宽度的行/列。

② 将鼠标指针指向该行左侧垂直标尺上的行标记或指向该列上方水平标尺上的列标记。

③ 按住鼠标左键，此时出现一根横方向或竖方向的虚线，上下拖动改变相应行的高度，左右拖动改变相应列的宽度。

提示：如果在拖动行标记或列标记的同时，按住 Shift 键不放，则只改变相邻的行高和列宽。表格的总高度和总宽度不变。

操作实例 26：表格的编辑操作——合并及拆分单元格。

操作步骤如下：

① 合并单元格。

● 选定要合并的相邻的单元格，选择第一行的 7 个单元格。

● 选择"表格"菜单中的"合并单元格"命令（或单击鼠标右键，选择"合并单元格"命令），该命令使选定的 7 个单元格合并成一个单元格。

② 拆分单元格。

● 选定要拆分的单元格。

● 选择"表格"菜单中的"拆分单元格"命令（或单击鼠标右键，选择"合并单元格"命令），输入要拆分的列数及行数，单击"确定"按钮，如图 3-28 所示。

> **技巧：**合并及拆分表格：在文件或报告中有时会希望将原有的表格合并在一起，或者分开使用形成新的表格加以引用。Word 也提供了这种功能。
>
> 合并表格操作的方法如下：
>
> 选定其中一个表格；
>
> 将鼠标指针指向选定表格的表框，指针呈左上角指向，按住左键，拖动表格到另一个要合并的表格处，释放鼠标即可。
>
> 拆分表格的操作方法如下：
>
> 要将一个表格拆分成两个表格，首先将插入点定位在要拆分处。
>
> 选择"表格"菜单中的"拆分表格"命令即可。

3．对齐表格内的文字

表格内文字的对齐方式和段落的对齐方式操作一样，也可用"格式"菜单中的"段落"命令或工具栏上的按钮 ≡ ≡ ≡ ≡ 来实现。如果要实现更具体的对齐方式，需选定要设置对齐方式的单元格，单击鼠标右键，选择"单元格对齐方式"，如下图 3-29 所示。

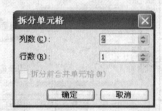

图 3-28 "拆分单元格"对话框

图 3-29 单元格对齐方式

选择整张表格，设置所有单元格的对齐方式为"中部居中"。

> **技巧：**当制作一张需要分页显示的大表格时，可使用如下操作使每一页采用同一个表头：先将准备作为表头的标题行选中，然后选择"表格"菜单中的"标题行重复"命令，会发现每一页的表格都自动加上了相同的表头。

4．为表格添加边框和底纹

操作实例 27：设置表格边框的线型为双实线、红色，线宽为 1/4 磅。

操作步骤如下：

① 选择"格式"菜单中的"边框和底纹"命令，显示"边框和底纹"对话框，如图 3-30 所示。

② 选择"表格和边框"中的颜色、输入磅值等（操作类似给段落添加"边框和底纹"）。

③ 单击"确定"按钮即可。

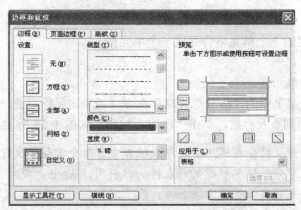

图 3-30 "边框和底纹"对话框

5．表格自动套用格式

若想以更快的速度完成表格的制作，则不必逐步去设置表格的格式，可直接自动套用格式来完成。

操作实例 28：用自动套用格式命令美化表格。

操作步骤如下：

① 选中表格对象，选择"表格"菜单中的"表格自动套用格式"命令（如图 3-31 所示）。

② 打开"表格自动套用格式"对话框，选择所需样式如图 3-32 所示。

③ 单击"确定"按钮。

图 3-31 "表格自动套用格式"命令

图 3-32 "表格自动套用格式"对话框

6．"表格和边框"工具栏的使用

"表格和边框"工具栏用来设置表格，其功能有绘制表格、擦除、插入表格、合并单元格、拆分单元格、平均分布各行、平均分布各列、升序、降序按钮等，如图 3-33 所示。

① 绘制表格 ：画表格线条。

② 擦除 ：清除表格框线，并合并相邻的单元格。

③ 线型 ：设置表格框线的形状。

④ 粗细（磅值） ：设置表格框线的粗细。

⑤ 边框颜色 ：设置表格框线的颜色。

⑥ 外部框线 ：为所选的对象添加或取消边框。

图 3-33 "表格和边框"工具栏

⑦ 底纹颜色 ：为所选的对象添加颜色。

⑧ 插入表格 ：插入表格、行、列或单元格。

⑨ 合并单元格 ：合并相邻的单元格。

⑩ 拆分单元格 ：拆分一个或相邻的多个单元格。

⑪ 文字对齐 ：将单元格内的文字水平、垂直或居中对齐。

⑫ 平均分布各行 ：将所选各行宽平均分布。

⑬ 平均分布各列 ：将所选行各列平均分布。

⑭ 自动套用格式样式 ：将该表格自动套用格式。

⑮ 隐藏虚框 ：将擦除掉的表格框线隐藏起来。

注意： 绘制表格按钮 、擦除按钮 都是开关按钮，单击按钮凹陷，表示该功能起作用，再次单击按钮凸出，则取消该按钮功能。

3.3.4 案例总结

通过本案例的学习，可清楚地了解用表格制作一份通信录的具体步骤。初步学会了表格的基本操作、表格内文字的排版操作、为表格添加边框和底纹、表格的自动套用格式等操作。

1．编辑表格

编辑表格时，要注意选择对象。以表格为对象的编辑，包括表格的移动、缩放、合并和拆分；以单元格为对象的编辑，包括单元格的插入、删除、移动和复制操作、单元格的合并拆分、单元格的高度和宽度、单元格的对齐方式等。

（1）合并单元格

① 选定需要合并的单元格。

② 选择"表格"→"合并单元格"命令，执行合并单元格操作。

（2）拆分单元格

① 将光标定位到需要拆分的单元格。

② 选择"表格"→"拆分单元格"命令。

③ 填写拆分后的列数和行数，单击"确定"按钮，完成操作。

（3）表格属性

选择"表格"→"表格属性"命令，对表格、行、列和单元格进行设置。

2．修饰表格

在表格操作过程中，还应重点熟悉"表格和边框"工具栏上各个工具按钮的用法。

（1）表格边框和底纹

① 选中表格或者单元格。

② 选择"格式"→"边框和底纹"命令。

（2）对齐方式

单元格中文本对齐方式分为水平方向上的对齐和垂直方向上的对齐两大类。水平方向上分为"左对齐"、"右对齐"、"居中对齐"等；垂直方向上分为"顶端对齐"、"底端对齐"等。

（3）改变文字方向

① 将光标定位到需要改变文字方向的单元格内。

② 选择"格式"→"文字方向"命令。

③ 选择一种文字方向方式，单击"确定"按钮。

（4）排序和计算

① 创建一个表格，对表格进行编辑。

② 选择"表格"→"排序"命令。

③ 选择排序依据。

④ 单击"确定"按钮，完成操作。

 注意：排序之前不能进行合并单元格的操作。

（5）计算

① 创建一个表格，对表格进行编辑。

② 选择"表格"→"公式"命令。

③ 在"公式"文本框中输入计算公式。

④ 单击"确定"按钮，完成操作。

以后还应掌握好表格操作的各种技巧，例如让表格内数据自动求和、给单元格设置编号、让表格自动适应内容大小、设置表格中文字和边框的间距、在多个页面显示同一表格的标题、给表格添加底纹颜色、设置部分表格的边框线、设置表格边框的颜色和宽度、如何在表格中竖排文字、按笔画排序表格中的内容、设置单元格内竖排文字的对齐方式、禁止表格跨页断行等，课后要加强这方面的练习并熟练掌握。

 技巧：制作一张比较大的表格，如果某一行分 2 页显示，解决这个问题的方法是：选择"表格"菜单中的"表格属性"命令，再选择"行"选项卡，取消选中"允许跨页断行"复选框即可。

3.4 Word 综合应用——"班报"艺术排版

3.4.1 "班报"案例分析

1．任务的提出

日常生活中，经常要制作各种社团小报纸、班报、海报、广告及产品介绍书等。此时，小张也想丰富一下自己班级的业余活动，于是就想到了办班报。以前在中学时办的都是板报，在黑板上涂涂画画，可这次要做的是有艺术排版的班报。

制作班报必须主题明确醒目、新颖别致。小张先参阅了一些报纸和杂志，运用 Word 的图文混排技巧进行版面设计，制作出了类似于报纸风格的班报。

2．解决方案

（1）设计班报的技巧之一

在班报制作中，首先要进行版面设计。版面设计中的要点是"规划"，不要以为只有城市建设、建筑设计才需要规划，制作文档时也同样需要规划，包括设计页面尺寸、分割版面、图文混排、处理表格等。

版面设计的首要问题是弄清楚页面尺寸，Word 默认的页面通常是 A4 纸，很多喷墨及激光打印机最常用的纸张设置也是 A4 纸。如果用的是非标准纸张，最好用尺子量一下，然后按照实际的尺寸来设置页面即可。

在制作文档之前先设置好页面，可以省去修改页面设置所带来的重新排版，这在制作长文档时非常重要。

版面设计的另一个重要操作是分割版面，通常采用分栏设置就可以满足需要。如果制作的是像板报那样由不同的"板块"构成的文档，采用文本框来分割版面是一个好的选择。

页眉页脚的设计也占有重要的位置，如何使奇偶页使用不同的页眉页脚，如何去掉页眉上的直线，如何在页眉中插入页码等，都是人们经常会遇到的问题。

其时，页眉页脚视图中可以完成许多操作，想在每个页面中都出现的内容，就可以放到页眉页脚视图中输入。例如，设置底纹、建立水印等。

（2）设计班报的技巧之二

制作班报与制作黑板报类似，即把黑板上的内容搬到 Word 中，其关键问题就是图片、文本框和艺术字的应用。

Word 本身有很强的绘图功能，它绘出的图是矢量的，在放大和缩小后不会产生变形和锯齿。Word 本身也支持多种格式的图形，所以可以把其他软件绘制和处理过的图形插入到 Word 中。因此，在 Word 中制作图文并茂的文档，可以有两种选择：一是利用 Word 的绘图功能手动绘图；一是插入已有的图片，然后进行调整，力图达到最好的视觉效果。

除了绘图，Word 中还提供"艺术字"的功能，通常可以把"艺术字"看做是一种特殊的图片。

在 Word 中无论是绘图，还是处理插入的图片，都要随时注意它与周围文字的关系。通常，需要建立一点"层"的观念；图形与文字在同一层，此时文字在图的周围，称作"绕排"，有些排版软件称作"文本绕图"；图形与文字不在同一层，此时图可以浮在文字上方，也可以衬在文字下方，当图在文字上方时，如果不透明，会把下面的文字遮住，这是处理图形时要特别注意的。此外，还有一种特殊的处理图的方式——嵌入式，此时把图形当做一个字符来处理，在修改文字时，图会随着周围的文字一起移动。

小张设计制作的班报如图 3-34 所示，其操作步骤如下：

图 3-34　设计制作的班报

① 输入班报的基本内容和基本格式设置。

② 文本框和自选图形的使用。

③ 剪贴画、图片和艺术字的设置。

④ 其他格式的设置。

3.4.2　相关知识点

1．页面设置

页面设置是指设置版面的纸张大小、页边距、页面方向等参数。

2．文本框

文本框是 Word 中可以放置文本的容器，任何文档的内容只要被置于方框内，就可以随时被移动到页面的任意位置。文本框也属于一种图形对象，因此可以为文本框设置各种边框格式，选择填充色，添加阴影，也可以为放置在文本框内的文字设置字体格式和段落格式。

3．分栏

分栏是文档排版中常用的一种版式，在各种报纸和杂志中广泛运用。它使页面在水平方向上分为几个栏，文字是逐栏排列的，填满一栏后才转到下一栏，文档内容分列于不同的栏中。这种分栏方法使页面排版灵活，阅读方便。

4．艺术字、艺术横线

艺术字是一种特殊的图形，它以图形的方式来展示文字，具有美术效果，能够美化版面；艺术横线是图形化的横线，用于隔离版块，美化整体版面；图片的插入可以丰富版面形式，实现图文混排，做到生动活泼。

5．图文混排

① Word 系统中的图形插入方式有两种：浮动式和嵌入式。浮动式图片可以在页面上精确定位；嵌入式图片直接镶嵌在插入点处，占据文本处的位置。

② 环绕是在图文混排时，文字分布在图形周围的一种方式。Word 不能在嵌入式图片的周围环绕文字。

3.4.3　实现方法

1．输入班报基本内容和基本格式设置

① 设置纸张大小高 18 厘米，宽 22 厘米，上下左右页边距均为 2 厘米，并添加浅橙色波浪线页面边框。

② 在第一行输入"班报"（楷体、一号、加粗）和"制作人：张凯　出版日期：2008 年1 月 15 日　第 2 期"（宋体、五号、红色、加粗、下画线）。

③ 输入"言之有理"部分的文字，设置"天下只有三件事"（四号、蓝色、阳文）和"投稿人：刘芳"（黑体、灰色、15%底纹、右对齐），正文部分（浅橙色、加粗首行缩进 2 个字符）。

2．文本框和自选图形的使用

操作实例 29：文本框内文字竖排。

操作步骤如下：

① 选择"插入"菜单中的"文本框"命令，选择"竖排"选项（或使用"绘图"工具栏中的"竖排文本框"按钮），移动鼠标至需要插入文本框的位置，拖动鼠标画一个方框，在框内输入"幽默人生" 4 个字；

② 按住句柄调整文本框的大小。输入的文字可以通过格式工具栏进行设置（字体为仿宋，字体颜色为绿色），"刺激的游戏"为加粗、四号。

③ 双击文本框边框或右击文本框边框，选择"设置文本框格式"命令，在打开的对话框中选择"颜色与线条"选项卡，设置填充色为浅绿，线条为 3 磅深绿方点边框，如图 3-35 所示。

Word 提供了一套现成的基本图形：线条、流程图、箭头汇总、星与旗帜、标注、基本形状等。在页面视图下可以方便地绘制、组合、编辑这些图形，也可以方便地将其插入文档之中。

操作实例 30： 自选图形的操作。

操作步骤如下：

① 选择"插入"菜单中的"图片"命令，选择"自选图形"选项（或使用绘图工具栏中的"自选图形"按钮），出现"自选图形"列表栏，单击"基本形状"按钮，在弹出的列表中选择"笑脸"图形，如图 3-36 所示。

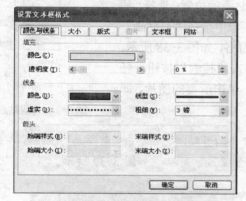
图 3-35 "设置文本框格式"对话框

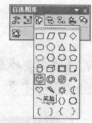
图 3-36 "自选图形"设置

② 鼠标指针呈"十"字状，在文本框内拖动鼠标，即可画出"笑脸"。

③ 双击"笑脸"（或右击"笑脸"，选择"设置自选图形格式"命令），出现"设置自选图形格式"对话框，设置填充色为黄色。或者使用绘图工具栏中的"填充颜色"按钮 来完成。

技巧： 利用 Shift 键绘制标准图形：

① 按住 Shift 键，画出的直线和箭头线与水平线的夹角就不是任意的，而是 15°、30°、45°、60°、75°、90° 等几种固定的角度。

② 按住 Shift 键，可以画出正圆、正方形、正五角星等图形。总之，按住 Shift 键之后绘出的图形都是标准图形，而且按住 Shift 键不放可以连续选中多个图形。

提示： 选择"视图"→"工具栏"→"绘图"命令，或在菜单栏或工具栏的任意位置单击鼠标右键，选择"绘图"命令，即可显示"绘图"工具栏，如图 3-37 所示。

图 3-37 "绘图"工具栏

3．剪贴画、图片及艺术字的设置

Word 最精彩之处就是能够在文档中插入图形，实现图文混排，对图形可根据需要进行剪裁、旋转、放大、缩小等多种处理。Word 中使用的图形有剪辑库中的图片、Windows 提供的图形文件、通过"绘图"工具栏绘制的自选图形、艺术字等。

Word 2003 提供了一个剪辑库，包含了大量的剪贴画、图片、声音，利用这个强大的剪辑库，可以设计出多彩的文章。

操作实例 31：插入剪贴画的操作。

操作步骤如下：

① 定位插入点，即选择要插入剪贴画的位置，选择"插入"菜单中的"图片"命令，在其子菜单中选择"剪贴画"选项，窗口右侧即出现"剪贴画"任务窗格，如图 3-38 所示。

② 在"剪贴画"任务窗格中，单击"搜索"按钮，任务窗格下方就会出现各种剪贴画图片，单击所要的图片，即可显示在插入点处。

图 3-38 "剪贴画"任务窗格

 提示：如果需要的是某一分类的剪贴画，可单击"剪贴画"任务窗格中的 管理剪辑 按钮，打开"剪辑管理器"窗口，如图 3-39 所示。

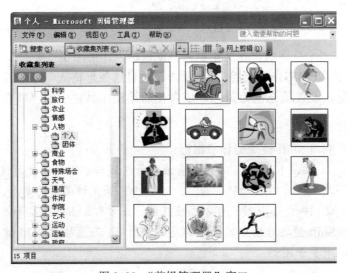

图 3-39 "剪辑管理器"窗口

剪贴画插入后，还可进行格式的调整，例如缩放、裁剪、文字环绕、颜色、亮度和对比度等设置。这些操作可在"图片"工具栏或"设置图片格式"对话框中完成。

 提示：可以选择"视图"菜单中的"工具栏"命令，在其子菜单中单击"图片"选项，或直接单击文档中的某一图片，即可显示"图片"工具栏，如图 3-40 所示。

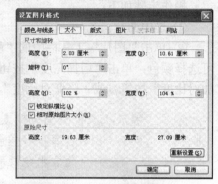

图 3-40 "图片"工具栏

操作实例 32： 缩放图形。

使用鼠标可以快速缩放图形。在图形的任意位置单击鼠标，图形四周出现 8 个方向的句柄，通过鼠标拖动句柄来改变图片大小。如果要精确地缩放图片，就必须通过对话框来实现。

操作步骤如下：

① 单击"图片"工具栏中的"设置图片格式"按钮 或双击该图片，出现"设置图片格式"对话框，选择"大小"选项卡，如图 3-41 所示。

② 在"缩放"栏内的"高度、宽度"文本框中，输入百分比数值，单击"确定"按钮即可。

操作实例 33： 裁剪图形。

如果只需要图片的一部分，可以对其进行裁剪操作。

操作步骤如下：

① 选中图片。

图 3-41 "大小"选项卡

② 单击"图片"工具栏中的"剪裁"按钮 ，对图片四周出现的控点进行拖动，图片会出现虚线框，该虚线框随着指针向所需图形部分移动而缩小，虚线外部的图形部分被裁剪掉。

如果要精确地裁剪图片，可以通过对话框来实现。

① 选中图片。

② 单击"图片"工具栏中的"设置图片格式"按钮 或双击该图片，出现"设置图片格式"对话框，选择"图片"选项卡，如图 3-42 所示。在"裁剪"栏内的"左、右、上、下" 4 个文本框内输入具体数值。

③ 单击"确定"按钮。

操作实例 34： 文字环绕方式。

有时需要图片和周围文字的排列方式特殊一些，例如将图片作为背景，或者将图片放在文字当中等，这就需要设置图片的文字环绕方式。

操作步骤如下：

① 选中图片。

② 单击"图片"工具栏中的"设置图片格式"按钮 或双击该图片，出现"设置图片格式"对话框，选择"版式"选项卡，如图 3-43 所示。选择所需环绕方式。

图 3-42 "图片"选项卡

图 3-43 "版式"选项卡

③ 单击"确定"按钮。

此外，也可在"绘图工具栏"上单击 按钮，在下拉菜单中选择所需环绕方式。

操作实例 35：改变图片的颜色、亮度和对比度。

有时图片的色泽不是很好，此时可以利用"图片"工具栏，很方便地改变图片的这些特性，也可以通过"设置图片格式"对话框的有关选项卡来设置特性的值。

操作步骤如下：

① 选中图片。

② 单击"图片"工具栏中的"颜色"按钮 ，出现自动、灰度、黑白、冲蚀 4 个选项可选择颜色；单击"增加亮度"按钮或"降低亮度"按钮可调整图片的亮度；单击"增加对比度"按钮或"降低对比度"按钮可调整图片的饱和度和明暗度。

> **提示**：其中，"自动"表示图片原始颜色；"灰度"表示将彩色图片转换成黑白图片，每一种彩色转换成相应的灰度级别；"黑白"是纯黑白图片；"水印"适宜水印效果的亮度和对比度的淡浅色图形。

> **注意**：如果对缩放或剪裁的效果不满意，可单击"常用"工具栏中的"撤销"按钮或单击"设置图片格式"对话框中的"重新设置"按钮，恢复原始格式。

操作实例 36：在文档中插入其他图片。

操作步骤如下：

① 定位插入点，选择"插入"→"图片"→"来自文件"命令，打开"插入图片"对话框，如图 3-44 所示。

图 3-44 "插入图片"对话框

② 在"查找范围"列表框选择图形文件所在的图形文件名，所选图形显示在预览框中，单击"插入"按钮，则所选图形显示在插入点处。

③ 根据样文将图片大小调整至整张纸，设置其文字环绕方式为"衬于文字下方"，并调整其亮度和对比度。

操作实例 37：在文档中插入艺术字。

Word 为文字建立图形效果的功能，提供了 30 种不同类型的艺术字体。

操作步骤如下：

① 定位插入点或选中要设置艺术字的文本，在"插入"菜单中选择"图片"命令，再在其子菜单中选择"艺术字"命令，打开"艺术字库"对话框，选择所需的艺术字样，如图 3-45 所示。

② 在"编辑艺术字文字"对话框中进行格式设置，如图 3-46 所示。单击"确定"按钮，艺术字即以图形方式显示在插入点处。

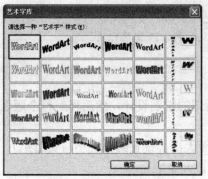

图 3-45 "艺术字库"对话框   图 3-46 "编辑艺术字文字"对话框

③ 将"班报"、"言之有理"和"幽默人生"均设置成不同样式的艺术字，如样文所示。

 提示：单击插入进来的艺术字，即可显示"艺术字"工具栏，如图 3-47 所示。可利用工具栏按钮对艺术字进行编辑。

图 3-47 "艺术字"工具栏

4．其他格式的设置

（1）阴影和三维效果

可利用"绘图"工具栏上的其他按钮对图片或艺术字进行特殊的效果设置，如"阴影"或"三维效果"，如图 3-48 所示。

图 3-48 "绘图"工具栏

"绘图"工具栏中的"阴影"按钮 ▇ 和"三维效果"按钮 ▇ ，可给图形对象添加阴影或三维效果，但不能同时添加。

 注意：在 Word 文档中除了可以利用"插入"菜单插入剪贴画、图片、艺术字等对象外，用户还可以利用功能强大的"绘图"工具栏中的按钮将其插入到文档之中。

（2）在自选图形中添加文字

用鼠标指向自选图形，单击右键，从弹出的快捷菜单中选择"添加文字"命令，插入点在方框内闪动，此时输入所需文字即可。这样插入的文字，可随图形一起移动。

（3）选择多个图形

单击"绘图"工具栏中的"箭头"按钮 ▇ ，移动鼠标指针，从左上角拉向右下角，画出一个矩形虚线框，将所有图形包含在内，则选择了所有图形。或者按住 Shift 键的同时，单击所要选择的图形即可选择多个图形。

（4）组合

如果在选择了所有图形之后，再选择"绘图"按钮上拉菜单的"组合"命令（或单击右键的"组合"命令），则多个图形就组合成一个图形。

> **提示：** 组合后的图形移动时整体移动，改变大小时所有的图形按同样比例改变，如果要单独改变其中某一图形的大小，就必须取消组合。

3.4.4　案例总结

班报排版的关键是要先做好版面的整体设计，即所谓的宏观设计，然后再对每个版面进行具体的排版。要领如下：

① 首先进行版面的宏观设计，主要包括：设置版面大小（设置纸张大小与页边距）；按内容规划版面（根据内容的主题，结合内容的多少，分成几个版面）。

② 每个版面的具体布局设计，主要包括：根据每个版面的条块特点选择一种合适的版面布局方法，对本版内容进行布局；对每个版面的每篇文章做进一步的详细设计。

③ 班报的整体设计最终要尽量达到如下效果：版面内容均衡协调、图文并茂、生动活泼、颜色搭配合理、淡雅而不失美观；版面设计可以不拘一格，充分发挥想象力，体现大胆奔放的个性化独特创意。

图文混排的基本操作是要掌握好文本框、图片、艺术字的应用。

（1）插入文本框

选择"插入"→"文本框"→"横排"→"竖排"命令，或者单击"文本框"按钮。

（2）移动文本框

先移动鼠标到文本框的边框上，此时鼠标会变成双十字箭头状。按住鼠标左键不放，并拖曳鼠标，此时文字方块会以虚线显示。到适当位置后，再放开鼠标，文本框就会被移到新的位置。在拖动鼠标的同时按下 Alt 键，可以使移动更加精确。

（3）编辑文本框

在插入的文本框中输入文字，右击文本框的边缘，选择"设置文本框格式"命令，设置文本框的填充颜色、线条颜色、线型和粗细以及文本框大小等，然后单击"确定"按钮完成操作。

（4）插入剪贴画

同以前的版本相比，Word 2003 在剪贴画方面有很大的改进，不但提供了更多的图案还增加了许多功能。

① 移动文字插入点到要插入图片的位置。

② 依序选择菜单栏中的"插入"→"图片"→"剪贴画"命令。

③ 此时在 Word 窗口右边会打开"剪贴画"任务窗格。

④ 在"剪贴画"任务窗格中，单击"搜索范围"右边的下拉按钮。

⑤ 画面上会出现"收藏集"窗口，Office 集合里面的分类就是 Office 所提供的剪贴画，可以根据自己的需要选择不同的分类目录。

⑥ 输入要搜索的关键字，单击"搜索文字"右边的"搜索"按钮，即可在下面的预览窗口中看到搜索到的剪贴画。找到喜欢的剪贴画后，直接单击就可以将其添加到文档中。

> **提示：** 如果是第一次使用剪贴画，将会弹出一个"将剪辑添加到管理器"的对话框。单击"立即"按钮，Word 就会开始搜寻计算机中的图片，并且把它们加入到"收藏集"中。如果不想将计算机中的图片加入到"收藏集"中，则选中"不再显示此消息"选项，再单击"以后"。此外，也可以单击"选项"按钮，设置要导入图片所在的目录。

（5）插入用户图片

① 将光标定位到插入图片的位置。

② 选择"插入"→"图片"→"来自文件"命令。

③ 在"查找范围"下拉列表框中选择图片，单击"插入"按钮，完成图片插入操作。

（6）使用"设置图片格式"对话框

① 右击图片，选择"设置图片格式"命令。

② 在"图片"选项卡中设置图片裁剪、图像颜色、亮度和对比度。

③ 在"颜色"选项卡中设置填充颜色。

④ 在"大小"选项卡中设置图片的高度、宽度、缩放。

⑤ 在"版式"选项卡中设置文字环绕方式、对齐方式。

（7）绘制艺术字体

① 选择"插入"→"图片"→"艺术字"命令。

② 选择一种艺术字样式，单击"确定"按钮。

③ 填写文字内容，设置字体、字号、加粗等，最后单击"确定"按钮。

（8）旋转和翻转图形

左转：逆时针转 90°；右转：顺时针转 90°；水平翻转：将一个或一组对象以垂直中线为对称轴，水平翻转；垂直翻转：将一个或一组对象以水平中线为对称轴，垂直翻转。

（9）取消自动插入绘图画布功能

编辑一些较短的文档时，使用的图片较少，如果每次都使用画布，反而会觉得不便。只需要修改一下选项设置，不用每次绘图都插入画布。

选择菜单栏中的"工具"→"选项"命令，切换至"常规"选项卡，取消选中"插入'自选图形'时自动创建绘图画布"选项，最后单击"确定"按钮。

通过学习本案例，清楚了制作一份班报的具体步骤，初步学会了文本框、自选图形、剪贴画、图片和艺术字的基本设置，掌握了各个对象的移动、缩放、裁剪操作、文字环绕的设置以及颜色、亮度和对比度的调整等。在以后的操作过程中，还应重点熟悉各个对象工具栏上各工具按钮的用法，多加练习，熟练掌握。

3.5 Word 邮件合并应用——制作"成绩单"

3.5.1 "成绩单"案例分析

在实际工作中，学校经常会遇到批量制作成绩单、准考证、录取通知书的情况；而企业也经常遇到给众多客户发送会议信函、新年贺卡的情况。这些工作都具有工作量大、重复率高等特点，既容易出错又枯燥乏味。在 Word 中利用"邮件合并"功能就可以巧妙、轻松、快速地解决这些问题。

1. 任务的提出

每到学期末,班主任都要为每一位同学发一封本学期学习的成绩单,但班里有 40 多名同学,如果要给每人都制作一份,工作量就会很大。而这项任务是由班长负责完成的,尽管在学习 Word 中掌握了很多格式设置,但仍不能完成老师布置的任务。下面要学习的新内容是 Word 的另一项特殊功能——邮件合并,可以帮助班长轻松完成任务。

2. 解决方案

像成绩单这样的信件,仅更换姓名和具体成绩即可,而不必一封一封地写。因此,可用一份文档作信件底稿,姓名和各门课的成绩用变量自动更换,实现一式多份地制作。

先制作好"成绩单"空白表,运用邮件合并将"各科成绩"的数据合并到"成绩单"中,生成每人单独一张的成绩单。对于信封,也可以按一定的格式制作好信封,运用邮件合并将"班级通信录"的数据合并到信封中,生成每人单独一个的信封,然后打印出这些信封给每个学生邮寄"成绩单"。

若要给各个系的每一位同学创建一份成绩单,样文如下:

成 绩 单

英语系 张 佳 同学:

你本学期期末成绩如下:

英语 87 分,计算机 70 分,数学 74 分,如有不及格课程,开学后第一周补考。

教 务 处

2011 年 1 月 15 日

成 绩 单

英语系 伍 洪 同学:

你本学期期末成绩如下:

英语 82 分,计算机 82 分,数学 86 分,如有不及格课程,开学后第一周补考。

教 务 处

2011 年 1 月 15 日

成 绩 单

国贸系 路 谣 同学:

你本学期期末成绩如下:

英语 78 分,计算机 88 分,数学 77 分,如有不及格课程,开学后第一周补考。

教 务 处

2011 年 1 月 15 日

成 绩 单

国贸系 洪 伟 同学:

你本学期期末成绩如下:

英语 80 分,计算机 87 分,数学 90 分,如有不及格课程,开学后第一周补考。

教 务 处

2011 年 1 月 15 日

成　绩　单

　　信工系　汪　洋　同学：

　　你本学期期末成绩如下：

　英语 78 分，计算机 92 分，数学 89 分，如有不及格课程，开学后第一周补考。

教　务　处

2011 年 1 月 15 日

3．制作流程设计

在制作本案例之前，先来看一下制作的整体流程，以便了解本案例的整体制作思路。

制作流程：创建主文档（制作信函）→设置字体格式→设置基本格式→创建数据源（建立包括姓名和成绩的表格）→建立主文档与数据源的关联（在主文档中插入合并域）→合并主文档与数据源（生成学生成绩单）→保存成绩单→进行打印预览。

3.5.2　相关知识点

1．邮件合并

"邮件合并"是在邮件文档（主文档）的固定内容（相当于模板）中，合并与发送信息相关的一组数据，这些数据可以来自如 Word 及 Excel 的表格、Access 数据表等的数据源，从而批量生成需要的邮件文档，大幅提高工作效率。

"邮件合并"除了可以批量处理信函、信封等与邮件相关的文档外，还可以轻松地批量制作标签、工资条、成绩单、准考证等。

● 主文档：文档的底稿。

● 数据源：变量对应的内容。

● 合并文档：将主文档与数据源相结合。

2．邮件合并向导

邮件合并向导是 Word 中提供的一个向导式邮件合并工具，利用邮件合并向导提供的操作步骤可以快速完成邮件合并。

3.5.3　实现方法

1．创建主文档——制作信函

利用邮件合并来创建学生成绩单，必须先创建主文档，内容如下：

成　绩　单

　　系　　同学：

　　你本学期期末成绩如下：

　英语　分，计算机　分，数学　分，如有不及格课程，开学后第一周补考。

教　务　处

2011 年 1 月 15 日

2. 创建数据源——建立包括姓名和成绩的表格

数据源是一个表格，可以指定现有表格文档为数据源，也可以在邮件合并时创建。在此新建了一个表格文档（各科成绩.doc）：

系别	姓名	英语	计算机	数学
英语	张 佳	87	70	74
英语	伍 洪	82	82	86
国贸	路 谣	78	88	77
国贸	洪 伟	80	87	90
信工	汪 洋	78	92	89

 注意：将该表格数据源建立好之后以"成绩"为名保存起来，以便以后使用。

3. 建立主文档与数据源的关联——在主文档中插入合并域

在主文档中打开数据源的方法：

① 选择"工具"→"信函与邮件"→"邮件合并"命令，在窗口右侧显示"邮件合并"任务窗格，如图 3-49 所示。

② 单击下方的"下一步：正在启动文档"按钮，选择"下一步：选取收件人"，单击"浏览"按钮，出现"选取数据源"对话框，选中数据源"成绩"文档，如图 3-50 所示。

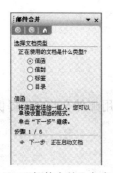

图 3-49 "邮件合并"任务窗格　　　图 3-50 "选取数据源"对话框

③ 打开"邮件合并"工具栏，如图 3-51 所示。

图 3-51 "邮件合并"工具栏

要使数据源中的数据能插入到主文档的指定位置，应先将"合并域"插入主文档。

④ 定位鼠标在主文档的"系"前，单击"邮件合并"工具栏的"插入域"按钮，打开"插入合并域"对话框，如图 3-52 所示。选择"系别"域选项，单击"插入"按钮。用同样的方法可完成"姓名"及"课程成绩"域的插入。

图 3-52 "插入合并域"对话框

完成后的效果如下:

成 绩 单

《系_别》系《姓_名》同学:

你本学期期末成绩如下:

英语《英_语》分,计算机《计算机》分,数学《数_学》分,如有不及格课程,开学后第一周补考。

教 务 处

2011 年 1 月 15 日

其中《系_别》、《姓_名》、《英_语》、《计算机》和《数_学》是插入的合并域。

提示: 所谓域,其实是一种代码,可以用来控制许多在 Word 文档中插入的信息,实现自动化功能。域贯穿于 Word 许多有用的功能之中,例如插入时间和日期、插入索引和目录、表格计算、邮件合并、对象链接和嵌入(OLE)等功能在本质上都使用到了域,只不过平时人们都以菜单、对话框的形式来实现这些功能,看到的也只是由域代码运算产生的域结果。邮件合并中的域是主文档中可能发生变化的数据或邮件合并文档中套用信函、标签中的占位符,可在任何需要的地方插入,例如姓名、专业等。当主文档与数据源合并时,Word 将用数据源中合适的信息替换域。

4. 合并主文档与数据源——生成学生成绩单

合并域插入完成后,就该将主文档与数据源合并起来。操作方法如下:

单击"邮件合并"工具栏"合并到新文档"按钮 ,出现"合并到新文档"对话框,如图 3-53 所示。选择"全部"单选按钮,单击"确定"按钮,可生成一个新文档,即所有同学的成绩单,可参考样文。

要有选择的合并数据源,例如只对国贸专业的学生发放成绩单,可对数据源进行筛选操作。操作方法如下:

单击主文档右侧"邮件合并"任务窗格的 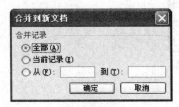 按钮，出现"邮件合并收件人"对话框，如图 3-54 所示。在"系别"的下拉列表中选择"国贸"，单击"确定"按钮，再单击"邮件合并"工具栏中的"合并到新文档"按钮，即可生成只有国贸专业学生的成绩单。

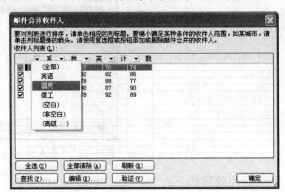

图 3-53 "合并到新文档"对话框　　　　图 3-54 "邮件合并收件人"对话框

3.5.4　案例总结

通过制作"成绩单"案例，详细介绍了邮件合并的操作方法和应用技巧。把邮件合并的操作方法归纳起来，主要有以下三步：

① 建立主文档：即制作文档中不变的部分（相当于模板）。例如，"成绩单"和"信封"中不变的部分。

② 建立数据源：即制作文档中变化的部分。通常是 Word 或 Excel 中的表格，可事先建好，在此处直接打开。

③ 插入合并域：将数据源中的相应内容以域的方式插入到主文档中。

如果要插入一些不是域的数据，可以直接输入。如果要根据条件的变化插入不同的内容，可以利用"插入 Word 域"中"If…Then…Else"的方法实现。

有时要在一页内放置多个像成绩单或准考证一类的表格，这时应该在两个成绩单或准考证之间"插入 Word 域"中的"下一记录"，这样版面可以更紧凑，更重要的是打印时可以节省纸张。

最后，再进行合并数据的浏览，或将数据合并到新文档；也可以"合并到打印机"直接打印出来，或"合并到电子邮件"直接发送出去。在合并数据时，除了可以合并"全部"记录外，还可以只合并"当前记录"，或只合并指定范围的部分记录。

本案例中，运用邮件合并将"各科成绩.doc"中的数据合并到"成绩单"中，就生成了每人单独一张的成绩单。要特别注意的是，在数据合并到新文档之前，"成绩单"是带有合并域的文档，其中包含数据源信息。在下次打开时，一定要保证数据源（各科成绩.doc）文件仍然存在，否则就不能改变合并域的内容。而在数据合并之后生成的新文档，已不包含域的内容，属于合并后的最终结果，内容不再随数据源数据的变化而改变。

总之，运用邮件合并，可以在很短的时间内批量制作成绩单、准考证、录取通知书，或给企业的众多客户发送会议信函、新年贺卡等。这些工作量大、重复率高、容易出错、枯燥乏味的工作，用 Word 的邮件合并来完成比较合适。

3.6　Word 高级应用——"毕业论文"排版

3.6.1　"毕业论文"案例分析

本案例将以毕业论文的排版为例，详细介绍长文档的排版方法与技巧，其中包括应用样式、添加目录、添加页眉和页脚、插入域、制作论文模板等内容。

1．任务的提出

毕业论文是高等学校教学过程中的重要环节之一，是大学生完成学业并圆满毕业的重要标志，是对学习成果的综合性总结和检阅，也是检验学生掌握知识的程度、分析问题和解决问题基本能力的一份综合答卷。一般来说，每个学校对毕业生"毕业论文格式"都有具体的要求，毕业论文不仅文档长，而且格式多，处理起来比普通文档要复杂得多。例如，为章节和正文快速设置相应的格式、自动生成目录等、为奇偶页添加不同的页眉等，这些都是小张以前从未遇到过的问题，不得已他只好去请教老师。经过老师的指点，他顺利地完成了对毕业论文的排版工作，下面是他的解决方案。

2．解决方案

小张按照老师的指点，通过利用样式快速设置相应的格式，利用具有大纲级别的标题自动生成目录，利用域灵活地插入页眉和页脚等方法，对毕业论文进行了有效的编辑排版。

设计效果如下：

毕业论文

浅论高校多媒体应用的利与弊

张　凯

（西安大学　信息工程系，710000）

摘 要： 多媒体作为现代教学的一种辅助手段，可使教学生动活泼，富有特色，但在使用过程中，仍存在着一些弊端，……教学质量服务。

关键词： 多媒体、计算机、教师、教学。

Abstract: As a modern auxiliary teaching method, the multimedia technology may cause the teaching to be lively and vivid. But when using it, it still has some disadvantages. …do well in the teaching quality.

Key words: multimedia; computers; teachers; teaching

随着计算机技术的发展，……。

一、在多媒体教学中更要注意发挥教师的主导作用

1．教师的主导作用

…。

参考文献：

[1] 商继宗.教学方法现代化的研究[M].上海：华东师范大学出版社，2003.

[2] 于秀云.开放教育入学指南[M].北京：中央广播电视大学出版社.

3．制作流程设计

在制作本案例之前，先来看一下制作的整体流程，以便了解本案例的整体制作思路。

制作流程：输入内容→设置基本格式→设置页眉与页脚→样式的应用→添加目录→设置目录→插入页码→保存毕业论文→进行打印预览。

3.6.2 相关知识点

1．文档属性

文档属性包含了一个文件的详细信息，例如描述性的标题、主题、作者、类别、关键词、文件长度、创建日期、最后修改日期、统计信息等。

2．样式

样式就是一组已经命名的字符格式或段落格式。样式的方便之处在于可以把它应用于一个段落或者段落中选定的字符中，按照样式定义的格式，能批量地完成段落或字符格式的设置。样式分为字符样式和段落样式或内置样式和自定义样式。

3．目录

目录通常是长文档不可缺少的部分，有了目录，用户就能很容易地了解文档的结构内容，并快速定位需要查询的内容。目录通常由两部分组成：左侧的目录标题和右侧标题所对应的页码。

4．节

所谓"节"就是 Word 用来划分文档的一种方式。之所以引入"节"的概念，是为了实现在同一文档中设置不同的页面格式，例如不同的页眉和页脚、不同的页码、不同的页边距、不同的页面边框、不同的分栏等。建立新文档时，Word 将整篇文档视为一节，此时整篇文档只能采用统一的页面格式。因此，为了在同一文档中设置不同的页面格式就必须将文档划分为若干节。节可小至一个段落，也可大至整篇文档。节用分节符标识，在普通视图中分节符是两条横向平行的虚线。

5．页眉和页脚

页眉和页脚是页面的两个特殊区域，位于文档中每个页面页边距（页边距：页面上打印区域之外的空白空间）的顶部和底部区域。通常，诸如文档标题、页码、公司徽标、作者名等信息需打印在文档的页眉或页脚上。

6．页码

页码用来表示每页在文档中的顺序。Word 可以快速地给文档添加页码，并且页码会随文

档内容的增删而自动更新。

7. Word 域

域是一种特殊的代码，用于指示 Word 在文档中插入某些特定的内容或自动完成某些复杂的功能。例如，使用域可以将日期和时间等插入到文档中，并使 Word 自动更新日期和时间。

域的最大优点是可以根据文档的改动或其他有关因素的变化而自动更新。例如，生成目录后，目录中的页码会随着页面的增减而产生变化，此时可通过更新域来自动修改页码。因此，使用域不仅可以方便地完成许多工作，更重要的是能够保证得到正确的结果。

3.6.3 实现方法

1. 基本格式的设置

操作实例 38："毕业论文"文档的基本格式设置。

操作步骤如下：

① 设置论文纸张的页边距上下左右均为 2 厘米。

② "论文题目"黑体、三号、加粗、居中，"姓名"楷体、四号、加粗、居中，"（西安大学 信息工程系，710000）"仿宋、四号、居中。

③ "摘要"、"关键词"黑体、小四，标题加粗，悬挂缩进 2 个字符，摘要与题头部分隔一行；"英文摘要"Times New Roman、小四，标题加粗；关键词部分与摘要部分隔一行；"论文内容"宋体、四号字、与关键词部分隔两行；"参考文献"宋体、四号字，标题加粗，与正文部分隔一行。

技巧：论文输入完毕，若想看是否达到老师的字数要求，如果逐个去数则太麻烦。Word 提供了"字数统计"功能。选择"工具"菜单中的"字数统计"命令，弹出的"字数统计"对话框，如图 3-55 所示。

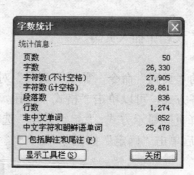

图 3-55 "字数统计"对话框

技巧：使用 Word 制作文档时，经常需要插入另一个文档。操作方法如下：定位需要插入新文件的位置，选择"插入"菜单中的"文件"命令，打开"插入文件"对话框，从中选择需要的文件，单击"插入"按钮即可。而且，新插入的文件与原文件的格式一模一样。

2. 页眉与页脚、页码的设置

页眉位于页面的顶部边界处，内容可以是标题、日期、数字等信息，这些信息将出现在文档每一页的顶部；页脚位于页面的底部边界处，内容可以是页码等信息，这些信息将出现在文档每一页的底部。

操作实例 39：给论文设置"页眉与页脚"——"毕业论文"每一页的顶端都出现"毕业论文"字样。

操作步骤如下：

① 选择"视图"菜单中的"页眉和页脚"命令，进入"页眉和页脚"编辑界面，并且显示"页眉和页脚"工具栏，如图 3-56 所示。

图 3-56 "页眉和页脚"工具栏

② 虚线框表示页眉的输入区域，在页眉区输入"毕业论文"，并设置其格式为黑体四号，如图 3-57 所示。

③ 要创建页脚，只要单击"页眉和页脚"工具栏上的"页眉和页脚切换"按钮进行页眉和页脚区域的切换。

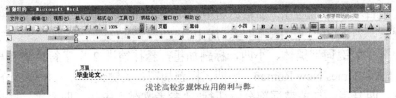

图 3-57 页眉的输入区域

删除插入的页眉或页脚，只要选中要删除的内容，按 Del 键即可；要退出页眉和页脚编辑状态，可单击"页眉和页脚"工具栏的"关闭"按钮。

 注意：页眉和页脚的内容不是随文档一起输入，只能在启动"页眉和页脚"界面时编辑。

操作实例 40："毕业论文"文档中插入页码。

操作步骤如下：

① 选择"插入"菜单中的"页码"命令，显示"页码"对话框，如图 3-58 所示。

② 选择页码的位置和对齐方式，可以单击"格式"按钮，如图 3-59 所示。

③ 在"数字格式"中选择页码显示方式，"起始页码"选项可输入页码的起始值，便于分布在长文档页码的设置，然后单击"确定"按钮即可。

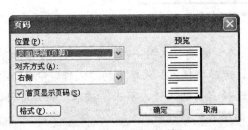

图 3-58 "页码"对话框

图 3-59 "页码格式"对话框

此外，也可以用"页眉和页脚"工具栏中的"插入页码"按钮、"插入页数"按钮"设置页码格式"按钮来完成。

提示：插入页码后，如果对文件做了增减修改，系统会自动进行页码调整，只有在页面显示模式或打印预览模式才能看到页码。

技巧：删除页眉后，有时在页眉区始终有一条黑色的横线，删除的方法是：进入"页眉和页脚"视图，选中页眉所在的段落，再选择"格式"菜单中的"边框和底纹"命令，在弹出的"边框和底纹"对话框中，将边框设置为"无"，单击"确定"按钮即可。

操作实例 41：给论文设置"页眉与页脚"——将论文的奇数页页眉设置为"毕业论文"，偶数页页眉设置为"完成日期："。

操作步骤如下：

① 选择"文件"菜单中的"页面设置"命令，在弹出的"页面设置"对话框中，选择"版式"选项卡，选中"奇偶页不同"选项，如图 3-60 所示。

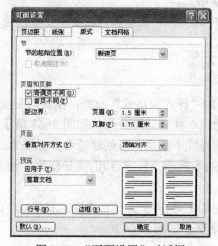

图 3-60　"页面设置"对话框

② 进入"页眉和页脚"编辑界面，奇数页和偶数页会出现不同的编辑界面，只需在不同区域输入不同内容即可，如图 3-61、图 3-62 所示。

图 3-61　奇数页页眉的输入区域

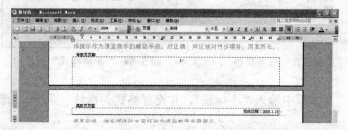

图 3-62　奇数页页脚和偶数页页眉的输入区域

③ 在偶数页页眉的输入区域输入"完成日期:",再单击"页眉和页脚"工具栏中的"插入日期"按钮 来完成,并设置其对齐方式为右对齐。

> **注意:** 如果不需要给文章的首页加页眉和页脚,可选择"文件"菜单中的"页面设置"命令,在弹出的"页面设置"对话框中,选择"版式"选项卡。选中"首页不同"选项(见图 3-60),从第 2 页开始编辑页眉页脚即可。

3. 样式的应用

在前面几节介绍的内容中,都是一次操作只能对一个内容进行格式设置。如需使文章中的标题醒目一些,可设置成小三、黑体、加粗。如果用以前的方法,有几个标题就得设置几次。若使用标题样式,一次就可以操作完成。

Word 提供了一些设置好的内部样式供人们选用,如"标题 1"、"标题 2"、"正文"等,每一种内部样式都有它的默认格式。

操作实例 42: 文章中的标题"一、在多媒体教学中更要注意发挥教师的主导作用"设置成标题 1 的格式。

操作步骤如下:

① 选中标题

② 选择"格式"菜单中的"样式和格式"命令,在窗口右侧会出现"样式和格式"任务窗格,只需选择所需的"标题 1"样式即可应用,如图 3-63 所示。

如果对 Word 提供的内部样式不满意,可创建符合自己要求的新样式。

操作实例 43: 给文章中的小标题"1. 教师的主导作用"设置一个新的样式。

操作步骤如下:

① 选中小标题"1. 教师的主导作用",单击"样式和格式"的任务窗格上方的"新样式"按钮,打开"新建样式"对话框,如图 3-64 所示。

图 3-63 "样式和格式"任务窗格

图 3-64 "新建样式"对话框

② 在"名称"文本框中输入"小标题",并设置格式为楷体、四号、加粗,然后单击"确定"按钮。

③ 在窗口右侧的"样式和格式"任务窗格中就会出现"小标题"的新样式，单击即可应用。

> **提示**：如果只是想把某一样式做些更改，则不用替换的方法，直接更改样式即可，在"样式和格式"的任务窗格中右击某一样式，在其下拉菜单中选择"修改样式"命令，即可出现"修改样式"对话框，操作类似新建样式。

4. 目录与摘要的应用

像书稿、报告、论文等长篇文档，为了方便读者查阅，一般要列出文档的目录和摘要。

给不同的标题设置了不同的样式后，利用插入功能就可以自动将标题作为目录收集起来。

操作实例 44：制作文章中的目录。

操作步骤如下：

① 在要插入目录的位置单击。

② 选择"插入"菜单中的"引用"命令，在其子菜单中选择"索引和目录"命令，打开"索引和目录"对话框，从中可选择页码、对齐方式、制表符前导符等格式，如图 3-65 所示。

③ 单击"确定"按钮。

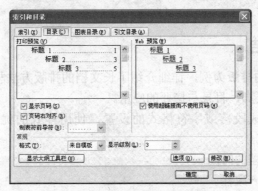

图 3-65 "索引和目录"对话框

所自动生成的目录呈阶梯状，效果如下：

操作实例 45：利用自动编写摘要功能从文档中收集有用的要点文字作为摘要信息。

操作步骤如下：

① 选择"工具"菜单中的"自动编写摘要"命令，打开"自动编写摘要"对话框，如图 3-66 所示。

② 在"摘要类型"框中选择"突出显示要点"。

③ 单击"确定"按钮

自动从文档中收集的摘要以鲜艳的颜色显示。

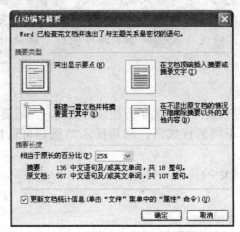

图 3-66 "自动编写摘要"对话框

 注意：由 Word 收集的摘要，可能并不会太令人满意，一般都要再次进行修改、编辑。

3.6.4 案例总结

本案例以毕业论文的排版为例，详细介绍了长文档的排版方法与操作技巧。本案例的重点为样式、节、页眉和页脚、目录与摘要的应用。

使用样式能批量完成段落或字符格式的设置，使用样式的优点大致可以归纳为以下几点：

① 节省设置各种文档的时间。

② 可以确保格式的一致性。

③ 改动文本更加容易。只需要修改样式，就可以一次性地更改应用该样式的所有文本。

④ 使用简单方便。

⑤ 采用样式有助于文档之间格式的复制，可以将一个文档或模板的样式复制到另一个文档或模板中。

在当前 Word 文档中可以使用 3 种样式：

● 内置样式。

● 自定义样式。

● 其他文档或模板中的样式。若要有选择地复制其他文档或模板中的样式，可以使用"管理器"，否则可以使用"样式库"或"模板和加载项"。

在创建标题样式时，要明确各级别之间的相互关系并正确设置标题编号格式，否则将会导致排版时出现标题级别混乱的状况。

利用 Word 可以为文档自动添加目录，从而使目录的制作变得非常简便，但前提是要为标题设置标题样式。当目录标题或页码发生变化时，应及时更新目录。

使用分节符可以将文档分为若干个"节"，而不同的节可以设置不同的页面格式，例如不同的页眉和页脚、不同的页码、不同的页边距、不同的页面边框、不同的分栏等，从而可以编排出复杂的版面。但在使用"分节符"时注意不要同"分页符"混淆。

设置不同页眉和页脚的大致程序如下：

① 根据具体情况插入若干"分节符"，将整篇文档分为若干节。

② 断开节与节之间的页眉或页脚链接。

③ 在不同的节中分别插入相应的页眉和页脚。

利用 Word 对长文档进行排版的基本过程如下：

① 按长文档的排版要求进行页面设置与属性设置。

② 按长文档的排版要求对各级标题、正文等所用到的样式进行定义。

③ 将定义好的各种样式分别应用于长文档中相应的各级标题、正文。

④ 利用具有大纲级别的标题为毕业论文添加目录 j。

⑤ 设置页眉和页脚。

⑥ 浏览修改（可以反复进行，直至满意）。

请读者反复练习，领会其中的奥妙，有效地提高长文档的排版效率。

通过本章的学习，读者还可以对企业年度总结、调查报告、使用手册、讲义、小说、杂志等长文档进行有效地排版。

综合练习 3

一、选择题

1．双击"格式刷"按钮可进行多次复制，按_____键退出格式复制。

A．Insert   B．Tab   C．Del   D．Esc

2．对于 Word 表格操作，正确的说法是_____。

A．对单元格只能水平拆分   B．对单元格只能垂直拆分

C．对表格只能水平拆分   D．对表格只能垂直拆分

3．如果要从当前插入点位置向文档末尾方向查找，应在搜索范围框内，选择_____选项。

A．向上   B．向下   C．全部   D．区分大小写

4．如果查找时要区分全/半角字母，应选中_____复选框。

A．同音   B．区分大小写   C．查找下一处   D．区分全/半角

5．在"查找和替换"框的"查找内容"文本框中输入查找内容后，单击_____按钮，开始查找。

A．格式   B．取消   C．查找下一处   D．常规

6．用键盘移动插入点时，按 End 键，将插入点移到_____。

A．文档结束位置   B．当前插入点所在行的行首

C．文档开始位置   D．当前插入点所在行的行末

7．除了可利用工具栏列表选择"绘图"工具栏外，还可选择_____→"自定义"命令，在打开对话框的"工具栏"选项卡中选中"绘图"选项，显示"绘图"工具栏。

A．工具   B．格式   C．编辑   D．插入

8. 选择_____→"符号"命令,打开"符号"对话框,可在文档中插入符号。

A. 格式 　　　　　B. 编辑 　　　　　C. 工具 　　　　　D. 插入

9. 在"日期/时间"对话框中,_____,在文档中插入的日期/时间会随系统时钟变更。

A. 选中"自动更新"复选框 　　　　　B. 只选中"全角方式"复选框

C. 清除"自动更新"复选框 　　　　　D. 单击"取消"按钮

10. 在文档中插入一个符号时,单击_____按钮,不关闭符号对话框。

A. 确定 　　　　　B. 自动更正 　　　　　C. 插入 　　　　　D. 取消

11. 对于没有执行过存盘命令的文档,实行保存命令时,_____对话框。

A. 显示另存为 　　B. 不显示 　　C. 显示打开 　　D. 显示保存

12. 如果要打开扩展名为 DOC 的文件,应在打开对话框的文件类型框中选择_____,
再双击 Word 文档图标。

A. 纯文本 　　　　B. Word 文档 　　C. 文档模板 　　D. 其他

13. 将文档保存为 Word 文档类型时,应在_____。

A. 文件名后加 .DOC 　　　　　B. 文件名后不写扩展名

C. 文件名后加 .TXT 　　　　　D. 文件名后加 .WOD

14. 单击"绘图"工具栏中的_____按钮,可为艺术字设置边线颜色。

A. 字体颜色 　　　B. 填充色 　　　C. 线条颜色 　　　D. 三维效果

二、简答与综合题

1. 启动 Word 的方法有哪几种?

2. Word 文档的默认扩展名是什么?

3. 在 Word 中段落是依靠什么键来分隔的?

4. 有一个内容很多的文档,删除其中的部分内容后,发现文档大小并没有少,为什么?
怎样使文档的大小反映文档的实际情况?

5. 打开已有文档的方法有哪些?

6. 简述同时打开多个 Word 文档的方法。

7. 在编辑文档的过程中,如果觉得改变后的文本不合适,希望仍用以前的文本,使用什
么方法最简便?

8. 如何在文本中进行查找和替换?

9. 在 Word 中移动或复制文本与图形的方法是什么?

10. 选定文本后,拖动鼠标到需要处即可实现文本块的移动;按下什么键拖动鼠标到需
要处即可实现文本块的复制?

11. 用键盘选择文本时,只要在按什么键的同时定位光标?

12. Word 窗口中,如果所选文本块中包含多种字号的汉字,则字号栏中按什么显示?

13. Word 窗口中,如果光标停在某个字符之前,当选择某个样式时,该样式会对当前的
什么起作用?

14. 假设已在 Word 窗口中录入了 7 段汉字,现在要对 1～5 段按某种新的、同样的段落
格式进行设置,简述利用样式的实现方法。

15. 怎样实现文档中所有各段的首行都缩进 2 个汉字?

16. 在字号中,阿拉伯数字越大表示字符越大还是越小?中文字号越大表示字符越大还是
越小?

17．一篇文章的标题在一行中排不下，但相差不是很多，现需将它放在一行中，试列举出 3 种利用字符格式排版的方法。

18．当文章很长时，为了提高显示速度，应使用什么视图?当文章很长，且有不同的大标题、小标题时，可以使用什么视图来组织文档?显示查看时最好使用什么视图?为了尽可能地看清文档内容而不想显示屏幕上的其他内容，应使用什么视图?为了看清文档的打印输出效果，应使用什么视图?

19．在页面视图中，想通过稍加调整窗口比例来看清文档内容的最快办法是什么?

20．在设置段落对齐方式时，要使两端对齐可使用工具栏中的什么按钮，要左对齐可使用工具栏中的什么按钮，要右对齐可使用工具栏中的什么按钮，要居中对齐可使用工具栏中的什么按钮?

21．要想自动生成目录，一般在文档中应包含什么样式?

22．如果已有页眉，再次进入页眉区只需双击什么即可?

23．设置页边距最快的方法是在页面视图中拖动标尺。对于左右边距可以通过拖动水平标尺上的什么来设置，精确的设置可以按下什么键同时做上述拖动?

24．如果文档中的内容在一页没满的情况下，需要强制换页，应该如何做?

25．在 Word 中如何插入图片，插入的图片来源有哪些，如何编辑插入的图片?

26．如何利用公式编辑器来建立复杂的数学公式?

27．建立表格可以通过单击工具栏中的什么按钮，并拖动鼠标选择行数列数？还可以通过什么菜单中的"插入表格"命令来选择行数列数？

28．如果一个表格长至跨页，并且每页都需有表头，只要选择标题行，然后做什么操作?

29．表格线的设置应通过什么来设置?

30．在工具栏中，打印预览按钮是哪个，其快捷键是什么?打印按钮是哪个，其快捷键是什么?

31．如果打印页码设为 2-4、10、13 表示打印的是第几页?

32．设计一张《学生情况表》，要求有姓名、性别、年龄、家庭地址、联系电话等内容，并对该表格进行修改，按年龄排序，以达到熟练掌握 Word 制表功能的目的。

33．设计名片。名片使用专用的 A4 纸，每张打印 10 个，每行 2 个。提示：先定义页面大小为 A4，生成 2 列 5 行表格，在一个单元格中，使用文本框等设计一张名片，最后复制到其他 9 个单元格中。

34．在页面底端外侧设置页码，格式为·X·，如第 12 页为·12·。

三、项目实训

题目：设计艺术节海报等相关电子文档。

1．项目描述

为了更好地开展学生的素质教育，提升学生的艺术修养，把毕业生更好地推向社会。学院拟在近期举办校园文化艺术节。

本艺术节以推动校园文化的发展为主题，得到了校领导及社会业内人士的广泛支持。该校园文化艺术节是一次由学生自己举办的大型活动。内容有歌唱、舞蹈比赛，科普讲座、书画摄影展览、英语、时事辩论大赛等。艺术节力求创新、纷呈优点、办出特色。

作为主办单位，校学生会要为本届校园文化艺术节设计制作：艺术节宣传海报、门票、奖状、邀请函、流程图等电子文档。

2．项目任务

校学生会经讨论初步确定需要制作以下电子文档：

① 艺术节流程。

② 艺术节宣传海报、书画摄影获奖作品展览会海报。

③ 歌唱、舞蹈比赛艺术节宣传海报。

④ 歌唱、舞蹈比赛决赛门票及颁奖典礼门票。

⑤ 艺术节各项目的时间、地点及门票。

⑥ 艺术节各项目的奖状。

⑦ 请相关学校和有关部门领导来参加颁奖典礼的邀请函。

⑧ 批量打印邀请函的信封。

3．实训要求

在参加项目实训的过程中，对学生提出如下要求：

① 建议用讨论方式学习项目实训的几种不同形式。可以先分工由几位同学设计不同的 Word 文档，经大家评论，最后确定使用的文档样式。

② 也可以利用教材中介绍过的几种 Word 文档样张，要求学生讨论它们的共性和个性，确定本项目实训所需要使用的文档样式。

③ 要充分发挥网络优势，从网上下载有关艺术节宣传海报等资料供参考。

④ 注重发挥同学的个性特长，例如请文笔好的同学写邀请函、请美术基础较好的同学制作海报等。

⑤ 鼓励同学的学习积极性，发动大家对文档进行评议，证明学习技术的重要性。

⑥ 制作成批信封时，要注重数据源的作用和允许有若干种格式。

⑦ 充分考虑成本，提出如何提高工作效率问题。

⑧ 要求同学在参加项目实训过程中，互相帮助、取长补短，巩固已学过的知识。

4．项目提示

① 艺术节流程图，用"自选图形"的"组织结构图"功能进行设计，配上文字和有关图片效果会更好。

② 艺术节宣传海报、书画摄影获奖作品展览会海报属于海报类作品，关键是主题鲜明，由艺术字、图片、背景等部分组成。

③ 演出节目单，利用制表符设计比较美观，配上文字说明和图片，效果会更好。

④ 决赛门票、颁奖典礼门票，纸张要符合门票的大小，日期、时间、地点、几排几座位置等信息一定要表达清楚，门票由正券和副券组成，背面还可以附加说明。

⑤ 艺术节的总排片表是一张表格文稿，不需要太复杂的设计，但是表格内的文字、边框和底纹力求统一、美观、规范。可以利用系统现有的插入斜线表头功能来设计表格。

⑥ 艺术节各项目的奖状，在"奖状"模板的基础上，根据各颁奖项目的特点，进行修改制作。

⑦ 发给有关部门的邀请函，要求规范简洁，把邀请函的目的、艺术节主题、时间地点等表达清楚。

⑧ 邀请函的信封，利用"电子邮件合并"功能自动生成不同地址和不同收信人的信封。

5．项目评价

项目评价表

内　　容		评　　价				
学习目标	评价项目	5	4	3	2	1
能使用文字处理软件	能建立文档					
	能编辑文档					
	能保存文档					
能进行文档的格式设置	能进行字符格式设置					
	能进行分栏设置					
	能使用项目符号					
	能使用图文框					
能熟练制作表格	能设计表格					
	能设置表格格式					
	能设计不同类型的表格					
能应用艺术字与图片	能设置艺术字的颜色和字体					
	能插入图片					
	能进行图文混排					
能应用自选图形	能应用和编辑剪贴画					
	能设计和编辑图形					
	能修改图文框					
活动能力						
解决问题的能力						
自我提高的能力						
革新、创新的能力						
综合评价						

左侧竖排："职业能力"

计算机故事

WS 与 Word 争雄天下

1978 年，IMSAI 公司因经营不善濒临倒闭，该公司销售人员鲁宾斯坦（S. Rubinstein）不顾风险，自创了一家名为 MicroPro 的软件公司，把目光投向研制字处理软件。为了注册和发表这套软件，他花光了口袋里的最后一块钱，落到身无分文露宿车站的窘境。

1979 年秋天，鲁宾斯坦坚持挨过了最艰难的时期，成功地推出了字处理软件的先锋产品 WordStar（文字之星，简称 WS），其强大的文字编辑功能征服了用户，掀起了一场"办公室革命"。鲁宾斯坦不失时机地把 WS 改编成 16 位机版本，继而在 PC 世界里大红大紫。1982 年，MicroPro 公司一跃跻身于全美大型软件公司行列，WS 销售量超过 100 万套。毫不夸张地讲，当时全世界的文秘人员，大都是借助 WS 才放下手中的笔，跨进了办公室自动化的门槛。

WS 有很多不尽人意的地方，其操作十分繁琐，必须同时按下几个键的组合，至少要记住 30～

50 个操作键和复杂的排版规则，才能熟练地输入和编辑文本。这种先天不足阻碍了 WS 进一步发展。为了使用 WS，人们经常需要不断地翻阅用户手册，查找类似于"Ctrl-K-J 删除"、"Ctrl-K-X 存盘"等命令。美国一家著名的软件杂志甚至把这种弊端提到"有害于思想自由"的高度。

由于 WS 所取得的成功和字处理市场的巨大诱惑，其他各大公司也纷纷加入此行列。1982 年，微软公司推出了字处理软件 MS Word。

1983 年，Comdex 计算机大展隆重揭幕，成千上万的观众被 Word 1.0 For DOS 版的新功能所倾倒。人们第一次看到 Word 使用了一个叫"鼠标器"的东西，复杂的键盘操作变成了鼠标"轻轻一点"。此外，Word 还展示了所谓"所见即所得"的新概念，能在屏幕上显示粗体字、下画线和上下角标，能驱动激光打印机印出与书刊印刷质量相媲美的文章……为了造成强烈的轰动效应，微软为 MS Word 的上市策划了一种前无先例的销售计划，以 35 万元巨额代价独家购买了《PC 杂志》的赠送软件权，用 45 万张演示盘为 Word 软件进行宣传。

就在比尔·盖茨以为胜券在握的时候，另一款新的字处理软件 Word Perfect 问世，Word Perfect 是由 WP 公司开发，WP 软件公司由一位名叫巴斯坦（B.Bastian）的大学生和他的计算机教师阿希顿（A. Ashton）在 1979 年创办。Word Perfect 直译是"尽善尽美的字"，他们最初是在小型计算机 DG 上写出自己的字处理软件，后来才移植到 PC 并逐渐使其功能达到"尽善尽美"的境界。WP 公司给人最深刻的印象还在于"尽善尽美的服务"，他们充分利用学生的优势上门推销，耐心地为每一位顾客排忧解难，不厌其烦地回答每一个询问电话。巴斯坦居然把每月的电话费账单也作为 Word Perfect 的宣传资料公布于众，以此塑造 WP 公司服务楷模的形象。

辛劳的耕耘和热诚的服务得到了市场的回报，1986 年，微软的 Word 花费巨额财力宣传之后，只获得市场份额 11% 和排名第五的业绩，而 Word Perfect 已经不声不响地以 30% 的份额雄居美国字处理软件的榜首。

1990 年，微软公司的 Word 1.0 For Windows 推出，借助 Windows 平台这一得天独厚的优势，挽回了字处理软件上的颓势。Windows 版 Word 终于超过了 Word Perfect，成为文字处理软件的市场主导产品。1993 年，微软又把 Word 6.0 和 Excel 5.0 集成在 Office 4.0 套装软件内，使其能相互共享数据，极大地方便了用户的使用。

随后，微软又推出了 Office 95、Office 97，1999 年推出 Office 2000，2001 年 6 月推出了 Office XP，其中的 Word 组件作为成功的字处理软件，在市场占有率上已遥遥领先。

第 4 章

Excel 2003 的使用

引子：诗有风雅颂，万物各有律；用其所长，顺其之美。

 本章知识结构与主要内容：

　　有些人认为用计算机来制作的表格就算是电子表格，这种说法是不准确的。电子表格与各种文字处理软件制作的表格功能上有很大差别。电子表格具有十分强大的计算功能、丰富的函数，能够自动生成办公图表并具有简单的数据库应用功能。Excel 2003 是 Office 中的另一核心组件，它是集电子数据表、图表、数据库等多种功能于一体的优秀电子表格软件。

4.1　Excel 基础应用——制作"学生成绩表"

　　在学校的教学过程中，对学生成绩的处理是必不可少的，为了在教学中提高成绩，需要对学生的考试成绩进行认真的分析，这就要求我们算出与之相关的一些数值，例如每一个同学的总分及班名次、级名次、各科分数的平均分、各科的优秀率和及格率等。

4.1.1 "学生成绩表"案例分析

1．任务的提出

本学期结束时，班主任刘老师要为本班同学建立一张本学期学生学籍与成绩管理表，要求在学生学籍与成绩管理表中计算出每个学生的总分并按总分排名次，并计算出各科分数的平均分、各科的优秀率和及格率，对不及格的课程成绩加灰色图案显示，最后打印出来存档。

起初刘老师觉得很简单，但当他按要求对不及格的课程成绩进行处理并按总分排名次时显示了出错信息，进行处理后一直没有达到要求。于是，他只好逐个进行处理，但这既容易出错，工作量又很大。不得已他向熟悉 Excel 的王老师请教，经过王老师的指点，他快速准确地完成了所有工作表的制作，下面是王老师的解决方案。

2．解决方案

王老师告诉他，首先建立一个新的 Excel 工作簿，并在一张空白工作表中输入原始数据。对于不及格成绩的特殊显示格式，可以应用 Excel 提供的"条件格式"功能，对选定区域内符合设定条件的单元格中的数值进行字体、字型、边框线、图案等格式设置。对于统计与排序直接应用 Excel 提供的求和与"数据排序"功能即可。总之，利用 Excel 2003 进行处理有很多优点，一是前期输入数据快捷方便，二是后期的数据加工处理非常方便，结果如图 4-1 所示。

	A	B	C	D	E	F	G	H	I	J
1	学号	姓名	出生日期	是否党员	大学英语	高等数学	大学语文	计算机基础	总分	名次
2	980901	李丽丽	1989年4月3日	FALSE	59	60	70	71	331.0	9
3	980902	赵瑾	1989年10月1日	FALSE	56	73	81	92	394.0	7
4	980903	高玉明	1987年4月28日	TRUE	64	76	88	83	394.0	7
5	980904	张芳丽	1988年12月6日	FALSE	66	89	97	74	400.0	6
6	980905	陈然	1990年8月9日	TRUE	84	86	81	93	437.0	3
7	980906	马晓敏	1987年5月7日	FALSE	69	49	60	56	290.0	10
8	980907	王平	1990年2月3日	FALSE	81	89	78	88	424.0	4
9	980908	陈勇强	1990年2月1日	FALSE	96	88	99	87	457.0	1
10	980909	杨明明	1989年11月15日	FALSE	89	87	47	90	403.0	5
11	980910	刘鹏飞	1984年8月17日	TRUE	98	87	81	90	446.0	2
12		平均分			76	78	78	82		
13		最高分			98	89	99	93		
14		最低分			56	49	47	56		
15		及格率								
16		优秀率								

图 4-1　学生成绩表

4.1.2　相关知识点

1．Excel 2003 的窗口组成

Excel 2003 启动成功后，屏幕上显示的 Excel 2003 应用程序窗口如图 4-2 所示。该窗口一般由两个窗口组成，其中大窗口是 Microsoft Excel 2003 应用程序窗口，小窗口为 Excel 2003 的工作簿窗口。

Excel 2003 应用程序窗口主要由标题栏、菜单栏、工具栏、编辑栏、工作簿窗口、状态栏等组成。其中，"编辑栏"可用于输入、编辑单元格数据，同时显示当前单元格的数据。"名称框"显示活动单元格或选择区域的引用，"编辑栏"显示正在输入或编辑的数据。单击"编辑栏"即可进行输入或编辑的操作，此时 𝑓ₓ 左边出现"√"和"×"，分别为"输入"按钮和"取消"按钮。当操作完毕后，单击"√"（或按 Enter 键）确认，单击"×"（或按 Esc 键）撤销。在输入数据前输入"="号或单击"插入函数"按钮（即"编辑栏"左边的 𝑓ₓ 按钮），进入公式编辑状态或函数插入状态。

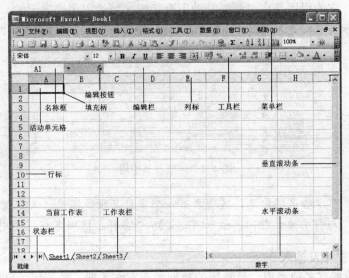

图 4-2　Excel 2003 工作窗口

2．工作簿和工作表

在 Excel 中，一个 Excel 文件就是一个工作簿。工作簿是由多个工作表组成的，工作表是由一个个单元格组成的，单元格是组成工作簿的最小单位。工作簿与工作表之间的关系类似于财务工作中的账簿和账页。工作簿、工作表和单元格是 Excel 中的重要概念。

（1）账本——工作簿

所谓工作簿，是指用来存储并处理工作数据的文件。在一个工作簿中可以建立多个不同类型的工作表。当打开一个新的工作簿文件时，系统默认由 3 个工作表组成，用户可以根据需要增加工作表的个数。每个工作表分别以 Sheet1、Sheet2、…、Sheet$n$ 命名。

（2）账页——工作表

工作表是工作簿文件的一个组成部分。单击工作簿标签上的工作表名，可实现在同一工作簿文件中不同工作表之间的切换。在工作表标签中，带下画线、白底黑字显示的工作表为当前工作表或活动工作表。

工作表默认是由 65 536 行和 256 列所构成。工作表中的行从上到下编号，其行号分别为1，2，…，65 536，列从左到右编号，其列号分别为 A，B，…，IV。

3．单元格和区域

工作表中行列交叉处的长方形格称为单元格。单元格是工作表中用于存储数据的基本单位，可以存储 Excel 2003 应用程序所允许的任意类型的数据，所有的数据都只能放入单元格内，每个单元格均有一个固定的地址，地址编号由列号和行号组成，如 A1、B2 等。一个地址代表一个单元格，工作表中当前正在使用的单元格称为活动单元格。活动单元格的标志是其四周加有黑色的粗线边框。图 4-3 标出了一个工作表中的行、列和活动单元格。

图 4-3　工作表中的行、列和单元格

4．多个单元格组成的矩形——区域

Excel 中为了操作方便，引入了"区域"的概念。区域的引用常用左上角、右下角单元格

的引用来标志，中间用"："间隔。当需要对很多区域进行同一操作时，可将一系列区域称为区域或数据系列，它的引用是由逗号隔开的所有矩形区域的引用来表示的。如图 4-4 所示数据系列引用可表示为 B4、D4：H4、B6、D6：H6、B11、D11：H11。

	A	B	C	D	E	F	G	H
1	学号	姓名	出生日期	是否党员	大学英语	高等数学	大学语文	计算机基础
2	980901	李 丽 丽	1989年4月3日	FALSE	59	60	70	71
3	980902	赵 瑾	1989年10月1日	FALSE	56	73	81	92
4	980903	高 玉 明	1987年4月28日	TRUE	64	76	88	83
5	980904	张 芳 丽	1988年12月6日	FALSE	66	89	97	74
6	980905	陈 然	1990年8月9日	TRUE	84	86	81	93
7	980906	马 晓 敏	1987年5月7日	FALSE	69	49	60	56
8	980907	王 平	1990年2月3日	FALSE	81	89	78	88
9	980908	陈 勇 强	1990年2月1日	FALSE	96	88	99	87
10	980909	杨 明 明	1989年11月15日	FALSE	89	87	47	90
11	980910	刘 鹏 飞	1984年8月17日	TRUE	98	87	81	90

图 4-4　区域及其引用

注意：可以给区域命名，区域名第一个字母必须是字母、汉字或下画线，切不可与引用地址相同，最长可达 255 个字符。区域名在引用中可以使用。

5．常用数据类型及输入

在 Excel 中数据有多种类型，最常用的数据类型有文本型、数值型、日期型等。

文本型数据可以包括字母、数字、空格和符号，其对齐方式为左对齐；数值型数据包括 0～9、( )、+、−等符号，其对齐方式为右对齐。

快速输入有很多技巧，例如利用填充柄自动填充、自定义序列、按 Ctrl+Enter 键可以在不相邻的单元格中自动填充重复数据等。

6．单元格的格式化设置

单元格的格式化包括设置数据类型、单元格对齐方式、设置字体、设置单元格边框及底纹等。

7．多工作表的操作

多工作表的操作，包括对工作表的重命名，工作表之间的复制、移动、插入、删除等，对工作表操作时一定要先选定工作表标签。

工作表之间数据的复制、粘贴、单元格引用等，都是在工作表单元格之间进行的。

8．公式和函数的使用

Excel 中的"公式"是指在单元格中执行计算功能的等式，所有公式都必须以"="号开头，"="后面是参与计算的运算数和运算符。

Excel 函数是一种预定义的内置公式，它使用一些称为参数的特定数值按特定的顺序或结构进行计算，然后返回结果。所有函数都包含函数名、参数和圆括号 3 部分。

4.1.3　实现方法

任务1：建立学生成绩表

1．输入"姓名"到"计算机基础"列数据——Excel 的数据类型

现要求输入如图 4-5 所示的学生学籍管理表，其中需要不同的数据类型。在这个表中用到了 Excel 中的 4 种数据类型。

	A	B	C	D	E	F	G	H	I	J
1	学号	姓名	出生日期，	是否党员	大学英语	高等数学	大学语文	计算机基础	总分	名次
2	980901	李丽丽	1989年4月3日	FALSE	59	60	70	71		
3	980902	赵瑾	1989年10月1日	FALSE	56	73	81	92		
4	980903	高玉明	1987年4月28日	TRUE	64	76	88	83		
5	980904	张芳丽	1988年12月6日	FALSE	66	89	97	74		
6	980905	陈然	1990年8月9日	TRUE	84	86	81	93		
7	980906	马晓敏	1987年5月7日	FALSE	69	49	60	56		
8	980907	王平	1990年2月3日	FALSE	81	89	78	88		
9	980908	陈勇强	1990年2月1日	FALSE	96	88	99	87		
10	980909	杨明明	1989年11月15日	FALSE	89	87	47	90		
11	980910	刘鹏飞	1984年8月17日	TRUE	98	87	81	90		
12		平均分								
13		最高分								
14		最低分								
15		及格率								
16		优秀率								

图 4-5　学生学籍管理表

（1）文本型

文本型数据包括字母、数字和其他特殊字符的任意组合。例如，表中的"姓名"一列就属于文本型数据。对于电话号码、邮政编码等数字常作为字符处理，此时只需在输入数字之前加上一个单引号，Excel 就会把它当做文本型数据处理。

（2）数字型

数字型数据除 0~9 的数字外，还包括 +、−、E、e、$、¥、% 以及小数点（.）和千分位符号（,）等特殊字符。例如，表中的"英语"、"数学"等列属于数字型数据。当输入的数据长度超过单元格宽度时，Excel 自动以科学计数法表示。

（3）日期时间型

日期时间型数据按日期和时间的表示方法输入即可。输入日期时，用减号"−"或斜杠"/"分隔日期的年、月、日。输入时间时应用"："分隔，Excel 默认以 24 小时计时，若想采用 12 小时制，时间后带后缀 AM 或 PM。例如，以下为正确的日期时间型数据：1999-10-05、1999-12-07、1999/05/08、13:20:15、8:23:15 AM 等。

若要输入当天的日期，可按快捷键 Ctrl+（分号）；若要输入当前时间，可按快捷键 Ctrl+Shift+（分号）。

（4）逻辑型

逻辑型数据包括表示逻辑真假的"TRUE"和"FALSE"，字母大小写无关。例如，表中的"是否党员"列为逻辑型数据。

2．输入"学号"列数据——填充序列

在图 4-5 中，要输入学号序列使用 Excel 提供的填充功能非常方便。Excel 可以对一些规律性的数据，如等差数列、等比数列、具有时序性的日期和时间序列、规律变化的文本型数据等自动填充。

操作实例 1：使用鼠标填充"学号"列数据。

操作步骤如下：

① 选定待填充区域的起始单元格，然后输入序列的初始值（如输入'980901）并确认。

② 移动光标到初始值的单元格右下角的填充柄（呈黑十字"+"），如图 4-6 所示。

③ 按住鼠标左键拖动填充柄经过待填充的区域。

④ 放开鼠标左键，则序列数据按内定的规律被填充到鼠标拖动所经过的各单元格，如图 4-7 所示。

操作实例 2：使用菜单填充"学号"列数据。

操作步骤如下：

① 选定待填充区域的起始单元格，然后输入序列的初始值（如输入'980901）并确认。

② 选定填充范围（必须包含有初始值的单元格区域）。

③ 选择"编辑"→"填充"→"序列"命令，弹出"序列"对话框，如图 4-8 所示。

图 4-6　填充柄　　　　　图 4-7　填充序列数据　　　　图 4-8　"序列"对话框

④ 根据填充数据类型的不同选择不同的操作。

注意：● 填充柄是标识当前选中区域的标识框右下角的一个黑色小方块，利用它可以进行序列填充、数据复制以及公式复制等操作。

● 用填充柄进行数值型序列的填充时，最重要的是确定按照怎样的步长进行填充，因此必须先将要填充序列的前两个数值依次输入，并同时被选定在一个区域中，拖动填充柄之后才能进行正确的填充。步长可以为负值，即序列递减。

注意：对于学号等字符型数据，输入时要先输入"'"，例如输入'980901，否则 Excel 按数值型数据对待。

3．特别显示不及格的成绩——条件格式

操作实例 3：黄牌警告——特别显示不及格的成绩。要求对如图 4-5 所示的学生学籍管理表中，对成绩小于 60 分的成绩加灰色图案，可以使用"条件格式"。

操作步骤如下：

① 选定 E2:H11 区域。

② 选择"格式"→"条件格式"命令，弹出如图 4-9 所示的对话框，在该对话框中选择条件运算符为"小于"，条件值为"60"。

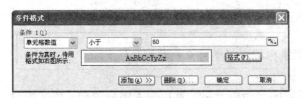

图 4-9　"条件格式"对话框

③ 单击"格式"按钮，弹出"单元格格式"对话框，选择灰色底纹，单击"确定"返回条件格式对话框。

④ 单击"确定"按钮，设置结果如图 4-10 所示。

	A	B	C	D	E	F	G	H	I	J
1	学号	姓名	出生日期	是否党员	大学英语	高等数学	大学语文	计算机基础	总分	名次
2	980901	李丽丽	1989年4月3日	FALSE	59	60	70	71		
3	980902	赵瑾	1989年10月1日	FALSE	56	73	81	92		
4	980903	高玉明	1987年4月28日	TRUE	64	76	88	83		
5	980904	张芳丽	1988年12月6日	FALSE	66	89	97	74		
6	980905	陈然	1990年8月9日	TRUE	84	86	81	93		
7	980906	马晓敏	1987年5月7日	FALSE	69	49	60	56		
8	980907	王平	1990年2月3日	FALSE	81	89	78	88		
9	980908	陈勇强	1990年2月1日	FALSE	96	88	99	87		
10	980909	杨明明	1989年11月15日	FALSE	89	87	47	90		
11	980910	刘鹏飞	1984年8月17日	TRUE	98	87	81	90		
12		平均分								
13		最高分								
14		最低分								
15		及格率								
16		优秀率								

图 4-10　格式设置例

Excel 提供的"条件格式"功能，用于对选定区域各单元格中的数值是否在指定的范围内动态地为单元格自动设置格式。在如图 4-9 所示的"条件格式"对话框中，可以利用"删除"按钮对已设置的条件格式进行格式删除；利用"添加"按钮进行条件格式的添加；单击"格式"按钮，在弹出的"单元格格式"对话框中可对字体、字形、边框线、图案等进行格式设置。

"条件格式"对话框最多可提供 3 个条件表达式，可以对不同表达式设置不同的格式。例如，对于数学考试不及格、及格、优的不同分数段的成绩以不同的格式显示。

4．求各种分数——应用公式和函数

公式是由运算符、数据、单元格引用位置、函数等组成。公式必须以等号"＝"开头，系统"＝"号后面的字符串识别为公式。

Excel 公式中有三类运算符：算术运算符、字符运算符和比较运算符。

操作实例 4：求总分。求 E2、F2、G2、H2 四个单元格内数字的和。

操作步骤如下：

方法一：将鼠标移到 I2 单元格，单击工具栏中的求和按钮"∑"计算出 I2 单元格的分数，最后选中 I2 单元格，将光标移至右下角，当光标变为小黑十字时双击，就可以求出该列的总分。

方法二：使用 SUM 函数。其语法格式为 SUM(Ref)，此处 Ref 为参与计算的单元格区域。将鼠标移到 I2 单元格，然后输入=SUM(E2:H2)后按 Enter 键，即可求出 E2、F2、G2、H2 四个单元格内数字的和。

操作实例 5：求平均分。

用 AVERAGE 函数，其语法格式为 AVERAGE(Ref)，此处 Ref 为参与计算的单元格区域。例如，AVERAGE(E2:E11)是求 E2:E11 区域内数字的平均值。

操作步骤如下：

① 将鼠标移到 E12 单元格。

② 输入＝AVERAGE(E2:E11)后回车，即可求出 E2:E11 区域内数字的平均值。

操作实例 6：求最高分、最低分。

用 MAX 和 MIN 函数，语法格式分别为 MAX(Ref)和 MIN(Ref)，例如上例中求 E2:E11 的最高分和最低分的方法为：MAX(E2:E11)和 MIN(E2:E11)。

操作步骤如下：

① 将鼠标移到 E13 单元格。

② 输入"＝MAX(E2:E11)"后按 Enter 键，即可求出 E2:E11 区域内数字的最大值。求最

低分操作类似。

> **注意：**
> ● 引用公式的第一个优点是：当组成公式的单元格内容发生变化时，公式结果将自动随之更新。
> ● 引用公式的第二个优点是：复制公式时，只是将运算关系复制给其他单元格，并不是复制计算结果本身，公式中所引用的单元格地址发生了相对位置的改变。

5. 单元格引用的方法——相对引用和绝对引用

在公式中可直接引用单元格的名称或单元格地址。

（1）直接引用单元格名称

单元格名称在定义它的整个工作簿中都有效。一旦名称定义好之后，名称就代表该单元格数据。

（2）引用当前表中的单元格地址

① 相对引用：Excel 中默认的单元格引用为相对引用，相对引用是使用单元格的行号和列号表示单元格地址的方法，例如 A1、B2、C1、C6 等。在相对引用中，当把一个含有单元格地址的公式移动或复制到一个新的位置时，公式中的单元格地址会随之发生变化。例如，图 4-11 中 I2 单元格中的公式"I2=E2+F2+G2+H2"，在被复制到 G3 单元格时会自动变为"I3=E3+F3+G3+H3"，从而得到了如图 4-12 所示的结果。

	A	B	C	D	E	F	G	H	I	J
1	学号	姓名	出生日期	是否党员	大学英语	高等数学	大学语文	计算机基础	总分	名次
2	980901	李丽丽	1989年4月3日	FALSE	59	60	70	71	=E2+F2+G2+H2	
3	980902	赵瑾	1989年10月1日	FALSE	56	73	81	92		
4	980903	高玉明	1987年4月28日	TRUE	64	76	88	83		
5	980904	张芳丽	1988年12月6日	FALSE	66	89	97	74		
6	980905	陈然	1990年8月9日	TRUE	84	86	81	93		
7	980906	马晓敏	1987年5月7日	FALSE	69	49	60	56		
8	980907	王平	1990年2月3日	FALSE	81	89	78	88		
9	980908	陈勇强	1990年2月1日	FALSE	96	88	99	87		
10	980909	杨明明	1989年11月15日	FALSE	89	87	47	90		
11	980910	刘鹏飞	1984年8月17日	TRUE	98	87	81	90		
12		平均分			76	78	78	82		
13		最高分			98	89	99	93		
14		最低分			56	49	47	56		
15		及格率								
16		优秀率								

图 4-11 公式引用图例

	A	B	C	D	E	F	G	H	I	J
1	学号	姓名	出生日期	是否党员	大学英语	高等数学	大学语文	计算机基础	总分	名次
2	980901	李丽丽	1989年4月3日	FALSE	59	60	70	71	260.0	
3	980902	赵瑾	1989年10月1日	FALSE	56	73	81	92	302.0	
4	980903	高玉明	1987年4月28日	TRUE	64	76	88	83	311.0	
5	980904	张芳丽	1988年12月6日	FALSE	66	89	97	74	326.0	
6	980905	陈然	1990年8月9日	TRUE	84	86	81	93	344.0	
7	980906	马晓敏	1987年5月7日	FALSE	69	49	60	56	234.0	
8	980907	王平	1990年2月3日	FALSE	81	89	78	88	336.0	
9	980908	陈勇强	1990年2月1日	FALSE	96	88	99	87	370.0	
10	980909	杨明明	1989年11月15日	FALSE	89	87	47	90	313.0	
11	980910	刘鹏飞	1984年8月17日	TRUE	98	87	81	90	356.0	
12		平均分			76	78	78	82		
13		最高分			98	89	99	93		
14		最低分			56	49	47	56		
15		及格率								
16		优秀率								

图 4-12 公式复制结果

② 绝对引用：绝对引用用以固定表示工作表中的某一位置，使用时在单元格的行号、列号前面各加一个"$"符号。例如，单元格 A1 的绝对地址为$A$1，B2 的绝对地址为$B$2。

在绝对引用中，当把一个含有单元格地址的公式移动或复制到一个新的位置时，公式中的单元格地址不会发生变化。

③ 混合引用：在公式中同时使用相对引用和绝对引用，称为混合引用。

例如，公式=$A2*B$1 为混合引用。$A2 表示行不变，而列号在变动；B$1 则表示行变动而列号不变。

④ 在当前工作簿中引用其他工作表中的单元格：为了指明此单元格属于哪个工作表，可在该单元格坐标或名称前加上其所在的工作表名称和叹号分隔符"!"。例如，级别工资!经理、级别工资!D4、级别工资!$D$4 都是合法的单元格引用。

⑤ 引用其他工作簿中的单元格：为了指明此单元格属于哪个工作簿的工作表，可在该单元格坐标或名称前加上其所在的用方括号括起来的工作簿名、工作表名称和叹号分隔符"!"，格式为：[工作簿名]工作表名! 单元格坐标（或名称）。前面的例子中，人员档案.xls 级别工资!经理、人员档案.xls!经理、人员档案.xls 级别工资!$D$4、人员档案.xls 级别工资!$D$4 都是合法的单元格引用，而且值都相同。

6. 成绩排行榜——数据排序

操作实例 7：在如图 4-12 所示的学生学籍管理表中，需要按学生的总分排名次，得到成绩排行榜。可以使用 Excel 提供的数据排序功能。

操作步骤如下：

（1）使用常用工具栏上的排序按钮排序

① 选定要排序的单元格区域（例如在图 4-12 中选择"总分"列）。

② 单击常用工具栏中的升序按钮 或降序按钮 ，即可完成选定单元格区域的数据排序。

采用此方法排序，数据的排列顺序以所选范围的第一列"升序"或"降序"排列。

（2）使用菜单命令排序

① 选择数据列表中的任一单元格。

② 选择"数据"→"排序"命令，弹出如图 4-13 所示的"排序"对话框。

③ 在对话框中选择排序的"主要关键字"、"次要关键字"和"第三关键字"，并依次选择"递增"或"递减"以确定排列顺序。

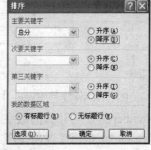

图 4-13 "排序"对话框

④ 在"当前数据清单"框中选择"有标题行"（此时标题行不参加排序，数据库记录一般应选择此项），或选择"没有标题行"选项（排序包括第一行）。

⑤ 单击"确定"按钮，数据清单中将显示排序的结果，如图 4-14 所示。

	A	B	C	D	E	F	G	H	I	J
1	学号	姓名	出生日期	是否党员	大学英语	高等数学	大学语文	计算机基础	总分	名次
2	980908	陈勇飙	1990年2月1日	FALSE	96	88	99	87	370.0	
3	980910	刘鹏飞	1984年8月17日	TRUE	98	87	81	90	356.0	
4	980905	陈燃	1990年8月9日	TRUE	84	86	81	93	344.0	
5	980907	王平	1990年2月3日	FALSE	81	89	78	88	336.0	
6	980904	张芳丽	1988年12月6日	FALSE	66	89	97	74	326.0	
7	980909	杨明明	1989年11月15日	FALSE	89	87	47	90	313.0	
8	980903	高玉明	1987年4月28日	TRUE	64	76	88	83	311.0	
9	980902	赵瑾	1989年10月1日	FALSE	56	73	81	92	302.0	
10	980901	李丽丽	1989年4月3日	FALSE	69	60	70	71	260.0	
11	980906	马晓敏	1987年5月7日	FALSE	69	49	60	56	234.0	

图 4-14 成绩排行榜

注意：① 如果排序不正确，可能是因为没有正确选取排序区域，排序区域中不能包含已合并的单元格。

② 标题行选择正确后，一定要在"排序"对话框中选择"有标题行"选项。

③ 如果只需按某一字段（关键字）进行排序，以下步骤方便而又快捷：

● 在待排序数据列中单击任一单元格。

● 单击"升序"按钮或"降序"按钮。

7. 排列名次

操作实例 8： 在如图 4-12 所示的学生学籍管理表中，需要按学生的总分排名次，得到成绩排行榜。使用 Excel 提供的 RANK 函数完成。

操作步骤如下：

① 将鼠标移到 J2 单元格，并输入公式 "=RANK(I2,$I$2:$I$11)"，该公式的含义为：I2 单元格在 I2～I11 固定范围内的排列位置。

② 最后，选中 I2 单元格并拖动填充柄到结束处即可实现全部名次的计算，如图 4-15 所示。

	A	B	C	D	E	F	G	H	I	J	K
	J2	▼	*fx*	=RANK(I2, $I$2:$I$11)							
1	学号	姓名	出生日期	是否党员	大学英语	高等数学	大学语文	计算机基础	总分	名次	
2	980901	李丽丽	1989年4月3日	FALSE	59	60	70	71	260.0	9	
3	980902	赵瑾	1989年10月1日	FALSE	56	73	81	92	302.0	8	
4	980903	高玉明	1987年4月28日	TRUE	64	76	88	83	311.0	7	
5	980904	张芳丽	1988年12月6日	FALSE	66	89	97	74	326.0	5	
6	980905	陈然	1990年8月9日	TRUE	84	86	81	93	344.0	3	
7	980906	马晓敏	1987年5月7日	FALSE	69	49	60	56	234.0	10	
8	980907	王平	1990年2月3日	FALSE	81	89	78	88	336.0	4	
9	980908	陈勇强	1990年2月1日	FALSE	96	88	99	87	370.0	1	
10	980909	杨明明	1989年11月15日	FALSE	89	87	47	90	313.0	6	
11	980910	刘鹏飞	1984年8月17日	TRUE	98	87	81	90	356.0	2	
12		平均分			76	78	78	82			
13		最高分			98	89	99	93			
14		最低分			56	49	47	56			
15		及格率									
16		优秀率									

图 4-15 排列名次

RANK 函数是 Excel 中计算序数的主要工具，其语法为：RANK(Number,Ref,Order)，其中 Number 为参与计算的数字或含有数字的单元格，Ref 是对参与计算的数字单元格区域的绝对引用，Order 是用来说明排序方式的数字（如果 Order 为零或省略，则以降序方式给出结果，反之按升序方式）。例如，在 E2:E50 单元格区域中存放着某一个班的总分，那么计算总分名次的方法是：在 F2 单元格中输入 "=RANK(E2,$E$2:$E$50)" 按 Enter 键可算出 E2 单元格内总分在班内的名次，再选定 F2 单元格，把鼠标指针移动到填充柄上按下鼠标左键向下拖动鼠标即可算出其他总分在班内的名次。

在计算的过程中需要注意两点：首先，当 RANK 函数中的 Number 不是一个数时，其返回值为 "#VALUE!"，影响美观。另外，Excel 有时将空白单元格当成是数值 0 处理，造成所有成绩空缺者都是最后一名，看上去也很不舒服。此时，可将上面的公式 "=RANK(E2,$E$2:$E$50)" 改为 "=IF(ISNUMBER(E2),RANK(E2,e2:$E$50),"")"。其含义是先判断 E2 单元格里面有没有数值，如果有则计算名次，没有则空白。其次，当使用 RANK 函数计算名次时，相同分数算出的名次也相同，这会造成后续名次的空缺，但这并不影响人们的工作。同样的道理，也可以算出一个学生的总分在年级内的名次以及各科的班名次和年级名次，但是必须注意参与计算的数字单元格区域不一样。

8. 工作簿的保存

操作实例 9：续上例，将学生学籍管理工作簿文件，需要保存起来，以便随时取用。

操作步骤如下：

① 单击常用工具栏中的"■"保存命令按钮，或选择"文件"→"保存"命令。此时，如果要保存的文件是第一次存盘，将弹出如图 4-16 所示的"另存为"对话框（如果该文件已被保存过，则不弹出"另存为"对话框，同时也不执行后面的操作）。

图 4-16 "另存为"对话框

② 在"保存位置"下拉列表框中，选择存放文件的磁盘和文件夹（示例中选择"我的文档"文件夹），在"文件名"文本框中输入文件名（学生学籍管理表），在"保存类型"下拉列表框中选择所存文件的类型。

③ 选择"保存"命令，该工作簿文件被保存到指定磁盘和指定文件夹中。

9. 工作表的打印

在实际工作中，为了便于查看和保存，建立好的工作表往往需要按要求打印出来。打印工作的控制命令有 4 个："文件"菜单的"页面设置"、"打印区域"、"打印预览"和"打印"。

操作实例 10：续上例，打印工作表。

操作步骤如下：

① 设置打印范围：打印时，可以打印工作表的全部内容（系统默认），也可以打印工作表的部分内容，用户可以通过设置打印区域指定打印的内容。设置打印范围和选定工作表区域的方法相同，先选定打印范围，再选择"打印"命令。

② 进行页面设置：页面设置功能用于设置工作表的打印输出版面，可以分别对页面、页边距、页眉/页脚、工作表进行相应的设置。选择"文件"→"页面设置"命令；弹出"页面设置"对话框，如图 4-17 所示；分别选择"页面"、"页边距"、"页眉/页脚"、"工作表"各选项卡进行设置。

③ 打印预览：在使用打印机打印工作表之前，可以使用"打印预览"功能在屏幕上查看打印的整体效果，当满意时再进行打印。

④ 打印：经过页面设置、打印预览后，工作表即可进行打印。 选择"文件"→"打印"命令或单击常用工具栏中的"打印"命令按钮，弹出如图 4-18 所示的对话框。根据需要在打印对话框中进行选择，然后单击"确定"按钮。

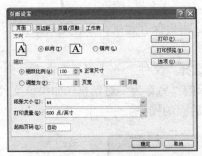

图 4-17 "页面设置"对话框　　　　　　　图 4-18 "打印"对话框

注意：● 设置起始页码时只有在页眉/页脚设置了页码域才能有效显示。
　　　　● 设置起始页码后，显示页码与计算机中对页码的计数可能不一致。

任务 2：调整与美化学生成绩表

在任务 1 中我们学会了建立一张简单的表格，其步骤一般是：输入数据→利用公式或函数进行统计运算→保存→打印。实际上，用户需要的不仅仅是表格和数据，还希望能给它加一些边框、底纹、颜色、数字格式等，使其看上去更加美观、漂亮。Excel 在美化表格方面提供了强大的功能。

既定目标：建立如图 4-19 所示的表格，然后对其进行如下格式的调整和美化。

1．调整行高和列宽

操作实例 11：用鼠标调整高和列宽。

操作步骤如下：

① 选定需调整的列或行（若只调整一列或一行，不用选定）。

② 移动光标到选定列或行的标号之间的分隔线处，使光标呈黑十字状。

③ 按住鼠标左键左右或上下拖动，直至调整到需要的列宽或行高时，松开鼠标左键即可。

	学号	姓　名	出生日期	是否党员	大学英语	高等数学	大学语文	计算机基础	总分	名次
				机械0801班第一学期学生学籍表						
3	980901	李丽丽	1989年9月3日	FALSE	59	60	70	71	260	9
4	980902	赵　瑾	1989年10月1日	FALSE	56	73	81	92	302.0	8
5	980903	高玉明	1987年4月28日	TRUE	64	76	88	83	311.0	7
6	980904	张芳丽	1988年12月6日	FALSE	66	89	97	74	326.0	5
7	980905	陈　然	1990年8月9日	TRUE	84	86	81	93	344.0	3
8	980906	马晓敏	1987年5月7日	FALSE	69	49	60	56	234.0	10
9	980907	王　平	1990年2月3日	FALSE	81	89	78	88	336.0	4
10	980908	陈勇强	1990年2月1日	FALSE	96	88	99	87	370.0	1
11	980909	杨明明	1989年11月15日	FALSE	89	87	47	90	313.0	6
12	980910	刘鹏飞	1984年8月17日	TRUE	98	87	81	90	356.0	2
13		平均分			76	78	78	82	315.2	
14		最高分			98	89	99	93		
15		最低分			56	49	47	56		
16		及格率								
17		优秀率								

图 4-19 调整与美化后的学生成绩表

操作实例 12：用菜单命令调整行高和列宽。

操作步骤如下：

① 选定需要调整的列（一列或多列）或行。

② 选择"格式"菜单中的"列"或"行"命令，若选"行"可弹出如图 4-20 所示的对话框。

图 4-20　"行高"对话框

③ 在对话框中选择需要的选项，选项不同，其结果也不同。

2. 增减行、列、单元格

操作实例 13：增加一行或一列——行或列的插入。

操作步骤如下：

① 若想在某一行上方插入一行，可右击其行标题，从弹出的快捷菜单中选择"插入"命令，或选择"插入"→"行"命令即可。

② 若选了连续的几行，则同时会插入相同数目的空行。

空列的插入方法与空行类似，新插入的列会出现在选定列的左方。

操作实例 14：插入空白的单元格。

操作步骤如下：

① 当要插入一个或多个单元格时，选择预插入位置的单元格或区域。

② 右击并选择快捷菜单中的"插入"命令或选择"插入"→"单元格"命令，并在如图 4-21 所示的对话框中选择插入的方式。

操作实例 15：行、列和单元格的删除。

操作步骤如下：

行、列和单元格的删除操作，可将选定的单元格、行和列及其中的数据删除。

① 选定要删除的行、列或单元格。

② 右击并选择快捷菜单中的"删除"命令或选择"编辑"→"删除"命令，弹出如图 4-22 所示的"删除"对话框。

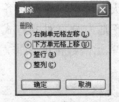

图 4-21　"插入"对话框　　图 4-22　"删除"对话框

③ 在"删除"对话框中指定删除的方式。

3. 美化表格——单元格格式的用法

（1）设置单元格字体格式

格式是指单元格本身及其内容在屏幕上显示的方式。如果将单元格的各种格式设置组合起来，就称为式样。Excel 内部默认了一个普通式样，其字体格式设置为"宋体 12"，这是目前为止在单元格上所看到的字体格式。当然，字体格式还有其他内容，例如加粗、倾斜、换色等。可以用"格式"工具栏更改字体格式，图 4-23 所示为"格式"工具栏字体"设置"工具按钮；也可以用"字体"选项卡更改字体。

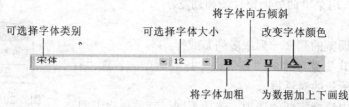

图 4-23 "格式"工具栏字体"设置"工具按钮

（2）设置数值显示格式

工作表的数字数据,也许是指一笔金钱、一个数值或银行利率等,若能为数字加上货币符号（¥、$）、百分比符号（%）……将更能表达出它们的特性。

操作实例 16：设置数字格式的具体方法。

操作步骤如下：

① 直接输入法：在普通样式中,单元格默认的数字格式为 G/通用,表示用哪一种格式输入数字,数字就会以该种格式显示。例如,选一张空白工作表,在 A1 中输入"$123",则 A1 单元格中显示"$123",其数字格式变为货币格式。若重新在 A1 中输入"5,678",则 A1 中会自动显示"$5,678",这说明 Excel 在 A1 中都会以货币的格式来显示。

② 通过"数字"选项卡输入：仍以 A1 单元格为例,假设将原先的"$5,678"改为"NT$5,678.0",则选取 A1 单元格,选择"格式"→"单元格格式"命令。切换到"数字"选项卡,做如下设置：

● 在"分类"栏选择"货币"。

● 将"小数位数"设为 1。

● 在"货币符号"栏选"NT$ 中文（中国台湾地区）"。

● 在"负数"栏选择"-NT$1,234.0",即选择负数的表示方向。单击"确定"钮即可。

另外,还可以使用格式工具栏的数字格式按钮对数字进行格式设置

（3）对齐单元格的数据

单元格对齐方式默认为常规、靠下对齐。其中,常规是水平对齐方式,指文字靠左对齐、数字靠右对齐；靠下对齐则为垂直对齐方式,指所有数据都紧邻单元格的下边框排放。

操作实例 17：设置单元格数据的水平对齐方式。

操作步骤如下：

① 选取要设置的单元格。

② 选择"格式"→"单元格"→"对齐",单击水平下拉按钮,从中选取要对齐的方式。

③ 单击"确定"按钮。

Excel 将几个较常用的水平对齐方式放在格式工具栏中,分别是靠左对齐、居中和靠右对齐,也可以直接单击这些对齐按钮实现不同的对齐方式。

操作实例 18：设置单元格数据的垂直对齐方式。

操作步骤如下：

① 选取要设置的单元格。

② 选择"格式"→"单元格"→"对齐",单击垂直下拉按钮,从中选取要对齐的方式。

③ 单击"确定"按钮。

课堂练习：开学后，在按年级整理各班以电子形式上报的 Excel 学生花名册时，存在一些问题，班主任报来的学生姓名用字中有空格，而且空格的位置不确定，空格的数量也不确定，使得姓名这列数据很不整齐，很不协调。若要逐个地进行调整，则很费时费力。解决"姓名"问题的要求如下：

● 删除姓名中的空格。

● 让姓名左右对齐。

操作实例 19：删除姓名中的空格。

操作步骤如下：

方法一：替换法。

① 选中姓名所在的 B 列。

② 选择"编辑"→"替换"命令，在"查找内容"栏中输入一个空格，在"替换为"栏中不填任何内容，单击"全部替换"命令。

③ 单击"确定"按钮即可。

方法二：函数公式法。

Excel 中的 SUBSTITUDE( )函数可以轻松地将姓名中的空格都去掉。在 K3 单元格中输入公式"=SUBSTITUTE(A3," ","")"，确定后利用填充柄将该公式进行复制即可。注意：公式中的第一个引号中间要有一个空格，而第二个引号中是无空格的。

操作实例 20：将工作表中学生姓名用字是两个字的与 3 个字的左右对齐。

操作步骤如下：

① 选中已经删除完空格的姓名单元格。

② 选择"格式"→"单元格"命令，在打开的"单元格格式"对话框中的水平对齐方式中选择"分散对齐"选项，如图 4-24 所示。

③ 确定退出后即可使学生姓名用字左右对齐。

（4）改变单元格中文本的方向

单元格中的数据默认为"横排"但是数据除了横着放以外，还可以"竖着放"，也可以旋转。

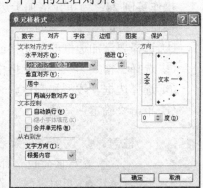

图 4-24　选择"分散对齐"

操作实例 21：竖排文本。

操作步骤如下：

① 选取要设置的单元格。

② 选择"格式"→"单元格格式"→"对齐"，单击"方向"窗口使其程反白状。

③ 单击"确定"按钮之后，即可将单元格内容转成竖排。

说明：若想恢复成横排的状态，只要回到"单元格格式"→"对齐"选项卡，再按一次"方向"框取消反白即可。

操作实例 22：旋转文本。

操作步骤如下：

可在图 4-24 中设置旋转文本,如图 4-25 所示。

（5）标题处理——合并单元格与跨列居中

有时为了数据美观及其他需求,要合并单元格或将单元格数据跨列居中。

操作实例 23: 如图 4-26 所示,将"机械 0801 班第一学期学生成绩表"这几个字合并并居中于 A1:J1 范围中。

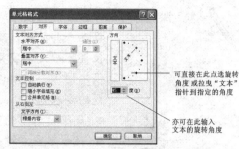

可直接在此点选旋转角度或拉曳"文本"指针到指定的角度

亦可在此输入文本的旋转角度

图 4-25 "单元格格式"对话框

操作步骤如下:

① 选取 A1:J1 范围。

② 单击工具栏上的合并及居中按钮,再将 A1:J1 范围垂直居中,效果如图 4-26 所示。

说明: 合并及居中是将单元格数据设置为合并单元格与水平居中对齐两种格式。若只想将单元格范围合并起来,但不想使数据居中,则执行"格式"/"单元格"/"对齐",然后在文本控制区中选择合并单元格项目即可。

图 4-26 单元格格式设置效果

操作实例 24: 为单元格加上边框。

操作步骤如下:

① 选择要添加边框的单元格或区域。

② 选择"格式"→"单元格格式"→"边框"。

③ 选择边框、线型和颜色。

④ 单击"确定"按钮。

注意: ● 设置边框效果一定要注意步骤,即先选择线条样式及颜色,再选择"预置"区的边框部位,样式和颜色才能生效,反之则不行。

● 用户也可以在选择线条样式和颜色后,直接单击预览区的边框部位,能使该部位生效,再次单击则取消。

● 用户还可通过单击格式栏中的边框按钮右侧的箭头,打开可选边框样式列表。多次选择不同的样式可以巧妙组合出不同形式的边框效果。

操作实例 25: 给单元格设置图案和底纹。

操作步骤如下:

① 选择需要格式化的单元格或区域。

② 选择"格式"→"单元格格式"→"图案"。

③ 从"颜色"和"图案"调色板中选色颜色和图案,"示例"框将显示设置情况。

④ 单击"确定"按钮。

4. 使用条件格式——让行列更清晰

在利用 Excel 处理一些较多数据的表格时，经常会出现错行错列的情况。此时，可将行或列间隔设置成不同的格式。当然，逐行或逐列设置是不可取的，此时利用条件格式很轻松地完成这项工作。

操作实例 26：给单元格逐行设置不同的底纹颜色。

操作步骤如下：

① 选中数据区中所有的单元格。

② 选择"格式"→"条件格式"命令，在打开的对话框中，在最左侧下拉列表中单击"公式"，然后在其右侧的输入栏中输入公式：=MOD(ROW( ),2)。

③ 单击下方的"格式"按钮，在弹出的"单元格格式"对话框中单击"图案"选项卡，指定单元格的填充颜色，并选择"边框"选项卡，为单元格加上外边框。

④ 最后连续单击"确定"按钮，即可得到如图 4-18 所示的效果。

> 说明：如果希望在第一行不添加任何颜色，只需要将公式改为"=MOD(ROW( )+1,2)"
> 即可。如果能间隔两行添加填充颜色而不是如图 4-18 所示的间隔一行，
> 则只需要将公式改为"=MOD(ROW( ),3)=0"即可。
> 如果要间隔四行，可将"3"改为"4"。依次类推。
> 如果让列间隔添加颜色，只需要将上述公式中的"ROW"改为"COLUMN"
> 就可以达到目的。

> 提示：本例所用的函数主要有下面几个：
> ● MOD（Number Divisor）：返回两数相除的余数，结果的正负号与除
> 数相同。其中，Number 为被除数，Divisor 为除数。
> ● ROW（Reference）：Reference 为需要得到其行号的单元格或单元格区
> 域。本例中省略 Reference，此时 Excel 会认定为是对函数 ROW 所在单元
> 格的引用。
> ● COLUMN（Reference）：与 ROW（Reference）一样，只不过它返回的
> 是列标。

任务 3：多工作表操作

一个工作簿中可以包含多张工作表。文档窗口下方的 Sheet1、Sheet2、Sheet3 为工作表的名称。文档窗口只能显示一张工作表的内容，称为当前工作表。当前工作表的名称下有下画线，且为白色填充。单击名称标签可切换工作表，单击工作表切换按钮可显示被隐藏的工作表名称。

对于工作表，可以进行更改名称、删除未用的工作表、工作表的移动和复制、插入空工作表等操作，方法为：单击右键，从快捷菜单中选择相应的命令。

在工作表的计算操作中，需要用到同一工作簿文件中其他工作表中的数据时，可在公式

中引用其他工作表中的单元格。引用格式如下：〈工作表名〉!〈单元格地址〉。例如，若想在工作表 Sheet1 的 D6 单元格中放入 C6 与工作表 Sheet2 中单元格 B2 的乘积，可在 Sheet1 的 D6 单元格中输入 "=C6*Sheet2! B2"。此外，也可以引用不同工作簿文件中的单元格，此时需注明工作簿的文件名。

4.1.4 案例总结

本案例主要通过 3 个工作任务介绍了工作表的操作，例如 Excel 的基本输入方法、工作表的格式化、单元格的复制和移动、公式和函数的计算、数据的排序以及工作表的插入、删除、重命名、移动和复制等内容。

Excel 中有很多快速输入数据的技巧，如自动填充、自定义序列等，熟练掌握这些技巧可以提高输入速度。在输入数据时，要注意数据单元格的数据分类，例如对于学号、姓名等数据应该设置为文本型。

Excel 中对工作表的格式化操作包括：工作表中各种类型数据的格式化、字体格式、行高和列宽、数据的对齐方式、表格的边框和底纹等。

在进行公式和函数计算时，要熟悉公式的输入规则、函数的输入方法、单元格的 3 种引用方式和跨工作表和工作簿的单元格引用等，还应注意以下几点：

① 公式是对单元格中数据进行计算的等式，公式必须以 "=" 开始。

② 函数的引用形式为：函数名(参数 1，参数 2，…)，参数之间必须用逗号隔开。如果单独使用函数，需在函数名称前面输入 "=" 构成公式。

③ 公式中的单元格引用可分为相对引用、绝对引用和混合引用 3 种，按 F4 键可在这 3 种引用之间进行转换。要特别注意这 3 种引用的适用场合。复制公式时，当公式中使用的单元引用需要随着所在位置的不同而改变时，应该使用 "相对引用"；当公式中使用的单元格引用不随着所在位置而改变时，应该使用 "绝对引用"。

4.2 Excel 综合应用——制作 "成绩统计分析表"

本案例通过对学生成绩表的统计分析，介绍 Excel 中的统计函数 COUNT、COUNTIF、条件函数 IF 以及 Excel 中的图表制作等。

4.2.1 "成绩统计分析表" 案例分析

1. 任务的提出

在上一案例中，刘老师已经顺利完成了 "学生成绩表" 的制作，现在他要根据 "学生成绩表" 中的数据，制作 "成绩统计分析表"（见图 4-27）、"各科成绩等级表"（见图 4-28），此外还要根据 "成绩统计分析表" 中的数据制作 "成绩统计分析图"（见图 4-29），以便对全班的成绩进行各种统计分析。

此时在图 4-27 和图 4-28 所示的工作表中并没有计算所需要的源数据；同时，也不知道能否快速准确地统计人数，能否快速地将每位学生的分数换算成相应的成绩等级。于是，他再次向王老师请教，经过王老师的指点，他顺利完成了对全班成绩的统计分析工作，下面是王老师的解决方案。

学号	姓	名	出生日期	是否党员	大学英语	高等数学	大学语文	计算机基础	总分	名次
\multicolumn{11}{c}{机械0801班第一学期成绩统计分析表}
980901	李	丽 丽	1989年9月30日	FALSE	19	60	70	71	220	10
980902	赵	瑾	1989年10月1日	FALSE	56	73	81	92	302.0	8
980903	高	玉 明	1987年4月28日	TRUE	64	76	88	83	311.0	7
980904	张	芳 丽	1988年12月6日	FALSE	66	89	97	74	326.0	5
980905	陈	然	1990年8月9日	TRUE	84	86	81	93	344.0	3
980906	马	晓 敏	1987年5月7日	FALSE	69	49	60	56	234.0	9
980907	王	平	1990年2月3日	FALSE	81	89	78	88	336.0	4
980908	陈	勇 强	1990年2月1日	FALSE	96	88	99	87	370.0	1
980909	杨	明 明	1989年11月15日	FALSE	89	87	47	90	313.0	6
980910	刘	鹏 飞	1984年8月17日	TRUE	98	87	81	90	366.0	2
\multicolumn{5}{l}{平　均　分}	72	78	78	82	311.2	
\multicolumn{5}{l}{最　高　分}	98	89	99	93		
\multicolumn{5}{l}{最　低　分}	19	49	47	56		
\multicolumn{5}{l}{及　格　率}	80.00%	90.00%	90.00%	90.00%		
\multicolumn{5}{l}{优　秀　率}	20.00%	0.00%	20.00%	40.00%		
\multicolumn{5}{l}{90~100（人）}	2	0	2	4		
\multicolumn{5}{l}{80~89（人）}	3	6	4	3		
\multicolumn{5}{l}{70~79（人）}	0	2	2	2		
\multicolumn{5}{l}{60~69（人）}	3	1	1	0		
\multicolumn{5}{l}{0~59（人）}	2	1	1	1		

图 4-27　成绩统计分析表

学号	姓	名	出生日期	是否党员	大学英语	高等数学	大学语文	计算机基础
\multicolumn{9}{c}{机械0801班第一学期成绩统计分析表}
980901	李	丽 丽	1989年9月30日	FALSE	不及格	及格	及格	中
980902	赵	瑾	1989年10月1日	FALSE	不及格	中	良好	优秀
980903	高	玉 明	1987年4月28日	TRUE	及格	中	良好	良好
980904	张	芳 丽	1988年12月6日	FALSE	及格	优秀	优秀	中
980905	陈	然	1990年8月9日	TRUE	良好	良好	良好	优秀
980906	马	晓 敏	1987年5月7日	FALSE	及格	不及格	及格	不及格
980907	王	平	1990年2月3日	FALSE	良好	良好	良好	良好
980908	陈	勇 强	1990年2月1日	FALSE	优秀	良好	优秀	良好
980909	杨	明 明	1989年11月15日	FALSE	良好	良好	不及格	优秀
980910	刘	鹏 飞	1984年8月17日	TRUE	优秀	良好	良好	优秀

图 4-28　各科成绩等级表

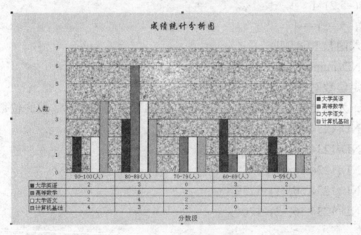

图 4-29　成绩统计分析图

2. 解决方案

王老师告诉他，要引用其他工作表的数据其实很简单，只要从源数据所在工作表中选择数据区域即可；至于统计人数，可以使用 COUNT、COUNTIF 等函数来完成，而制作"各科成绩等级表"则必须使用 IF 函数。

4.2.2 相关知识点

1. 函数与函数语法

函数是一种预先定义好的、经常使用的内置公式。Excel 提供了很多内部函数，用户需要时，可按照函数的格式直接引用。

函数由函数名和参数组成，其形式为：

　　函数名（参数 1，参数 2，…）

① 函数名可以大写也可以小写，当有两个以上的参数时，参数之间要用逗号隔开。

例如，函数 SUM（10，20，30），其中 SUM 是函数名，表示函数的功能，10、20、30 是参数，表示函数运算的数据。

② 参数可以是数字、文本、逻辑值、数组或单元格引用。

2．数学与三角函数

（1）取整函数 INT

格式：INT（number）

功能：将数值向下取整为最接近的整数。

举例：INT(12.34)=12

　　　INT(−35.2)= −36

（2）取余函数 MOD

格式：MOD（number, divisor）

功能：返回两数相除后的余数，结果正负号与除数相同。

参数：number 为被除数，divisor 为除数，若为 0，则返回#DIV/O!。

举例：MOD(5,2)=1

　　　MOD(5,−2)= −1

　　　MOD(−5,2)=1

　　　MOD(−5,−2)= −1

（3）四舍五入函数 ROUND

格式：ROUND(number,num_digits)

功能：按指定位数对数值进行四舍五入。

参数：number 为需要四舍五入的数字，num_digits 为指定的位数，按此位数进行四舍五入。

举例：ROUND(1234.56,1)=1234.6

　　　ROUND(1234.34,1)=1234.3

　　　ROUND(1234.56,0)=1235

　　　ROUND(1234.56,−1)=1230

　　　ROUND(1234.56,−2)=1200

3．统计函数

（1）求和函数

格式：SUM(number1,number2,…)

功能：返回参数列表中所有数值之和。

参数：number1, number2, …为 1～30 个需求和的参数，可为数字、文本方式的数字、文本、逻辑值、单元格引用或单元格区域的引用等。

例如，SUM（A1, B1, A2, B2）也可写成 SUM（A1:B2）。

（2）求平均函数 AVERAGE

格式：AVERAGE（number1, number2 ,…）

功能：返回参数列表中所有数值的平均值。

参数：number1, number2, …为 1～30 个需求平均值的参数。可为数字、文本方式的数字、逻辑值、文本、单元格引用或单元格区域的引用等。

例如，AVERAGE（A1，B1，A2，B2）也可写成 SUM（A1：B2）。

（3）计数函数 COUNT

格式：COUNT（number1, number2, …）

功能：返回参数列表中数字的个数。

举例：COUNT（"30", 2，TRUE）=3

其他说明同 SUM 函数。

（4）COUNTA（number1,number2,…）

格式：COUNTA

功能：返回参数组中非空值的数目。利用函数 COUNTA 可以计算数组或单元格区域中数据项的个数。

参数：number1，number2，…为 1～30 个参数。在这种情况下，参数值可以是任何类型，它们可以包括空字符（" "），但不包括空白单元格。如果参数是数组或单元格引用，则数组或引用中的空白单元格将被忽略。如果不需要统计逻辑值、文字或错误值，则使用函数 COUNT。

举例：统计在图 4-30 中 A1:A10 以及 A5:A10 中数据项的个数。

COUNTA（A1:A10）=7

COUNTA（A5:A10）=3

COUNTA（A1:A7,2）=6

COUNTA（A1:A7,"Two"）=6

（5）最大值函数 MAX

格式：MAX（number1，number2，…）

功能：返回一组数中的最大值，忽略逻辑值及文本字符。

举例：MAX（"30", 2，TRUE）=30

其他说明同 SUM 函数。

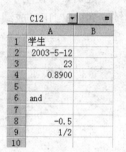

图 4-30

（6）最小值函数 MIN

格式：MIN（number1，number2，…）

功能：返回一组数中的最小值，忽略逻辑值及文本字符。

举例：MIN（"30", 2，TRUE）=1。

其他说明同 SUM 函数。

4．逻辑函数

（1）条件函数 IF

格式：IF（logical_test , value_if_true, value_if_false）

功能：执行真假值判断，根据对指定条件进行逻辑判断的真假而返回不同的结果。

参数：logical_test 为条件表达式；value_if_true 是 logical_test 为 true 时的返回值；value_if_false 是 logical_test 为 false 时的返回值。

说明：可以最多嵌套 7 层 IF 函数作为 value_if_true 和 value_if_false 的参数，从而构造更复杂的测试。

【例4-1】 在预算工作表中，单元格 A10 中包含计算当前预算的公式。如果 A10 中的公式结果小于等于 100，则下面的函数将显示"正常"，否则显示"超支"，则条件表达式为：

IF（A10 < = 100，"正常"，"超支"）

【例4-2】 在下面的事例中，如果单元格 A10 中的数值为 100，则 logical_test 为 TRUE，且区域 B5:B15 中的所有数值将被计算。反之，logical_test 为 FALSE，且包含函数 IF 的单元格显示为空白，则条件表达式为：

IF（A10=100，SUM（B5：B15），""）

假设有一张费用开支工作表，B2:B4 中有一月、二月和三月的"实际费用"，其数值分别是 800、1790 和 580，C2:C4 是相同期间内的"预算经费"，数值分别为 600、550 和 970，如图 4-31 所示。

【例4-3】 可以通过公式来检测某一月份是否出现预算超支，在 D2 中输入下列公式，同时复制到 D3、D4 两个单元格，条件表达式为：

IF（B2 > C2，"超支"，"正常"）

【例4-4】 根据学生成绩来确定 A、B、C、D、E 五个等级，如表 4-1 所示。

此时，可使用下列嵌套 IF 函数：IF（成绩 > 89，"A"，IF（成绩 > 79，"B"，IF（成绩 > 69，"C"，IF（成绩 > 59，"D"，"E"））））。

表 4-1　学生成绩等级

成绩值	返回值
>89	A
80～89	B
70～79	C
60～69	D
<60	E

	A	B	C	D
1		实际费用	预算经费	是否超支
2	一月	800	600	超支
3	二月	1790	550	超支
4	三月	580	970	正常

图 4-31

注意：在例4-4中，第二个 IF 语句同时也是第一个 IF 语句的参数 value_if_false。同样，第三个 IF 语句是第二个 IF 语句的参数 value_if_false。例如，如果第一个 logical_test（Average > 89）为 TRUE，则返回"A"；如果第一个 logical_test 为 FALSE，则计算第二个 IF 语句，依次类推。

（2）取反函数 NOT

格式：NOT（logical）

功能：对参数值求反。当要确保一个值不等于某一特定值时，可以使用 NOT 函数。

参数：logical 为逻辑值的常量、变量或公式。

举例：NOT（TRUE）=FALSE

NOT（1+1=2）=FALSE

（3）真值函数 TRUE

格式：TURE（）

功能：返回逻辑真值。

（4）假值函数 FALSE

格式：FALSE（）

功能：返回逻辑假值。

（5）与函数 AND

格式：AND（logical1, logical2, …）

功能：当参数的逻辑值为真时返回 TRUE；只要一个参数的逻辑值为假即返回 FALSE。

参数：logical1，logical2，…表示待检测的 1～30 个条件值，各条件值或为 TRUE，或为 FALSE。

举例：AND（TRUE，TRUE）=TRUE

AND（TRUE，FALSE）=FALSE

AND（2+2=4，2+3=5）=TRUE

（6）或函数 OR

格式：OR(logical1, logical2, …)

功能：在其参数组中，任何一个参数逻辑值为 TRUE，即返回 TRUE。

参数：logical1, logical2, …为 1～30 个要测试的条件，这些条件的结果是 TRUE 或 FALSE。

举例：OR（TRUE）=TRUE

OR（1+1=1，2+2=5）=FALSE

注意：● 上述逻辑函数调用中的参数必须是逻辑值或包含逻辑值的数组或引用。

● 如果数组参数或引用参数包含有文字或空白单元格，该函数将忽略这些值。

● 如果所指定的区间内没有逻辑值，则函数返回#VALUE! 错误值。

5. 数据库函数

常用的数据库函数有：

● DSUM（database, field, criteria）：对数据库中的某个字段的数字求和。

● DAVERAGE（database, field, criteria）：对数据库中的某个字段的数字求平均值。

● DCOUNT（database, field, criteria）：统计数据库中的某个字段的数字个数。

● DMAX（database, field, criteria）：求数据库中的某个字段的最大数。

● DMIN（database, field, criteria）：求数据库中的某个字段的最小数。

参数：

● Database 为包含数据清单的区域，必须包括字段名行。

● Field 为要操作的字段或字段名所在的单元格引用，包括字段名（外加西文引号）；要操作的字段相对数据清单第一列的偏移量。

● Criteria 为包含条件的单元格区域。条件区域的建立同高级筛选。

6. 日期与时间函数

（1）日期函数 DATE

格式：DATE（year, month, day）

功能：返回某一指定日期的序列数。

参数：year 为年份，在 Excel 中，介于 1900～9999 之间。

month 为月份，若 month 大于 12，则从指定年份的 1 月份开始往上加算。

day 代表日，若大于该月的最大天数时，将从指定月份的第一天开始往上累加。

举例：DATE（2000，8，15）=36753。

注意：● Excel for Windows 的默认日期系统是 1900 日期系统。

● 单元格中用函数输入的日期的显示格式是日期格式，而非数值。

（2）取年份函数 YEAR

格式：YEAR（serial_number）

功能：返回日期序列数所代表的年份（1900～9999）。

参数：serial_number 为序列数，可为数值也可为文本型的日期。

举例：YEAR(36600)=2000

　　　YEAR("2000-8-15")=2000

（3）取月份函数 MONTH

格式：MONTH（serial_number）

功能：将序列数转换为对应的月份数。

参数：同 YEAR 函数。

举例：MONTH(36753)=8

　　　MONTH("2000-8-15")=8

（4）取日函数 DAY

格式：DAY（serial_number）

功能：将序列数转换为对应的日。

参数：同 YEAR 函数。

举例：DAY(36753)=15

（5）取日期函数 TODAY

格式：TODAY( )

功能：返回计算机系统内部时钟的当前日期。

举例：TODAY( )=2000-8-15

（6）取当前时间函数 NOW

格式：NOW( )

功能：返回计算机系统内部时钟的当前日期和时间。

举例：NOW( )=2000-8-15 12:25

（7）取指定时间函数 TIME

格式：TIME（hour, minute, second）

功能：返回指定时间的系列号，系列号为 0～0.99999999 的小数。

参数：hour 代表小时，取值为 0～23。

　　　minute 代表分，取值为 0～59。

　　　second 代表秒，取值为 0～59。

举例：TIME(12, 25, 30)=0.517708333，但在工作表中显示的是 12:25:30PM。

7. 图表

Excel 能将工作表中的数据以各种统计图表的形式显示，使得数据更加直观、易懂。当工作表中的数据源发生变化时，图表中对应项的数据也自动更新。

Excel 提供了 14 种标准图表类型，如图 4-32 所示。

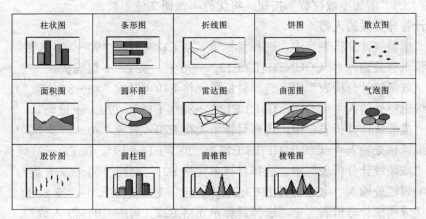

图 4-32   Excel 提供的 14 种标准图表类型

其中，每种标准图表类型还可变化出多种子图表类型。不同类型的图表所表达的意义也不尽相同，例如折线图表达趋势走向，柱形图强调数量的差异。生成图表时，用户只要根据自己的需求进行选择即可。

4.2.3   实现方法

 任务 1：建立成绩统计分析表

1．求及格率、优秀率

操作实例 27： E3:E12 中是本班的大学英语成绩，求英语的及格率。

及格率即一个班级中某一科大于等于 60 分的比例。

操作步骤如下：

① 将鼠标移到 E16 单元格，并输入公式=COUNTIF(E3:E12,">=60")/COUNT(E3:E12)后回车。

② 把鼠标指针移动到填充柄上按下鼠标左键向右拖动鼠标即可算出其他课程的及格率。

③ 单击"格式"工具栏上的"百分比样式"按钮，将及格率设置成百分比样式，单击"格式"工具栏上的"增加小数位数"按钮，将及格率保留 2 位小数。

操作实例 28： E3:E12 中是本班的大学英语成绩，求英语的优秀率。

优秀率即一个班级中某一科大于等于 90 分的比例。

操作步骤如下：

① 将鼠标移到 E17 单元格，并输入公式=COUNTIF(E3:E12,">=90")/COUNT(E3:E12)后回车。

② 把鼠标指针移动到填充柄上按下鼠标左键向右拖动鼠标即可算出其他课程的优秀率和及格率。

③ 单击"格式"工具栏上的"百分比样式"按钮，将优秀率设置成百分比样式，单击"格

式"工具栏上的"增加小数位数"按钮，将优秀率保留 2 位小数。

2．统计各分数段的人数

① 在"成绩统计分析表"中，选择目标单元格 E18（对应"90～100 人数"）。

② 在编辑栏处输入"=COUNTIF(E3:E12,">=90")"，按 Enter 键确认。

③ 在"成绩统计分析表"中，选择目标单元格 E19（对应"80～89 人数"）。

④ 在编辑栏处输入"=COUNTIF(E3:E12,">=80")- E18"，按 Enter 键确认。

⑤ 在"成绩统计分析表"中，选择目标单元格 E20（对应"70～79 人数"）。

⑥ 在编辑栏处输入"=COUNTIF(E3:E12,">=70")- E18-E19"，按 Enter 键确认。

⑦ 在"成绩统计分析表"中，选择目标单元格 E21（对应"60～69 人数"）。

⑧ 在编辑栏处输入"=COUNTIF(E3:E12,">=60")- E18-E19-E20"，按 Enter 键确认。

⑨ 在"成绩统计分析表"中，选择目标单元格 E22（对应"0～59 人数"）。

⑩ 在编辑栏处输入"=COUNTIF(E3:E12,"<60")"，按 Enter 键确认。

 任务 2：用 IF 函数制作"各科等级表"

1．单元格数据的删除与清除

操作实例 29：将"成绩统计分析表"工作表复制一份，并将复制后的工作表更名为"各科等级表"。在"各科等级表"中清除"大学英语"、"高等数学"、"大学语文"及"计算机应用"列中的分数内容，并清除总分、"名次"列的所有属性；删除"平均分"、"最高分"、"最低分"等下面各行的所有单元格区域。

操作步骤如下：

① 选择"成绩统计分析表"工作表标签，按住 Ctrl 键，把"成绩统计分析表"工作表拖动到目标位置后，先释放鼠标，再放开 Ctrl 键。将复制后的"成绩统计分析表"工作表重命名为"各科等级表"。

② 在"各科等级表"中，选择分数内容所在的单元格区域 E3:J22。

③ 在菜单栏中选择"编辑"→"清除"→"内容"命令，或按 Del 键，只清除选定单元格的内容，而保留了单元格的格式。

④ 鼠标移到工作表的最上方，指向"总分"所在列的"列标"处，单击选择该列，向右拖动至"名次"列。

⑤ 在菜单栏中选择"编辑"→"清除"→"全部"命令，此时这两列中的内容和格式全部被清除。

⑥ 选择"平均分"到"0～59（人）"所在的单元格区域 A13:H22。

⑦ 在菜单栏中选择"编辑"→"清除"→"全部"命令，此时这些行中的内容和格式全部被清除。

2．条件函数 IF 的使用

条件函数 IF 最多可以嵌套 7 层，用 value_if_true 及 value_if_false 参数可以构造复杂的检测条件。现在以"根据学生分数评定成绩等级"为例，说明 IF 嵌套函数的使用方法。

分数与等级的对应关系如表 4-2 所示。

表 4-2　分数与等级的对应关系表

分数	等级	分数	等级
成绩统计分析表!E3>=90	优秀	成绩统计分析表!E3>=60	及格
成绩统计分析表!E3>=80	良好	成绩统计分析表!E3<60	不及格
成绩统计分析表!E3>=70	中		

操作实例 30：按表 4-1 所示的分数与等级的对应关系，利用 IF 嵌套函数根据"成绩统计分析表"中的大学英语、高等数学、大学语文、计算机基础 4 门课程的分数，在"各科等级表"的对应科目中设置相应的等级。

操作步骤如下：

① 在"各科等级表"工作表中，选择目标单元格 E3。

② 在 E3 中输入"=IF(成绩统计分析表!E3>=90,"优秀",IF(成绩统计分析表!E3>=80,"良好",IF(成绩统计分析表!E3>70,"中",IF(成绩统计分析表!E3>=60,"及格","不及格"))))"，其中第一个 IF 函数中 value_if_false 参数共嵌套了 4 层 IF 函数，从第一层到第四层的输入情况如图 4-33 所示。

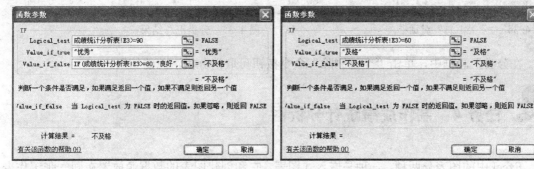

图 4-33　在 E3 单元格处输入的第一层 IF 函数和第四层 IF 函数

③ 单击"确定"按钮后，即可设置"李丽丽的大学英语"课程所对应的等级。

④ 使用公式填充方式，填充至 H3 处，即可得到李丽丽的高等数学、大学语文、计算机基础 3 门课程所对应的等级。

⑤ 选定区域 E3:H3，拖动填充手柄至 E12:H12 处，即可得到其他同学的大学英语、高等数学、大学语文、计算机基础 4 门课程所对应的等级，如图 4-28 所示。

任务 3：分类汇总

Excel 提供的分类汇总功能，即对所有具有相同值的行进行求和、计数、求均值等计算。分类汇总时必须先按所依据的列进行排序。

操作实例 31：为了比较同学中党员与非党员的学习情况，现要求根据是否为党员对大学英语、高等数学、大学语文、计算机基础 4 门课程和总分这五项进行汇总（即求这五项的平均成绩）。

操作步骤如下：

① 在如图 4-26 所示的成绩统计分析表中，按"是否党员"列排序。

② 选择"数据"→"分类汇总"命令，在分类汇总对话框（见图 4-34）中指定分类字段为"是否党员"、汇总方式为"平均值"、选定的汇总项为"大学英语"、"高等数学"、"大学语文"、"计算机基础""总分"。单击"确定"按钮，分类汇总结果如图 4-35 所示。

图 4-34 "分类汇总"对话框　　　　　　　　图 4-35 分类汇总结果

在分类汇总框中，单击"全部删除"命令按钮可取消分类汇总的结果。

任务 4：制作成绩统计分析图

Excel 中的图表分两种，一种是嵌入式图表，它和创建图表的数据源放置在同一张工作表中，打印时也同时打印；另一种是独立图表，它是一张独立的图表工作表，打印时也将与数据表分开打印。

图表的生成有两种途径：利用图表向导分 4 个步骤生成图表；利用"图表"工具栏或直接按 F11 键快速创建图表。

不管用哪类途径生成，一般都要先选定要生成图表的数据区域。正确地选定数据区域是能否生成图表的关键。选定的数据区域可以连续，也可以不连续。但需注意，若选定的区域不连续，第二个区域应和第一个区域所在的行或列具有相同的矩形；若选定的区域有文字，则文字应在区域的最左列或最上行，作为说明图表中数据的含义。

1. 利用图表向导生成图表

Excel 特别提供了图表向导，由它逐步引导用户进行图表制作。

操作实例 32：利用图表向导制作图表。

操作步骤如下：

① 从图 4-26 所示的成绩统计分析表中选取欲绘制图表的数据区域，假定为 B2、E2:H2、B18:B22、E18:H22，如图 4-36 所示。

	A	B	C	D	E	F	G	H	I	J	K
1			机械0801班第一学期成绩统计分析表								
2	学号	姓　　名	出生日期	是否党员	大学英语	高等数学	大学语文	计算机基础	总分	名次	
3	980901	李　丽　丽	1989年9月30日	FALSE	19	60	70	71	220	10	
4	980902	赵　　瑶	1989年10月1日	FALSE	56	73	81	92	302.0	8	
5	980903	高　玉　明	1987年4月28日	TRUE	64	76	88	83	311.0	7	
6	980904	张　芳　丽	1988年12月6日	FALSE	66	89	97	74	326.0	5	
7	980905	陈　　然	1990年8月9日	TRUE	84	86	81	93	344.0	3	
8	980906	马　晓　敏	1987年5月7日	FALSE	69	49	60	56	234.0	9	
9	980907	王　　平	1990年2月3日	FALSE	81	89	78	88	336.0	4	
10	980908	陈　奥　强	1990年1月14日	FALSE	96	88	99	87	370.0	1	
11	980909	杨　明　明	1989年11月15日	FALSE	89	87	47	90	313.0	6	
12	980910	刘　鹏　飞	1984年8月17日	TRUE	96	87	81	90	356.0	2	
13	平　均　分				72	78	78	82	311.2		
14	最　高　分				98	89	99	93			
15	最　低　分				19	49	47	56			
16	及　格　率				80.00%	90.00%	90.00%	90.00%			
17	优　秀　率				20.00%	0.00%	20.00%	40.00%			
18	90-100(人)				2	0	2	4			
19	80-89(人)				3	6	4	3			
20	70-79(人)				0	2	2	1			
21	60-69(人)				3	1	1	0			
22	0-59(人)				2	1	1	1			
23											

图 4-36　选取绘制图表的数据区域

② 单击常用工具栏的"图表向导"按钮或选择"插入"/"图表"命令启动图表向导。

③ 步骤 4 之 1——图表类型

在本例中，选择"柱形图"及第一种子图表类型，如图 4-37 所示。然后，单击"下一步"按钮进行第 2 步骤。

④ 步骤 4 之 2——图表数据来源

第 2 步是设置绘制图表的数据区域及数据系列的相关信息。

● 数据区域：由于在启动图表向导前，就已经选好数据来源，因此数据区域栏内的内容已经设置好，如图 4-38 所示。

● 系列："系列"栏窗口用来展示各数据系列的标题名称。

图 4-37　"图表类型"对话框

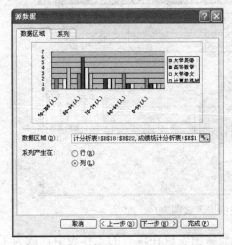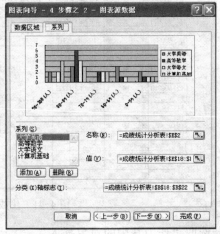

图 4-38　"源数据"对话框

可以在"系列"文本框添加或删除数据系列，图表会随之变动，但不会影响到工作表的数据。

单击"下一步"按钮进入第 3 步骤。

⑤ 步骤 4 之 3——图表选项。

第 3 步要让用户设置一些数据系列以外的选项，包括标题、坐标轴、网格线、图例、数据标志、数据表等，如图 4-39 所示。

本例中，在"图表标题"文本框输入"成绩统计分析图"；在"分类（X）轴"中输入"分数段"；在"分类（Y）轴"中输入"人数"。

说明：图 4-38 所示的对话框中所出现的选项会依选取的图表类型而不同。

单击"下一步"按钮进入第 4 步骤。

⑥ 步骤 4 之 4——图表位置。

最后一个步骤是设置放置图表的位置，如图 4-40 所示。

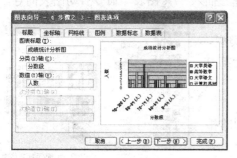

图 4-39　"图表选项"对话框

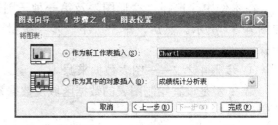

图 4-40　"图表位置"对话框

● 若选取"作为新工作表插入"，则工作簿会插入一张新的工作表来存放图表，图 4-40 中"作为新工作表插入"右栏可设置工作表的标志名称，结果如图 4-41 所示。

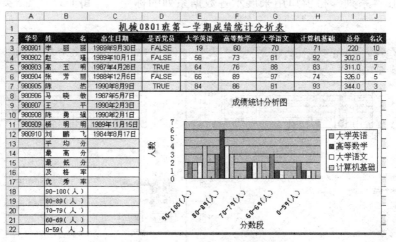

图 4-41　生成的嵌入式图表

● 若选取"作为其中的对象插入"，表示要将图表放在现有的工作表中，成为工作表中的一个图表对象。可在右侧的下拉列表窗口中选取欲存到哪一个工作表。

本例选取"作为其中的对象插入"在 Sheet1 中，单击"完成"按钮，图表生成完毕，结果如图 4-42 所示。

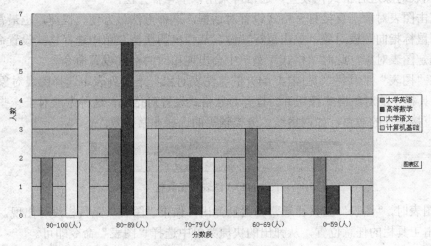

图 4-42　转换成独立图表

2．利用快捷键 F11 快速建立图表

接续上例，选择数据区域 B2、E2:H2、B18:B22、E18:H22，按 F11 键，则 Excel 会以默认的图表类型（柱状图）快速产生一份图表文件，其结果如图 4-42 所示。

3．格式化图表

图表建立完成后，如果显示的效果不太美观，可以对图表的外观进行适当地格式化，即对图表的各个对象进行一些必要的修饰，使其更协调、更美观。因此，在格式化图表之前，必须先熟悉图表的组成以及选择图表对象的方法。

操作实例 33：将操作实例 34 中生成的"成绩统计分析图"中的各图表对象进行格式化设置。

图表的组成及各对象的名称：图表区、绘图区、图表标题、数据轴标题、分类轴标题、图例等，如图 4-43 所示。

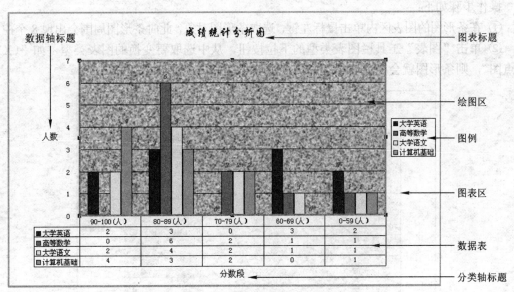

图 4-43　图表的组成

操作步骤如下：

选择图表对象进行格式化设置，通常可采用以下 4 种方法：

① 双击图表对象，直接打开格式设置对话框，这种方法最方便、快捷，也最常用。

② 用鼠标指向图表对象，单击鼠标右键，从弹出的快捷菜单中选择格式设置命令。

③ 选定图表对象，此时"格式"菜单中会出现相应的格式设置命令。

④ 在"图表"工具栏（见图 4-44）的"图表对象"下拉列表中选择图表对象，再单击"图表"工具栏中的对象格式按钮，打开对象格式设置对话框。这种方法对于一些不太容易从图表中直接选择的对象，如网格线、分类轴等的选择非常有效。

图 4-44 "图表"工具栏

激活图表时，"图表"工具栏通常会自动弹出，如果"图表"工具栏没有出现，只要用鼠标右键单击工具栏的任意位置，从弹出的快捷菜单中选择"图表"命令即可。

4. 修改图表

本案例一开始就提过，不同的图表类型，所表达的意义也不同。若用户觉得当初生成图表时所选择的图表类型不合适；或等生成好图表之后，才发现当初选取的数据区域有错。下面就介绍对其进行更换与修改的办法。

（1）更改图表类型

每一种图表都有自己的特色，而且绘制的方法也不尽相同，但不要以为只要任意选取一个数据区域，就可以画出各种图表。例如，圆柱图只能表达一组数据系列，因此数据区域应该只包含一组系列。

因此，在选取数据区域时，读者应先考虑到这个数据区域要以什么样的图表类型来表达，或者先决定好要绘制哪一种类型的图表，再考虑数据的选取范围。

操作实例 34：把如图 4-41 所示的条形图改用"（XY）散点图"来表示成绩统计图。

操作步骤如下：

① 在条形图的图表区内单击鼠标左键，选取条形图对象，此时条形图周围会出现 8 个控点。

② 单击"图表"工具栏图表类型的下拉按钮，从中选取要变换的图表类型，如"（XY）散点图"，则条形图就会变为"（XY）散点图"，如图 4-45 所示。

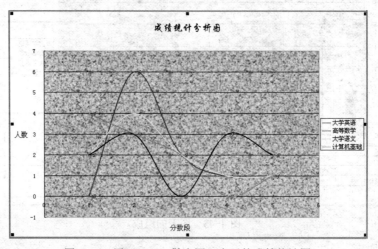

图 4-45 用"（XY）散点图"表示的成绩统计图

另一种方法是：到"图表类型"对话框变换图表类型。

若用户在"图表类型"对话框中找不到想要的图表类型时，可单击"图表"→"图表类型"→"标准类型"→"自定义类型"，选择更丰富的类型。

（2）更改数据区域

操作实例35：更改数据区域，只查看大学英语和高等数学两门课的情况。

操作步骤如下：

① 单击"图表"→"数据源"→"数据区域"栏的折叠按钮，此时"源数据-数据区域："对话框显示在屏幕上方。

② 到工作表中重新选取数据范围，假定数据区域为 B2、E2:F2、B18:B22、E18:F22，单击"源数据-数据区域："对话框右上角的关闭钮，同时出现"数据源"对话框，如图 4-46 所示。

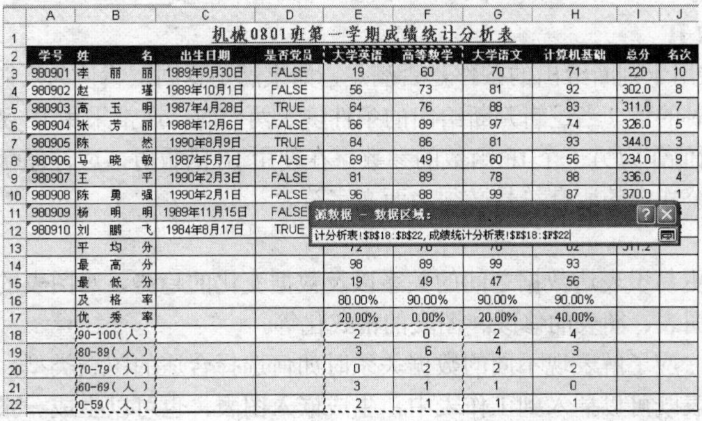

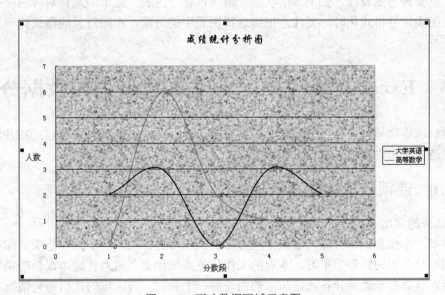

图 4-46 数据区域为 B2，E2:F2，B18:B22，E18:F22 与"源数据–数据区域："对话框

③ 单击"确定"按钮即完成更改，如图 4-47 所示。

图 4-47 更改数据区域示意图

4.2.4 案例总结

本案例主要通过统计函数 COUNT、COUNTA、COUNTIF、条件函数 IF 的使用来介绍函数的用法，通过具体图表的创建、格式化、图表的修改来介绍图表的用法。

1. 几个统计函数的区别

COUNT、COUNTA、COUNTIF 函数用于统计指定范围内单元格的个数。

● COUNT 函数返回包含数字以及参数列表中数字型的单元格的个数。

● COUNTA 函数返回参数列表中非空值的单元格个数，单元格的类型不限。

● COUNTIF 函数返回指定区域内满足给定条件的单元格个数。

在使用 COUNTIF 函数时应该注意，当公式需要复制时，如果参数 Range 的引用固定不变，通常应使用绝对引用或区域命名方式实现；如果参数 Criteria 是表达式或字，必须在两边加上西文双引号。

2. 条件函数 IF

条件函数 IF 用于判断给出的条件是否满足，如果满足返回逻辑值为真时的值，不满足则返回逻辑值为假时的值。当逻辑判断给出的条件多于两个时，通常采用 IF 函数嵌套，即将一个 IF 函数的返回值作为另一个 IF 函数的参数。在使用 IF 函数时，应注意函数多层嵌套时的括号匹配，并且公式中的所有符号必须为西文字符。

3. 图表

图表比数据更易于表达数据之间的关系以及数据变化的趋势。对图表的操作主要包括：创建各种类型的图表、图表的修改、图表的格式化等。

制作图表时，应了解表现不同的数据关系时如何选择合适的图表类型，特别要注意正确选择源数据。图表既可以插入到工作表中，生成嵌入图表，也可以生成一张单独的工作表。如果工作表中作为图表源数据的部分发生变化，图表中的对应部分也会自动更新。在图表的制作过程中，"图表类型"、"源数据"、"图表选项"、"位置" 4 步中的任何一步出错都不必重新开始，只要选定图表使之处于激活状态，就可以在 "图表" 菜单中选择对应的命令进行修改。在对图表进行格式化时，要注意正确选择图表中的对象，不同对象的格式化设置选项是不同的。

4.3 Excel 高级应用——连锁超市销售数据分析

本案例以连锁超市饮料销售数据的处理为例，介绍查找与引用函数 VLOOKUP、分类汇总、数据透视表和数据筛选的应用等。

4.3.1 连锁超市销售案例分析

1. 任务的提出

本学期，小张他们班全体同学在华润万家连锁超市进行实习，小张和小李分配在华润万家连锁超市总公司的销售部实习，本周的工作任务是统计上周周六各超市饮料的销售情况并进行分析，具体要求是统计各连锁超市的销售额、毛利润、各区域的饮料销售情况和各区域销售最好的饮料。

为了完成好工作任务，提高管理水平，小张和小李打算用 Excel 工作表来管理销售数据。图 4-48 所示为他们制作的各超市的销售记录流水账表。其中，"销售记录"工作表记录了上周周六各超市的销售情况；"饮料价格"工作表给出了每种饮料的"单位"、"进价"和"售价"，如图 4-49 所示；"超市"工作表给出了各超市的名称和各超市所在的地区，如图 4-50 所示。

	A	B	C	D	E	F	G	H	I	J
1	销售日期	所在区域	店名	饮料名称	数量	单位	进价	售价	销售额	毛利润
2	10月12日	雁塔区	华润万家雁塔路店	康师傅冰红茶	19					
3	10月12日	雁塔区	华润万家雁塔路店	康师傅绿茶	56					
4	10月12日	雁塔区	华润万家雁塔路店	康师傅茉莉清茶	64					
5	10月12日	雁塔区	华润万家雁塔路店	康师傅鲜橙多	66					
6	10月12日	雁塔区	华润万家雁塔路店	统一鲜橙多	84					
7	10月12日	雁塔区	华润万家雁塔路店	娃哈哈营养快线	69					
8	10月12日	雁塔区	华润万家雁塔路店	芬达橙汁	81					
9	10月12日	雁塔区	华润万家雁塔路店	红牛	96					
10	10月12日	雁塔区	华润万家雁塔路店	可口可乐(600ml)	89					
11	10月12日	雁塔区	华润万家雁塔路店	百事可乐(600ml)	98					
12	10月12日	雁塔区	华润万家雁塔路店	可口可乐(2L)	98					
13	10月12日	雁塔区	华润万家雁塔路店	百事可乐(2L)	60					
14	10月12日	雁塔区	华润万家雁塔路店	罐装百事可乐	73					
15	10月12日	雁塔区	华润万家雁塔路店	罐装可口可乐	76					
16	10月12日	雁塔区	华润万家雁塔路店	罐装雪碧	89					
17	10月12日	雁塔区	华润万家雁塔路店	罐装王老吉	86					
18	10月12日	雁塔区	华润万家雁塔路店	袋装王老吉	49					
19	10月12日	雁塔区	华润万家南二环店	康师傅冰红茶	55					
20	10月12日	雁塔区	华润万家南二环店	康师傅绿茶	60					
21	10月12日	雁塔区	华润万家南二环店	康师傅茉莉清茶	15					
22	10月12日	雁塔区	华润万家南二环店	康师傅鲜橙多	30					
23	10月12日	雁塔区	华润万家南二环店	统一鲜橙多	32					
24	10月12日	雁塔区	华润万家南二环店	娃哈哈营养快线	45					
25	10月12日	雁塔区	华润万家南二环店	芬达橙汁	77					
26	10月12日	雁塔区	华润万家南二环店	红牛	68					
27	10月12日	雁塔区	华润万家南二环店	可口可乐(600ml)	35					
28	10月12日	雁塔区	华润万家南二环店	百事可乐(600ml)	85					
29	10月12日	雁塔区	华润万家南二环店	可口可乐(2L)	67					

图 4-48　各超市的销售记录

	A	B	C	D	E
1	序号	饮料名称	单位	进价	售价
2	1	康师傅冰红茶	瓶	2.20	2.80
3	2	康师傅绿茶	瓶	2.20	2.80
4	3	康师傅茉莉清茶	瓶	2.40	3.00
5	4	康师傅鲜橙多	瓶	2.20	2.80
6	5	统一鲜橙多	瓶	2.10	2.80
7	6	娃哈哈营养快线	瓶	3.00	4.00
8	7	芬达橙汁	瓶	2.20	2.80
9	8	红牛	罐	3.50	5.00
10	9	可口可乐(600ml)	瓶	2.35	2.80
11	10	百事可乐(600ml)	瓶	2.35	2.80
12	11	可口可乐(2L)	瓶	5.80	6.80
13	12	百事可乐(2L)	瓶	5.50	6.50
14	13	罐装百事可乐	罐	2.10	2.50
15	14	罐装可口可乐	罐	2.10	2.50
16	15	罐装雪碧	罐	2.00	2.50
17	16	罐装王老吉	罐	2.10	3.50
18	17	袋装王老吉	袋	1.00	2.00

图 4-49　饮料价格

	A	B	C
1	所在区域	店名	地址
2	雁塔区	华润万家雁塔路店	雁塔路-建东街十字北
3	雁塔区	华润万家南二环店	含光南路-南二环十字东南角
4	雁塔区	华润万家长安店	长安南路-师大路十字北
5	新城区	华润万家金花店	金花北路21号
6	新城区	华润万家南大街店	粉巷东口
7	新城区	华润万家含光路店	含光路与电子二路十字
8	莲湖区	华润万家莲湖店	大庆路120号
9	莲湖区	华润万家北郊店	未央路105号
10	莲湖区	华润万家太华路店	含元路口西北角
11	莲湖区	华润万家北关店	北关十字西北处

图 4-50　超市信息

因为"销售记录"工作表中只记载了饮料名称和销售数量，所以为了统计"销售记录"工作表中的"销售额"和"毛利润"，还必须去"饮料价格"工作表中查找每种饮料的"进价"和"售价"。这个工作量实在太大，而且还容易出错。

经过咨询熟悉 Excel 的刘老师，小张和小李打算对前面的"销售记录"工作表进行改进，制作一张可以直接从列表中选择饮料名称的表格，让 Excel 根据饮料名称就能自动查找该饮料的"单位"、"进价"和"售价"等信息，并引用到"销售记录"工作表的相应单元格中。

此外，小张和小李还想从很长的销售记录中能快速进行一些特别的查询操作，下面是他们和刘老师商议后的解决方案。

2. 解决方案

通常情况下，如果不借助于其他方法的帮助，要想在 Excel 中解决这个问题，只能到"饮料价格"工作表中逐条地查找各种饮料的"进价"和"售价"。如果不想这么做，还有什么更好的办法吗？

刘老师讲，在 Excel 中专门有一个查找函数 VLOOKUP，就是专门为解决此类问题而设计的，其功能是在数据区域的第 1 列中查找指定的数值，并返回数据区域当前行中指定列处的数值。

刘老师讲，至于统计各超市或各区的销售情况，则可以用分类汇总来实现，分类汇总是一种条件求和，许多统计类问题都可以用"分类汇总"来完成。但是，同时既要按区域又要按饮料来统计销售情况，用分类汇总就不能解决这个问题，因为分类汇总适合于按一个项目进行分类后对一个或多个项目进行汇总。而现在要求按两个项目（既要按区域又要按饮料）进行分类并汇总，可以使用数据透视表来解决此问题。

数据透视表是一个功能强大的数据分析工具，在使用数据透视表时，要注意区域的正确选取，只要选择数据区域中的任一单元格即可。

刘老师讲，在 Excel 中进行数据查询时，人们一般采用排序或者运用条件格式的方法。排序是重排数据清单，将符合条件的数据靠在一起；条件格式是将满足条件的记录以特殊格式显示。这两种查询方法的缺点是不想查询的数据也将显示出来，从而影响查询的效果。在此，有一种更为方便的查询方法——筛选。筛选与以上两种方法不同，它只显示符合条件的数据，而将不符合条件的数据隐藏起来。数据的筛选分自动筛选和高级筛选两种。

4.3.2 相关知识点

1. VLOOKUP 函数

格式：VLOOKUP(lookup_value,table_array,col_index_num,range_lookup)

功能：查找数据区域首列满足条件的元素，并返回数据区域当前行中指定列处的值。

参数：lookup_value：查找的内容。

table_array：查找的区域。

col_index_num：查找区域中的第几列。

range_lookup：精确查找或模糊查找，FALSE 表示是模糊查找；TRUE 或忽略表示是精确查找。

注意：要查找的对象（参数1）一定要定义在查找数据区域（参数2）的第1列。

2. 分类汇总

分类汇总是指对工作表中的某一项数据进行分类，再对需要汇总的数据进行汇总计算。在分类汇总前要先对分类字段进行排序。

3．数据透视表

数据透视表是一种交互式工作表，用于对现有工作表进行汇总和分析。创建数据透视表后，可以按不同的需要、依不同的关系来提取和组织数据。

4．数据筛选

数据筛选是指从数据库或数据清单众多的数据行中找出满足一定条件的几行或几列数据。

数据筛选将把数据清单或数据库中所有不满足条件的记录行暂时隐藏起来，只显示那些满足条件的记录行。筛选前与筛选后的工作表都是同一个，筛选后只是把原工作表中不满足条件的记录行隐藏起来而已。

Excel 提供了 2 种不同的方式用于数据筛选，它们是自动筛选和高级筛选。自动筛选可以很轻松地显示数据表中满足条件的记录行，高级筛选能提供多条件的、复杂的条件查询。

5．固定表头

冻结窗格的功能是将某些行、列的位置固定，不随垂直或水平滚动条上滑块的移动而移动。该功能在编辑行、列数据很多的 Excel 工作表时很有用。

例如，一张 Excel 工作表中，存放了 4 000 多个地球土壤化学样品的 30 多种元素的含量分析结果。第一行作为标题行，为了查看方便，希望在移动垂直滚动条滑块时，第一行固定不动。这就需要使用冻结窗格功能固定表头。

4.3.3　实现方法

任务 1：用 VLOOKUP 函数计算"单位"、"进价"和"售价"等

1．创建"单位"的查找公式

操作实例 36：用 VLOOKUP 函数填写工作表中的"单位"。

操作步骤如下：

① 打开"销售记录"工作表，选中 F2 单元格，如图 4-51 所示。选择"插入/函数/VLOOKUP"，单击"确定"按钮，弹出 VLOOKUP 函数的"函数参数"对话框。

	A	B	C	D	E	F	G	H	I	J
1	销售日期	所在区域	店名	饮料名称	数量	单位	进价	售价	销售额	毛利润
2	10月12日	雁塔区	华润万家雁塔路店	康师傅冰红茶	19					
3	10月12日	雁塔区	华润万家雁塔路店	康师傅绿茶	56					
4	10月12日	雁塔区	华润万家雁塔路店	康师傅茉莉清茶	64					
5	10月12日	雁塔区	华润万家雁塔路店	康师傅鲜橙多	66					
6	10月12日	雁塔区	华润万家雁塔路店	统一鲜橙多	84					
7	10月12日	雁塔区	华润万家雁塔路店	统一茶草地绿	68					

图 4-51　在"销售记录"工作表中选中目标单元格 F2

② 由于要根据饮料的名称查找"单位"，因此 VLOOKUP 函数的第一个参数应该选择饮料名称所在的单元格 D2。

③ 单击"函数参数"对话框的第二个文本框右边的折叠按钮，然后选择"饮料价格"工作表中的区域$B$2:$E$18 后返回到"函数参数"对话框。

说明：在"饮料价格"工作表中的区域$B$2:$E$18 中采用绝对引用，是因为从 D3 到 D171（即最后一行）要使用复制公式的方式。注意，在复制公式时，如果沿着列拖动，列表要用绝对引用。

④ "函数参数"对话框中的第三个参数是决定 VLOOKUP 函数找到匹配饮料名称所在行以后，该行的哪列数据被返回，由于"单位"数据存放在第二列，所以在这里通过键盘输入数字"2"。

⑤ 由于要求饮料名称大致匹配，因此最后一个参数输入"FALSE"，单击"确定"按钮，可以看到函数准确地返回"康师傅冰红茶"的"单位"数据"瓶"。

以上 4 步在"函数参数"对话框中的输入参数如图 4-52 所示。

图 4-52 "函数参数"对话框

2．使用复制公式的方式查找"进价"和"售价"

操作实例 37：用 VLOOKUP 函数填写操作实例 38 工作表中的"进价"和"售价"，并计算出"销售额"和"毛利润"。

操作步骤如下：

① 使用复制公式的方式，从 D3 沿着列拖动时到 D171（即最后一行），即可确定出"销售记录"工作表中各行所对应的"单位"。

② 按照与上面查找"单位"相同的方法，完成下面的内容：

在 G2 单元格中输入公式：=VLOOKUP(D2,饮料价格!$B$2:$E$18,3,FALSE)，并用公式复制的方式沿着列拖动到最后一行。

在 H2 单元格中输入公式：=VLOOKUP(D2,饮料价格!$B$2:$E$18,4,FALSE)，并用公式复制的方式沿着列拖动到最后一行。

③ 用公式计算"销售额"和"毛利润"两列的值。

在 I2 单元格中输入公式：=H2*E2（即销售额=售价×数量），并用公式复制的方式沿着列拖动到最后一行。

在 J2 单元格中输入公式：=(H2-G2)*E2（即毛利润=（售价进价）×数量，并用公式复制的方式沿着列拖动到最后一行。

最后，计算出结果的"销售记录"工作表，如图 4-53 所示。

	A	B	C	D	E	F	G	H	I	J
1	销售日期	所在区域	店名	饮料名称	数量	单位	进价	售价	销售额	毛利润
2	10月12日	雁塔区	华润万家雁塔路店	康师傅冰红茶	19	瓶	2.20	2.80	53.2	11.4
3	10月12日	雁塔区	华润万家雁塔路店	康师傅绿茶	56	瓶	2.20	2.80	156.8	33.6
4	10月12日	雁塔区	华润万家雁塔路店	康师傅茉莉清茶	64	瓶	2.40	3.00	192	38.4
5	10月12日	雁塔区	华润万家雁塔路店	康师傅鲜橙多	66	瓶	2.20	2.80	184.8	39.6
6	10月12日	雁塔区	华润万家雁塔路店	统一鲜橙多	84	瓶	2.10	2.80	235.2	58.8
7	10月12日	雁塔区	华润万家雁塔路店	娃哈哈营养快线	69	瓶	3.00	4.00	276	69
8	10月12日	雁塔区	华润万家雁塔路店	芬达橙汁	81	瓶	2.20	2.80	226.8	48.6
9	10月12日	雁塔区	华润万家雁塔路店	红牛	96	罐	3.50	5.00	480	144
10	10月12日	雁塔区	华润万家雁塔路店	可口可乐(600ml)	89	瓶	2.35	2.80	249.2	40.05
11	10月12日	雁塔区	华润万家雁塔路店	百事可乐(600ml)	98	瓶	2.35	2.80	274.4	44.1
12	10月12日	雁塔区	华润万家雁塔路店	可口可乐(2L)	98	瓶	5.80	6.80	666.4	98
13	10月12日	雁塔区	华润万家雁塔路店	百事可乐(2L)	60	瓶	5.50	6.50	390	60
14	10月12日	雁塔区	华润万家雁塔路店	罐装百事可乐	73	罐	2.10	2.50	182.5	29.2
15	10月12日	雁塔区	华润万家雁塔路店	罐装可口可乐	76	罐	2.10	2.50	190	30.4
16	10月12日	雁塔区	华润万家雁塔路店	罐装雪碧	89	罐	2.00	2.50	222.5	44.5
17	10月12日	雁塔区	华润万家雁塔路店	罐装王老吉	86	罐	2.10	3.50	301	120.4
18	10月12日	雁塔区	华润万家雁塔路店	袋装王老吉	49	袋	1.00	2.00	98	49
19	10月12日	雁塔区	华润万家南二环店	康师傅冰红茶	55	瓶	2.20	2.80	154	33
20	10月12日	雁塔区	华润万家南二环店	康师傅绿茶	60	瓶	2.20	2.80	168	36
21	10月12日	雁塔区	华润万家南二环店	康师傅茉莉清茶	15	瓶	2.40	3.00	45	9
22	10月12日	雁塔区	华润万家南二环店	康师傅鲜橙多	30	瓶	2.20	2.80	84	18
23	10月12日	雁塔区	华润万家南二环店	统一鲜橙多	32	瓶	2.10	2.80	89.6	22.4
24	10月12日	雁塔区	华润万家南二环店	娃哈哈营养快线	45	瓶	3.00	4.00	180	45

图 4-53 计算出结果的"销售记录"工作表

任务 2：统计各连锁超市和各个区中各种饮料的"销售额"和"毛利润"

此问题可以用"分类汇总"来解决。"分类汇总"含有两个意思，即按什么分类（如按超市或按饮料）和对什么汇总（如销售额和毛利润）。

进行"分类汇总"之前，要先对分类的列（按超市）进行排序，然后再对要汇总的列（销售额和毛利润）进行求和。

操作实例 38：续上例，用"分类汇总"统计上周六的销售额和毛利润。

操作步骤如下：

① 建立表"销售记录"的两个副本"销售记录②"和"销售记录③"。

提示：右击"销售记录"工作标签，从弹出的快捷菜单中选择"移动或复制"命令，并选中"建立副本"复选框。

② 在"销售记录②"工作表中按"超市"排序。

③ 在菜单栏中选择"数据"→"分类汇总"命令，打开"分类汇总"对话框，按"超市"分类，然后对销售额和毛利润进行分类汇总，如图 4-54 所示。

图 4-54 "分类汇总"对话框

④ 单击"确定"按钮后显示出汇总结果,如图 4-55 所示。

		A	B	C	D	E	F	G	H	I	J
1 2 3	1	销售日期	所在区域	店名	饮料名称	数量	单位	进价	售价	销售额	毛利润
+	19			华润万家北关店 汇总						2479	553.7
+	37			华润万家北郊店 汇总						2224.7	457.8
+	55			华润万家长安路店 汇总						2611.6	554.95
+	73			华润万家含光路店 汇总						2487.2	518.85
+	91			华润万家金花路店 汇总						1555	341.6
+	109			华润万家莲湖店 汇总						2639.2	576.4
+	127			华润万家南大街店 汇总						2198	474.3
+	145			华润万家南二环店 汇总						2385.8	522.2
+	163			华润万家太华路店 汇总						4304.2	957.1
+	181			华润万家雁塔路店 汇总						4378.8	959.05
-	182			总计						27264	5915.95

图 4-55   汇总结果

课堂练习: ① 在表"销售记录③"中按"饮料名称"对销售额和毛利润进行分类汇总,并对毛利润按降序排列,找出毛利润最大的饮料。
② 在表"销售记录③"中按"区域"对销售额和毛利润进行分类汇总,并对毛利润按降序排列,找出毛利润最大的饮料。

任务 3:用"数据透视表"分析各区各饮料的销售情况和畅销饮料

小张和小李想知道在各个区域各种饮料的销售情况,并找出各个区中销售额最大的饮料。在如图 4-52 所示的"销售记录"工作表中,要求统计出各区各饮料的"销售额"和"毛利润",此时既要按"所在区域"分类,又要按"饮料名称"分类。这时,使用分类汇总不能解决这个问题,因为分类汇总适合于按一个字段进行分类,对一个或多个字段进行汇总。而现在要求按多个字段进行分类并汇总,可以使用数据透视表来解决此问题。

数据透视表是一种交互式工作表,可用于对现有工作表进行汇总和分析。创建数据透视后,可以按不同的需要、依不同的关系来提取和组织数据。

操作实例 39:用"数据透视表"统计各个区每种饮料的销售情况

操作步骤如下:

① 单击"销售记录"工作表数据清单中的任一单元格。

② 选择"数据"→"数据透视表和图表"命令,打开如图 4-56 所示的"数据透视表和数据透视图向导——3 步骤之 1"对话框。

③ 步骤 1 用于指定数据源类型,默认为"Microsoft Office Excel 数据列表或数据库",在"所需创建的报表类型"栏内选取"数据透视表"单选按钮,然后单击"下一步"按钮,出现如图 4-57 所示的"数据透视表和数据透视图向导——3 步骤之 2"对话框。

④ 设置要建立数据透视表的数据源区域,然后单击"下一步"按钮,弹出如图 4-58 所示的"数据透视表和数据透视图向导——3 步骤之 3"对话框。单击"布局"按钮,弹出如图 4-59 所示的"布局"对话框。

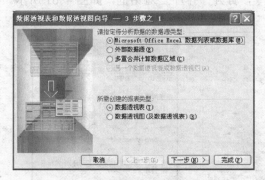

图 4-56 "数据透视表和数据透视图向
导——3 步骤之 1"对话框

图 4-57 "数据透视表和数据透视图向
导——3 步骤之 2"对话框

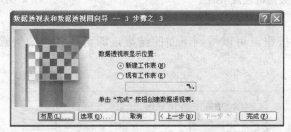

图 4-58 "数据透视表和数据透视图向
导——3 步骤之 3"对话框

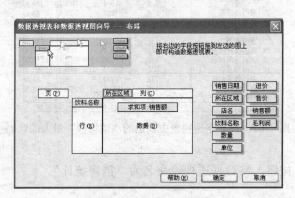

图 4-59 "布局"对话框

⑤ 数据透视表的布局对话框右边列出了列表的所有字段，要分类的字段可拖入行、列位置，并成为透视表的行、列标题。要汇总的字段拖入数据区，拖入页位置的字段将成为分页显示的依据。本例中"饮料名称"字段拖入到行位置，"所在区域"字段拖入到列位置，"销售额"拖入到数据区位置。单击"确定"按钮，得到如图 4-60 所示的结果。

⑥ 将图 4-59 所示的数据透视表重新命名为"销售统计"。

操作实例 40：对"总计"列按"降序"排序，找出销售额"最大的饮料。

操作步骤如下：

① 在"销售统计"工作表中选定区域 E3:E19。

② 选择菜单栏中的"数据"→"排序"命令,打开"排序"对话框,如图 4-61 所示。

	A	B	C	D	E
1	求和项:销售额	所在区域			
2	饮料名称	莲湖区	新城区	雁塔区	总计
3	娃哈哈营养快线	700	380	700	1780
4	统一鲜橙多	560	257.6	476	1293.6
5	可口可乐(600ml)	428.4	246.4	470.4	1145.2
6	可口可乐(2L)	1040.4	673.2	2033.2	3746.8
7	康师傅鲜橙多	574	249.2	450.8	1274
8	康师傅茉莉清茶	342	342	351	1035
9	康师傅绿茶	574	252	523.6	1349.6
10	康师傅冰红茶	420	229.6	380.8	1030.4
11	红牛	565	610	1240	2415
12	罐装雪碧	435	250	597.5	1282.5
13	罐装王老吉	588	322	497	1407
14	罐装可口可乐	357.5	475	585	1417.5
15	罐装百事可乐	450	220	502.5	1172.5
16	芬达橙汁	478.8	316.4	585.2	1380.4
17	袋装王老吉	364	148	378	890
18	百事可乐(600ml)	394.8	254.8	666.4	1316
19	百事可乐(2L)	1150.5	1014	1163.5	3328
20	总计	9422.4	6240.2	11600.9	27263.5

图 4-60 数据透视表示例

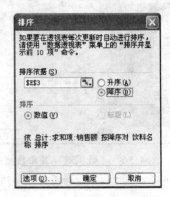

图 4-61 "排序"对话框

③ 单击"确定"按钮,可以得到下面的结果,即可找到"销售额"最大的饮料,如图 4-62 所示。

	A	B	C	D	E
1	求和项:销售额	所在区域			
2	饮料名称	莲湖区	新城区	雁塔区	总计
3	可口可乐(2L)	1040.4	673.2	2033.2	3746.8
4	百事可乐(2L)	1150.5	1014	1163.5	3328
5	红牛	565	610	1240	2415
6	娃哈哈营养快线	700	380	700	1780
7	罐装可口可乐	357.5	475	585	1417.5
8	罐装王老吉	588	322	497	1407
9	芬达橙汁	478.8	316.4	585.2	1380.4
10	康师傅绿茶	574	252	523.6	1349.6
11	百事可乐(600ml)	394.8	254.8	666.4	1316
12	统一鲜橙多	560	257.6	476	1293.6
13	罐装雪碧	435	250	597.5	1282.5
14	康师傅鲜橙多	574	249.2	450.8	1274
15	罐装百事可乐	450	220	502.5	1172.5
16	可口可乐(600ml)	428.4	246.4	470.4	1145.2
17	康师傅茉莉清茶	342	342	351	1035
18	康师傅冰红茶	420	229.6	380.8	1030.4
19	袋装王老吉	364	148	378	890
20	总计	9422.4	6240.2	11600.9	27263.5

图 4-62 在数据透视表中找出的"销售额"最大的饮料

④ 单击"完成"按钮,将数据透视表命名为"销售统计"。

任务 4:查找信息——自动筛选与高级筛选

操作实例 41:只查看"毛利润"在 100 元以上和"毛利润"在 10 元以下的信息。

操作步骤如下:

① 在"销售记录"工作表中选定单元格。

② 选择"数据"→"筛选"→"自动筛选"命令;在工作表的列标题名的右侧出现下拉按钮,如图 4-63 所示。

	A	B	C	D	E	F	G	H	I	J
1	销售日	所在区	店名	饮料名称	数	单	进价	售价	销售	毛利
2	10月12日	雁塔区	华润万家雁塔路店	康师傅冰红茶	19	瓶	2.20	2.80	53.2	11.4
3	10月12日	雁塔区	华润万家雁塔路店	康师傅绿茶	56	瓶	2.20	2.80	156.8	33.6
4	10月12日	雁塔区	华润万家雁塔路店	康师傅茉莉清茶	64	瓶	2.40	3.00	192	38.4
5	10月12日	雁塔区	华润万家雁塔路店	康师傅鲜橙多	66	瓶	2.20	2.80	184.8	39.6
6	10月12日	雁塔区	华润万家雁塔路店	统一鲜橙多	84	瓶	2.10	2.80	235.2	58.8

图 4-63　显示筛选按钮

③ 单击"毛利润"列的下拉按钮，在下拉列表中选择"自定义"，弹出如图 4-64 所示的"自定义自动筛选方式"对话框，根据实际情况选择比较运算符和数据。

④ 单击"确定"按钮，得到如图 4-65 所示的筛选结果。

筛选只是将不感兴趣的信息暂时隐藏起来，并没有删除。若想恢复被隐藏的信息，可选择"数据"→"筛选"→"全部显示"命令。

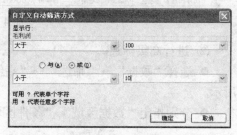

图 4-64　"自定义自动筛选方式"对话框

	A	B	C	D	E	F	G	H	I	J
1	销售日	所在区	店名	饮料名称	数	单	进价	售价	销售	毛利
9	10月12日	雁塔区	华润万家雁塔路店	红牛	96	罐	3.50	5.00	480	144
17	10月12日	雁塔区	华润万家雁塔路店	罐装王老吉	86	罐	2.10	3.50	301	120.4
21	10月12日	雁塔区	华润万家南二环店	康师傅茉莉清茶	15	瓶	2.40	3.00	45	9
26	10月12日	雁塔区	华润万家南二环店	红牛	68	罐	3.50	5.00	340	102
31	10月12日	雁塔区	华润万家南二环店	罐装百事可乐	15	罐	2.10	2.50	37.5	6
32	10月12日	雁塔区	华润万家南二环店	罐装可口可乐	9	罐	2.10	2.50	22.5	3.6
38	10月12日	雁塔区	华润万家长安路店	康师傅茉莉清茶	8	瓶	2.40	3.00	24	4.8
43	10月12日	雁塔区	华润万家长安路店	红牛	67	罐	3.50	5.00	335	100.5
65	10月12日	新城区	华润万家金花路店	罐装百事可乐	20	罐	2.10	2.50	50	10
95	10月12日	新城区	华润万家含光路店	可口可乐(600ml)	20	瓶	2.35	2.80	56	9
99	10月12日	新城区	华润万家含光路店	罐装百事可乐	24	罐	2.10	2.50	60	9.6
106	10月12日	莲湖区	华润万家莲湖店	康师傅茉莉清茶	8	瓶	2.40	3.00	24	4.8
129	10月12日	雁塔区	华润万家北郊店	可口可乐(600ml)	13	瓶	2.35	2.80	36.4	5.85
145	10月12日	莲湖区	华润万家太华路店	红牛	68	罐	3.50	5.00	340	102
153	10月12日	莲湖区	华润万家太华路店	罐装王老吉	78	罐	2.10	3.50	273	109.2

图 4-65　筛选结果

　注意：筛选之后，所有满足条件的记录显示在表格区，同时下三角按钮及行号成蓝色显示，说明此时为筛选状态，而不满足条件的记录均被隐藏起来。

操作实例 42：查看"数量"在 60 以上和"毛利润"在 40 元以下的信息。

使用"自动筛选"命令，其规定的条件是十分有限的，对一列数据最多可以应用两个条件。现要求在"销售记录"工作表中，筛选出"数量"在 60 以上和"毛利润"在 40 元以下的信息，这就需要使用高级筛选命令。

操作步骤如下：

① 设置条件区域。在使用高级筛选前，需建立一个条件区域，用于定义筛选条件。建立条件区域有如下规定：条件区域与数据清单之间应至少有一空白行或列；条件区域首行必须包括与数据清单列标题名完全一致的列标志名。在条件区域的空白行输入筛选条件，如图 4-66 所示。

	A	B	C	D	E	F	G	H	I	J	K	L	M
1	销售日期	所在区域	店名	饮料名称	数量	单位	进价	售价	销售额	毛利润			
2	10月12日	雁塔区	华润万家雁塔路店	康师傅冰红茶	19	瓶	2.20	2.80	53.2	11.4			
3	10月12日	雁塔区	华润万家雁塔路店	康师傅绿茶	56	瓶	2.20	2.80	156.8	33.6			
4	10月12日	雁塔区	华润万家雁塔路店	康师傅茉莉清茶	64	瓶	2.40	3.00	192	38.4			
5	10月12日	雁塔区	华润万家雁塔路店	康师傅鲜橙多	66	瓶	2.20	2.80	184.8	39.6			
6	10月12日	雁塔区	华润万家雁塔路店	统一鲜橙多	84	瓶	2.10	2.80	235.2	58.8			
7	10月12日	雁塔区	华润万家雁塔路店	娃哈哈营养快线	69	瓶	3.00	4.00	276	69		数量	毛利润
8	10月12日	雁塔区	华润万家雁塔路店	芬达橙汁	81	瓶	2.20	2.80	226.8	48.6		>60	<=40
9	10月12日	雁塔区	华润万家雁塔路店	红牛	96	罐	3.50	5.00	480	144			
10	10月12日	雁塔区	华润万家雁塔路店	可口可乐(600ml)	89	瓶	2.35	2.80	249.2	40.05			
11	10月12日	雁塔区	华润万家雁塔路店	百事可乐(600ml)	98	瓶	2.35	2.80	274.4	44.1			

图 4-66　输入筛选条件

② 进行高级筛选。

● 选择"数据"→"筛选"→"高级筛选"命令，弹出"高级筛选"对话框，如图 4-66 所示。

● 分别指定"数据区域"、"条件区域"和"复制到"，如图 4-67 所示。

图 4-67　"高级筛选"对话框

● 单击"确定"按钮，得到如图 4-68 所示的筛选结果。

	A	B	C	D	E	F	G	H	I	J
1	销售日期	所在区域	店名	饮料名称	数量	单位	进价	售价	销售额	毛利润
4	10月12日	雁塔区	华润万家雁塔路店	康师傅茉莉清茶	64	瓶	2.40	3.00	192	38.4
5	10月12日	雁塔区	华润万家雁塔路店	康师傅鲜橙多	66	瓶	2.20	2.80	184.8	39.6
14	10月12日	雁塔区	华润万家雁塔路店	罐装百事可乐	73	罐	2.10	2.50	182.5	29.2
15	10月12日	雁塔区	华润万家雁塔路店	罐装可口可乐	76	罐	2.10	2.50	190	30.4
28	10月12日	雁塔区	华润万家南二环店	百事可乐(600ml)	85	瓶	2.35	2.80	238	38.25
116	10月12日	莲湖区	华润万家莲湖店	罐装百事可乐	68	罐	2.10	2.50	170	27.2
133	10月12日	雁塔区	华润万家北郊店	罐装百事可乐	85	罐	2.10	2.50	212.5	34
147	10月12日	莲湖区	华润万家太华路店	百事可乐(600ml)	80	瓶	2.35	2.80	224	36
150	10月12日	莲湖区	华润万家太华路店	罐装百事可乐	70	罐	2.10	2.50	175	28
151	10月12日	莲湖区	华润万家太华路店	罐装可口可乐	80	罐	2.10	2.50	200	32
152	10月12日	莲湖区	华润万家太华路店	罐装雪碧	68	罐	2.00	2.50	170	34

图 4-68　筛选结果

 任务 5：方便浏览信息——将标题和表头冻结

在实际工作中，有的工作表非常大，如图 4-53 所示的"销售记录"工作表共有 171 行信息，当进行信息浏览，向下翻页时，表头随着窗口内容的下移，此时为了方便浏览信息，可以将标题和表头冻结，随着窗口内容的下移，标题和表头就会固定在指定的位置。

操作实例 43：冻结标题和表头，以方便浏览信息。

操作步骤如下：

① 在"销售记录"工作表中单击"A2"单元格，该单元格的左上角将成为冻结点。

② 选择"窗口"→"冻结窗口"命令。冻结线为一黑色细线，水平窗口冻结如图 4-69 所示。

③ 拖动垂直流动条，可看到滚动条移动后部分行消失，但标题行却固定在上部。

注意：撤销窗口冻结可选择"窗口"→"撤销冻结窗口"命令。

	A	B	C	D	E	F	G	H	I	J
1	销售日期	所在区域	店名	饮料名称	数量	单位	进价	售价	销售额	毛利润
161	10月12日	莲湖区	华润万家北关店	芬达橙汁	31	瓶	2.20	2.80	86.8	18.6
162	10月12日	莲湖区	华润万家北关店	红牛	30	罐	3.50	5.00	150	45
163	10月12日	莲湖区	华润万家北关店	可口可乐(600ml)	33	瓶	2.35	2.80	92.4	14.85
164	10月12日	莲湖区	华润万家北关店	百事可乐(600ml)	29	瓶	2.35	2.80	81.2	13.05
165	10月12日	莲湖区	华润万家北关店	可口可乐(2L)	32	瓶	5.80	6.80	217.6	32
166	10月12日	莲湖区	华润万家北关店	百事可乐(2L)	30	瓶	5.50	6.50	195	30
167	10月12日	莲湖区	华润万家北关店	罐装百事可乐	42	罐	2.10	2.50	105	16.8
168	10月12日	莲湖区	华润万家北关店	罐装可口可乐	28	罐	2.10	2.50	70	11.2
169	10月12日	莲湖区	华润万家北关店	罐装雪碧	21	罐	2.00	2.50	52.5	10.5
170	10月12日	莲湖区	华润万家北关店	罐装王老吉	23	罐	2.10	3.50	80.5	32.2
171	10月12日	莲湖区	华润万家北关店	袋装王老吉	45	袋	1.00	2.00	90	45
172										
173										

图 4-69　水平窗口冻结示意图

4.3.4　案例总结

本案例主要介绍了查找与引用函数 VLOOKUP 的应用、分类汇总、数据透视表和数据筛选的应用。其中，VLOOKUP 函数的使用是本案例的重点和难点。

Excel 之所以强大，是因为它具有完整的数据分析函数和图表功能，在对数据进行归纳后，能够利用这些函数和图表对数据进行分析。排序、筛选、分类汇总、数据透视表是数据分析的基本手段。

1. 查找与引用函数 VLOOKUP

在使用 VLOOKUP 函数时，要正确地定义数据区域，注意把要查找的内容定义在数据区域的首列。

在实际应用中有很多需求可以用 VLOOKUP 函数解决，例如在财务管理中要将客户信息表（包含客户的"ID"号和其他信息）与客户账户信息表（包含客户的"ID"号，"账号"、"户名"等信息）进行关联，则可以用 VLOOKUP 函数根据客户的"ID"号（注意，每个客户应具有唯一的"ID"号）将两张表进行关联。在学生成绩管理中也可以用 VLOOKUP 函数将学生信息表（包含"学号"、"姓名"、"性别"和"身份证号码"等信息）与学生成绩表（包含"学号"和各门成绩信息）通过"学号"（注意，每个学生具有唯一的"学号"）进行关联。从上面的介绍可以看出，在进行两张工作表的关联时，首先要在两张工作表中找到可进行关联的字段，如前面的 ID 号和"学号"，然后再利用 VLOOKUP 函数进行查找和引用。

2. 数据透视表

Excel 图表侧重于数据的静态分析，很难使用数据字段的组合动态查看数据。为此，Excel

提供了面向数据清单的汇总和图表功能，这就是数据透视表和数据透视图。

数据透视表可以根据分析要求进行数据操作。例如，进行不同级别的数据汇总，添加或删除分析指标，显示或隐藏细节数据，甚至改变数据透视表的版式等。

用数据透视表进行数据分析的方法：

（1）创建数据透视表

① 选择数据来源和报表类型。

② 选择数据区域。

③ 选择显示位置。

创建的最后一步是选择数据透视表的显示位置，可以选择"新建工作表"或"现有工作表"。如果选择后者，则需要单击当前工作表的某个空白单元格，以确定数据透视表左上角的位置。单击向导中的"确定"按钮，弹出带有数据源列字段的"数据透视表"对话框，前面选定的位置显示报表框架。

④ 字段拖放。

这一步是创建数据透视表的关键，必须根据数据分析的需要，挑选某些数据字段将其拖入报表框架。

（2）分析内容调整

与普通表格相比，用户对数据透视表的内容有更大控制权，这给数据分析带来了更多的方面。

① 内容分组。

② 修改分析对象。

按照这种方法，可以很容易地对行字段和数据项进行修改，从而进行多个项目的快速分析。

③ 分类显示。

Excel 中数据透视表的所有行、列字段都带有下拉按钮。如果想了解表中某个分类的数据，可以单击该字段的下拉按钮，在列表中选择需要显示的分类数据。

④ 显示明细数据。

数据透视表的数据一般都是由多项数据汇总而来。为此，Excel 提供了查看明细数据的方法。

⑤ 采用"页显示"。

在一个数据透视表中，若某个字段的数据分别显示在不同的行，则称其为行字段，这种显示方式称为"行方向显示"；同理，若某个字段的数据分别显示在不同的列，则称其为列字段和"列方向显示"。与此对应，数据透视表允许用户使用页字段，让对应这个字段的数据按"页方向显示"。假如要分析每个超市的销售情况，可以设置"店名"字段的"页方向显示"，此时只要将"店名"字段从框架的列字段处拖到页字段处即可。然后，打开"店名"字段旁的下拉列表，从中选择要查看的超市名称，确定以后即可在数据透视表中看到该超市的销售情况。

⑥ 修改汇总函数。

数据透视表中的数据分为数值和非数值两大类。在默认情况下，Excel 汇总数值数据使用求和函数，而非数值数据则使用计数函数。如果实际应用需要，用户还可以选择其他函数执行数据汇总。比较快捷的一种操作方法是：右击某个数据字段，选择快捷菜单中的"字段设置"命令，即可打开"数据透视表字段"对话框。选中"汇总方式"列表中的某个选项，单击"确定"按钮就可以改变数据的汇总方式。

⑦ 自动套用格式。

如果感觉 Excel 默认的数据透视表格式不美观，可以按下面的方法自动套用格式：右击数据透视表中的任意单元格，选择快捷菜单中的"设置报告格式"命令，即可打开"自动套用格式"对话框，此时只需选中需要的报表格式然后单击"确定"按钮即可。

⑧ 修改显示方式。

在默认情况下，数据透视表中显示的是汇总数据。为了便于用户分析数据之间的关系，可以指定数据透视表以其他方式显示数据。为此，Excel 提供了差异、百分比等 8 种显示方式。

⑨ 数据更新。

与图表不同，如果数据透视表的源数据被修改，则数据透视表的结果不能自动更新。需要按以下原则处理：首先，对数据源所在的工作表进行修改，然后切换到数据透视表，然后右击其中的任意单元格，选择"更新数据"命令即可。

3．数据筛选

（1）"自动筛选"与"高级筛选"

在 Excel 中，经常要使用数据的筛选操作，Excel 中提供了两种数据筛选操作，即"自动筛选"和"高级筛选"。但许多初学者往往弄不明白，什么情况下使用"自动筛选"和"高级筛选"，下面分别进行介绍。

"自动筛选"一般用于条件简单的筛选操作，符合条件的记录显示在原来的数据表格中，操作起来比较简单，初学者对"自动筛选"也比较熟悉。若要筛选的多个条件间是"或"的关系，或者需要将筛选的结果在新的位置显示出来，就只有用"高级筛选"来实现。一般情况下，"自动筛选"能完成的操作用"高级筛选"完全可以实现，但有的操作则不宜用"高级筛选"，这样反而会使问题更加复杂化，例如筛选最大或最小的前几项记录。

（2）高级筛选的条件区域

使用高级筛选必须在工作表中构造区域，它由条件标记和条件值构成。条件标记和数据区域的列标记相同，可以从数据区域中直接复制过来；条件值则需根据筛选需要在条件标记下方构造，是执行高级筛选的关键部分。

构造高级筛选的条件区域需要注意：如果条件区域放在数据区域的下方，那么两者之间至少应有一个空白行。如果条件区域放在数据区域的上方，则数据区域和条件区域之间也应剩余一个或几个空白行（一般不要这样设计，这样影响其他功能使用数据区域）。

① 单列多条件。

如果某一个条件标记下面输入了两个或多个筛选条件，则将其称为单列多条件，此时只要在条件标记下自上而下依次输入筛选条件即可。例如，列出年龄大于 17 和年龄小于 17 的学生名单，只需在条件标记"年龄"下方的某两个单元格（如 D10 和 D11）输入">17"和"<17"即可。

② 多列单条件。

多列单条件是指筛选条件由多个条件标记构成，但每个条件标记下面只有一个条件。如果要列出"性别"为"女"，且"语文"成绩大于等于 85 的学生，可以在条件区域的单元格（如 C10 单元格）内输入"女"，在 D10 单元格内输入">=85"即可。

③ 多行单条件。

构造高级筛选条件有这样的要求：如果多个筛选条件需要同时满足，则必须分布于条件区域的同一行，这就是所谓的"与"条件，否则筛选条件必须分布于条件区域的不同行，即"或"条件。例如，要找出"性别"是"男"，或"语文"成绩">=80"，或"化学"成绩">=90"的所有记录。可以在条件区域的 C10 单元格内输入"男"，然后在 G11 单元格内输入">=80"，最后在 J12 单元格内输入">=90"即可。

④ 两列两组条件。

如果需要寻找物理成绩大于等于 90 的男生或者物理成绩大于等于 80 的女生，可以按照如下方法构造条件区域。C10、C11 单元格内分别输入"男"和"女"，然后在 H10、H11 单元格内分别输入">=90"和">=80"即可。

综合练习 4

一、选择题

1. Excel 是目前最流行的电子表格软件，其计算和存储数据的文件叫_____。

A. 工作簿   B. 工作表   C. 文档   D. 单元格

2. 默认情况下，Excel 中工作簿文档窗口的标题为 Book1，其一个工作簿中有 3 个工作表，当前工作表为_____。

A. 工作表   B. 工作表 1   C. Sheet   D. Sheet1

3. Excel 可创建多个工作表，每个表由多行多列组成，其最小单位是_____。

A. 工作簿   B. 工作表   C. 单元格   D. 字符

4. 输入结束后按 Enter、Tab 键或用鼠标单击编辑栏的_____按钮均可确认输入。

A. Esc   B. √   C. ×   D. Tab

5. 在表示同一工作簿内不同工作表的单元格时，工作表名与单元格之间应使用_____号分开。

A. ·   B. :   C. !   D. |

6. 当天日期的输入组合键为_____。

A. Alt+;   B. Alt+Shift+;   C. Ctrl+;   D. Ctrl+Shift+;

7. 当天时间的输入组合键为_____。

A. Ctrl+;   B. Ctrl+Shift+;   C. Alt+;   D. Alt+Shift+;

8. Excel 中的公式以_____开头。

A. :   B. =   C. #   D. $

9. Excel 中，文字运算符为_____。

A. @   B. %   C. &   D. *

10. 如果要对一个区域中的各行数据求和，应用_____函数，或选用工具栏的 Σ 按钮进行运算。

A. average   B. sum   C. sun   D. sin

二、简答与综合题

1. 如何启动 Excel？试一试鼠标指针在 Excel 窗口不同区域的形状和功能。

2. 简述 Excel 中文件、工作簿、工作表、单元格之间的关系。

3. 如何把某一工作表变为活动工作表，如何更改工作表表名？

4. 如何在 Excel 中表示单元格的位置？

5．Excel 的工作表由几行、几列组成，其中行号用什么表示，列号用什么表示？

6．选择连续的单元格区域，只要在单击第一个单元格后，按下什么键，再单击最后一个单元格？间断选择单元格则需按下什么键的同时选择各单元格？

7．若要在某些单元格内输入相同的数据，有没有简便的操作方法？如果有，怎么实现？

8．如果输入数据的小数位数都相同，或者都是相同的尾数 0 的整数，可以通过 Excel 提供的什么方法来简化操作？

9．如何删除、插入单元格，如何对工作表进行移动、复制、删除和插入操作？

10．如果单元格的行高或列宽不合适，可以用哪几种方法进行调整，如何操作？

11．如何设置工作表的边框和底纹？

12．如果对某个单元格数据已经设置好了格式，在其他单元格中要使用同样的格式，如何用最简单的方法来实现？

13．如何使用 Excel 的自动套用格式功能来快速格式化表格？

14．如果只需要对工作表中的满足某些条件的数据使用同一种数字格式，以使它们与其他数据有所区别，该如何进行？

15．进行求和计算最简便的方法是什么？

16．在某单元格输入公式后，如果其相邻的单元格中需进行同类运算，可以使用什么功能来实现，其操作方法是什么？

17．Excel 对单元格引用时默认采用的是相对引用还是绝对引用，两者有何区别，在行列坐标的表示方法上两者有何差别，"Sheet3!\$A\$2:C\$5" 表示什么意思？

18．Excel 能提供哪些排序功能，其操作方法是什么？

19．在 Excel 中，如何查找满足条件的记录？按查找情况来分，其查找方法有哪几种，如何进行操作？

20．使用 Excel 提供的分类汇总功能，对一系列数据进行小计或合并的主要步骤是什么？

21．Excel 提供的数据透视表报告功能有什么作用，如何进行操作？

22．什么是嵌入式图表，什么是图表工作表？试述建立图表的方法步骤。

23．在打印前，往往要对页面进行设置。试问：页面设置主要包括哪几个方面的内容，如何进行设置？

24．要把工作表通过打印机打印出来，打印的方法主要有哪几种？

三、项目实训

题目：学生成绩管理

1．项目描述

每个学期，学校都要对各班、各门考试科目的考试成绩，如班级平均分、最高分、最低分、各分数段等级所占比例等各项成绩做数据统计分析。

教务处通过对各班级、各门课程的成绩做统计分析，从而了解各任课教师的教学水平和教学质量，了解学生掌握知识的程度，比较不同班级、不同教师的教学差异，及时发现与反馈教学工作中出现的问题。为各班下学期的课程设置和教师配备提供合适的建议，有利于提高学校的整体教学质量。

本项目实训要求学生以所在班级的成绩数据处理为例，模拟教务处实施学生成绩管理。其中包括：根据各任课老师传回的单科成绩表汇总成班级成绩总表；打印每位学生的个人学期成绩表，发给学生；根据各班的成绩进行数据统计分析，制作图表、撰写学生成绩质量分析报告并发给各班主任。

2．项目任务

① 根据本班级的实际成绩制作全班各门课程成绩汇总表，其中应包含平时成绩、期中考试成绩、期末考试成绩（要求不少于 4 门课程）。

② 按照平时成绩占 20%、期中考试成绩占 30%、期末考试成绩占 50%的比例，计算每位同学各门课程的学期总评成绩。

③ 分别计算各门课程的平均成绩、最高分和最低分。

④ 分别计算各门课程各分数段的等级比例，并制作相关的图表。

⑤ 制作全班总成绩表，并按各门课程的学期总评成绩之和求出每位学生的总成绩。

⑥ 根据总成绩，排出全班同学的学期总评成绩名次及等级。

⑦ 用柱形图显示全班各门课程的平均分比较图。

⑧ 制作每位学生的学期成绩单，并发给学生。

⑨ 用带控件的饼图，演示各门课程各分数段的等级比例。

⑩ 利用 Word 2003 文字处理软件，书写一篇图文并茂的班级学期成绩分析报告，要求有成绩表格、图表和文字说明。

3．实训要求

在参加项目实训过程中，对学生提出如下要求：

① 建议用讨论方式学习项目实训的几种不同形式。可以先分工由几位同学设计不同的 Excel 数据表，经大家评论，最后确定使用的数据表样式。

② 也可以利用教材中介绍过的几种 Excel 数据表和图表样张，要求同学讨论它们的共性和个性，确定本项目实训所需要使用的数据表和图表样式。

③ 要充分发挥网络优势，从网上下载有关成绩管理资料，以供参考。

④ 注重发挥同学的个性特长，例如请文笔好的同学书写成绩分析报告、请打字快的同学录入基础成绩分等。

⑤ 鼓励同学的学习积极性和创新思维，发动大家对数据表和图表进行评论，证明学习技术的重要性。

⑥ 共同讨论确定每位学生的学期成绩单的制作方案，也允许试用多种制作方案，并比较各种方法的优缺点。

⑦ 充分考虑成本，提出如何提高工作效率问题。

⑧ 要求同学在参加项目实训过程中，互相帮助、取长补短，巩固已学过的知识。

4．项目提示

成绩分析涉及数据排序、使用函数处理数据、数据复制、数据的自动填充等问题，可以运用 Excel 2003 所提供的各种便捷功能来解决。

① 全班各门课程成绩汇总表，首先要保证输入的各门单科成绩正确无误；其次是运用合适的函数求平均分、最高分、最低分、总成绩等数值。

② 各门课程各分数段的等级比例数据表，可以用"IF"函数功能，也可以用数据排序功能来完成。

③ 各分数段的等级比例图表，一般考虑用饼图比较合适。

④ 各门课程的平均成绩比较图，选用"柱形图"，能直观和形象地反映数据情况。

⑤ 每位学生的成绩单，可以用"选择性粘贴"的方法制作；用 Word 的"邮件合并"打印信封功能，也可以来实际制作（由同学任选一种方法）。

⑥ 设置带控件的各门课程等级比例图，可以使用"窗体"工具栏，要注意控件格式的设置正确。

⑦ 各数据表的页面设置要合理、美观。

⑧ 利用 Word 书写的学期成绩分析报告，其中插入成绩数据表和图表，可以用"复制"和"粘贴"的方法，也可以用"插入对象"的方法，文字说明要条理清晰、文笔流利、引用数据准确，有分析也有建议。

5．项目评价

项目评价表

内　　容		评　　价				
学习目标	评价项目	5	4	3	2	1
能使用电子报表软件	能录入和编辑数据					
	能设置工作表的格式					
	能保存文档					
	能进行页面设置					
	能进行打印					
能熟练处理一般数据	能使用智能填充					
	能使用单元格引用					
	能处理字符数据					
	能使用条件格式					
	能使用公式					
能使用函数处理数据	能应用函数					
	能进行数据排序					
能应用图表功能	能插入图标					
	能编辑图标					
能应用批注功能	能插入批注					
	能修改图文框					
能使用链接功能	能插入链接					
	能设置链接					
与人合作能力						
沟通能力						
综合评价						

注：左侧"职业能力"为上述各项的总分类。

计算机故事

计算机界的诺贝尔奖

1946 年，世界上第一台电子计算机 ENIAC 诞生后，美国一些有远见的科学家意识到它对于社会进步与人类文明的巨大意义，在第二年就发起成立了美国计算机协会 ACM，以推动计算机科学技术的发展。

到 20 世纪 60 年代，计算机技术正趋向成熟，信息产业初步形成，计算机科学与技术已成为一个独立的、有深远影响的学科，一些计算机科学为此做出了卓越的贡献。但是由于它是一个新兴的、变化的学科，在著名的诺贝尔、普里策奖等评选时，却轮不到计算机学者。这显然是不公平的，也不利于计算机科学技术发展。

1966 年，ACM 决定设立"图灵奖"，专门奖励那些在计算机科学研究中做出创造性贡献，推动了计算机技术发展的杰出科学家，这个奖以英国著名数学家图灵命名。因为图灵是计算机技术的先驱，他在 1936 年提出的一种描述计算过程的数学模型（称之为图灵机），实际上也是现代计算机的数学模型。人们可以通过对图灵机的研究揭示计算机的性质，它在计算机科学理论中起着最核心的作用。

布莱切利公园里图灵工作过的木屋

"图灵奖"对获奖者的条件要求极高，评奖程序也极其严格，一般每年只奖励一名计算机科学家，只有极少年度有两名在同一方向上作出贡献的科学家同时获奖。因此，尽管"图灵奖"的奖金金额不算很高，开始时为 2 万美元，从 1989 年起增至 2.5 万美元，但它却是计算机界最负盛名、最崇高的一个奖项，有"计算机界的诺贝尔奖"之称。

第 5 章
PowerPoint 2003 的使用

引子：**声形色并茂，情景意交融。**

 本章知识结构与主要内容：

5.1 PowerPoint 基础应用——制作"招聘与培训"幻灯片
　　任务 1：制作第一个演示文稿
　　任务 2：以各种视图浏览演示文稿
　　任务 3：学做"招聘讲稿"演示文稿
　　任务 4：美化幻灯片外观
5.2 PowerPoint 综合应用——制作"竞赛团队"介绍材料
　　任务 1：动画设计
　　任务 2：幻灯片放映与控制方式

　　PowerPoint 2003 是一款优秀的演示文稿制作软件。它提供了一种生动活泼、图文并茂的交流手段，用户可以通过色彩艳丽、动感十足的演示画面，生动形象地表述主题、展现创意、阐明观点。创作好的演示文稿不仅可以在计算机上进行生动的演示，也可以将演示文稿打印出来，制作成幻灯胶片，以在更自由、更广泛的领域中应用。

　　通过 PowerPoint 2003 可以很方便地制作各种演示文稿，包括文字、图片、表格、声音等的插入，幻灯片的仿真和动画模拟。另外，在 PowerPoint 2003 中还可以创建屏幕演示、投影幻灯片、讲义、备注及大纲文档等，也可以使用它直接创建网页。

5.1　PowerPoint 基础应用——制作
"招聘与培训"幻灯片

5.1.1　"招聘与培训"幻灯片案例分析

1. 任务的提出

　　本学期，学校就业指导中心为全体毕业生开设了一门"大学生职业发展与就业指导"课程，后天就是就业指导中心高老师的课，题目是"公司如何招聘优秀人才"。为了使讲课变得生动活泼、引人入胜，高老师决定用 PowerPoint 制作一个精致的讲稿。因为在 Microsoft Office 2003 组件中，Word 适用于文字处理，Excel 适用于数据处理，PowerPoint 适合于制作材料展示，例如演讲、论文答辩、产品介绍、会议议程、公司简介等。为此他专门请教学校 PPT 制作高手马老师帮他修改 PPT 讲稿。

2. 解决方案

马老师讲，制作演示文稿有 3 个要素：制作步骤、制作原则、制作方式。

第一个要素：制作步骤。演示文稿的制作一般要经历以下几个步骤：

① 准备素材：主要是准备演示文稿中所需要的一些图片、声音、动画等文件。

② 确定方案：对演示文稿的整个构架进行设计。

③ 初步制作：将文本、图片等对象输入或插入到相应的幻灯片中。

④ 装饰处理：设置幻灯片中相关对象的要素（包括字体、大小、动画等），对幻灯片进行装饰处理。

⑤ 预演播放：设置播放过程中的一些要素，然后播放查看效果，满意后正式输出播放。

第二个要素：制作原则。演示文稿的制作原则如下：

① 主题鲜明，文字简练。

② 结构清晰，逻辑性强。

③ 和谐醒目，美观大方。

④ 生动活泼，引人入胜。

核心原则：醒目。要使人看得清楚，达到交流的目的。

第三个要素：制作方式。演示文稿有以下 3 种创作方式：

① 利用内容提示向导创建演示文稿，即根据向导创建某种类型的主题演示文稿。

② 通过设计模板创建演示文稿，即创建一个有特定版面设计但无内容的演示文稿。

③ 创建空白演示文稿，即创建一个包含一张空白幻灯片的演示文稿。

不论是以哪种方法创建，都要对演示文稿中的每一张幻灯片进行具体的编辑。

在马老师的指点下，高老师很快拿出了"招聘培训"课的电子讲稿，如图 5-1 所示。

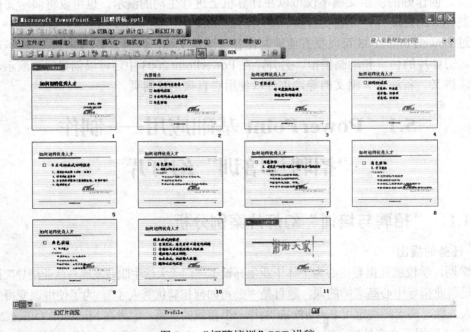

图 5-1 "招聘培训" PPT 讲稿

3. 制作流程设计

在制作本案例之前，先来看一下制作的整体流程，以便了解本案例的整体制作思路。

制作流程：

第一步：策划；

第二步：在 PowerPoint 中输入文本；

第三步：设置文本格式；

第四步：设置幻灯片背景；

第五步：使用嵌入式对象；

第六步：多个图片和图形的排列对齐；

第七步：在图形中输入文字；

第八步：设置图形格式；

第九步：设计母版；

第十步：播放保存后的演示文稿。

5.1.2 相关知识点

1. 演示文稿与幻灯片

（1）演示文稿

使用 PowerPoint 生成的文件称为演示文稿，扩展名为 .ppt。一个演示文稿由若干张幻灯片及相关联的备注和演示大纲等内容组成。

（2）幻灯片

幻灯片是演示文稿的组成部分，演示文稿中的每一页就是一张幻灯片。幻灯片由标题、文本、图形、图像、剪贴画、声音以及图表等多个对象组成。

2. PowerPoint 窗口界面

PowerPoint 的窗口界面如图 5-2 所示。

图 5-2　PowerPoint 窗口界面

① 标题栏：显示出软件的名称（Microsoft PowerPoint）和当前文档的名称（演示文稿1），在其右侧是常见的"最小化、最大化/还原、关闭"按钮。

② 菜单栏：通过展开其中的每一条菜单，选择相应的命令，完成演示文稿的所有编辑操作。

③ 常用工具栏：将一些最为常用的命令按钮集中在此工具栏上，方便调用。

④ 格式工具栏：将用来设置演示文稿中相应对象格式的常用命令按钮集中于此，方便调用。

⑤ 任务窗格：利用此窗口，可以完成编辑"演示文稿"的一些主要工作任务。

⑥ 工作区/编辑区：编辑幻灯片的工作区。

⑦ 备注区：用来编辑幻灯片的一些"备注"文本。

⑧ 大纲窗格：在本区中，通过"大纲视图"或"幻灯片视图"可以快速查看整个演示文稿中的任意一张幻灯片。

⑨ 绘图工具栏：可以利用上面相应的按钮，在幻灯片中快速绘制出相应的图形。

⑩ 状态栏：在此处显示出当前文档相应的某些状态要素。

工作区普通视图下包括幻灯片窗格、位于左边的大纲窗格和位于下方的备注窗格。在幻灯片窗格中编辑内容，在大纲窗格中切换各个幻灯片。

3．模版

模版是 PowerPoint 系统提供的一些幻灯片的固定模式，这些模版由专业人员制作，适用于某种应用场合。

4．版式

版式是指幻灯片内容在幻灯片上的排列方式，如文字、图像、图表等各种对象在幻灯片上的显示排列方式。版式由占位符组成，不同的占位符中可以放置不同的对象，例如标题和文本占位符可以放置文字，内容占位符可以放置图表和剪贴画等。

5．占位符

占位符就是幻灯片上一种带有虚线或阴影线的矩形框，幻灯片版式中都有这样的框。这些框内可以输入标题、正文、图片、表格等对象。

6．配色方案

由 8 种颜色（用于幻灯片的背景、标题、文本、线条、阴影、填充、强调和超级链接）组成，可以用于幻灯片、备注页和讲义。通过配色方案的设置可以使幻灯片更加鲜艳，通过调整配色方案可以快速改变所有幻灯片的配色。

7．母版

母版是 PowerPoint 中一类特殊的幻灯片，它记录了演示文稿中所有幻灯片的布局信息，分为幻灯片母版、讲义母版和备注母版。

利用幻灯片母版可以对演示文稿进行全局更改，并使该更改应用到基于母版的所有幻灯片。

对讲义母版和备注母版的设置则分别影响讲义和备注的外观形式。讲义指在打印时一页纸上安排多少张幻灯片。讲义母版和备注母版可以设置页眉、页脚等内容，可以在幻灯片之外的空白处添加文字和图片，使打印出的讲义、每页的形式都相同，但不影响幻灯片中的内容，也不会影响幻灯片的播放。

5.1.3 实现方法

任务1：制作第一个演示文稿

一份演示文稿通常由一张"标题"幻灯片和若干张"普通"幻灯片组成。

1. 启动 PowerPoint 2003

选择"文件"→"保存"命令，打开"另存为"对话框，选定"保存位置"，为演示文稿取一个便于理解的名称（如"招聘讲稿"），然后单击"保存"按钮，将文档保存起来，如图 5-3 所示。

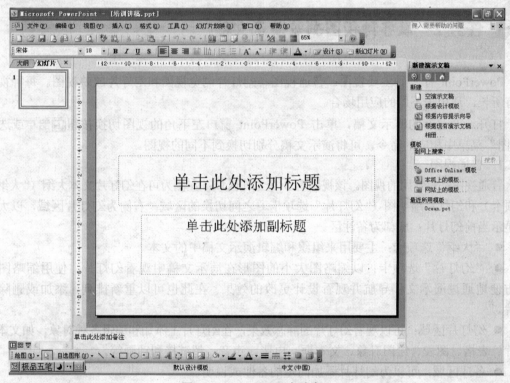

图 5-3　PowerPoint 启动窗口

在编辑过程中，通过按 Ctrl+S 组合键，随时保存编辑成果。

2. 创建幻灯片

创建演示文稿常用的方法有：内容提示向导、设计模板和空演示文稿。其中，"内容提示向导"是创建新演示文稿最迅速的方法，它提供了建议内容和设计方案，是初学者常用的方式；使用"设计模板"创建的演示文稿具有统一的外观风格，但和"内容提示向导"相比少了建议性的内容；而空演示文稿不带任何模板设计，只具有布局格式的白底幻灯片，这为读者提供了最大的创作空间。

下面是这几种常用方法的主要步骤：

（1）创建空演示文稿

① 选择"文件"→"新建"命令。

② 单击"空演示文稿"选项。

③ 选择一种版式，创建新的电子演示文稿。

（2）使用内容提示向导

在任务窗格的下拉列表中，选择"新建演示文稿"，再单击任务窗格中的"根据内容提示向导"，根据提示进行后续的每一步操作。

任务窗格的显示与关闭：选择"视图"→"任务窗格"，或按 Ctrl+F1 键。

（3）使用设计模板

在任务窗格的下拉列表中，选择"新建演示文稿"，再单击任务窗格中的"根据设计模板"，在任务窗格内的"应用设计模板"下拉列表中选取所需的版式。

 任务 2：以各种视图浏览演示文稿

PowerPoint 有 3 种主要视图：普通视图、幻灯片浏览视图和幻灯片放映视图。每种视图各有所长，适用于不同的应用场合。

打开一个已有的演示文稿，单击 PowerPoint 窗口左下角的视图切换按钮回器早或选择"视图"菜单中相应的命令，可将演示文稿分别切换到不同的视图。

1．普通视图

普通视图是最常用的视图。该视图有 3 个工作区域：左侧为可在幻灯片文本大纲（"大纲"选项卡）和幻灯片缩略图（"幻灯片"选项卡）之间切换的区域；右侧为幻灯片区域，以大视图显示当前幻灯片；底部为备注区。

● "大纲"选项卡：主要用来组织和编辑演示文稿中的文本。

● "幻灯片"选项卡：以缩略图大小的图形在演示文稿中观看幻灯片。使用缩略图能更方便地通过演示文稿导航并观看设计更改的效果。在此也可以重新排列、添加或删除幻灯片。

● 幻灯片区域：可以观看幻灯片的静态效果，在幻灯片上添加和编辑各种对象，如文本、图片、表格、图表、绘图对象、文本框、电影、声音、超链接和动画等。

● 备注区域：可以为幻灯片添加简短的备注或说明。

这些区域使得读者可以从不同的方面来编辑幻灯片。拖动区域边框可以调整区域大小。

2．幻灯片浏览视图

在幻灯片浏览视图下，可以同时看到演示文稿中的所有幻灯片，这些幻灯片是以缩略图显示的。在该视图下，可以很容易地对幻灯片进行编辑操作，如复制、删除、移动和插入幻灯片等，并能预览幻灯片切换、动画和排练时间等效果，但是不能单独对幻灯片上的对象进行编辑操作。

3．幻灯片放映视图

在幻灯片放映视图下，窗口以最大化方式显示当前幻灯片的内容和动画效果，读者在该视图下所看到的演示文稿就是将来观众所看到的效果。

技巧：按 F6 键可以按顺时针方向快速地在普通视图的 3 个区域之间进行切换。

任务 3：学做"招聘讲稿"演示文稿

1．标题幻灯片的制作

标题幻灯片相当于一个演示文稿的封面或目录页。

操作实例 1：制作第一张幻灯片——标题幻灯片。

操作步骤如下：

① 启动 PowerPoint 2003 以后，系统会自动为空白演示文稿新建一张"标题"幻灯片，如图 5-3 所示。

② 在工作区中，单击"单击此处添加标题"文字，输入标题字符（例如"如何招聘优秀人才"）。再单击"单击此处添加副标题"文字，输入副标题字符（如"我的第一个演示文稿"等）。

③ 在标题幻灯片中，不输入"副标题"字符，并不影响标题幻灯片的演示效果。

④ 如果在演示文稿中还需要一张标题幻灯片，可以选择"插入"→"新幻灯片"命令（或直接按 Ctrl+M 组合键）新建一个普通幻灯片，此时"任务窗格"智能化地切换到"幻灯片版式"任务窗格中，在"文字版式"下面选择一种标题样式即可。

2．普通幻灯片的制作

操作实例 2：制作第二张、第三张……幻灯片——普通幻灯片的制作。

操作步骤如下：

① 新建一张幻灯片，在幻灯片版式任务窗格中的"内容版式"下面选择一种幻灯片样式，在此选择"空白"样式。

将光标定在左侧"大纲区"中，切换到"幻灯片"选项卡，然后按 Enter 键，即可快速新建一张幻灯片。

② 将文本添加到幻灯片中。

● 输入文本：选择"插入"→"文本框"→"水平"→"垂直"命令，此时鼠标变成"细十字"线状，按住左键在"工作区"中拖曳，即可插入一个文本框，然后将文本输入到相应的文本框中。

● 设置要素：单击选中文本框，设置好文本框中文本的"字体"、"字号"、"字体颜色"等要素。

● 调整大小：将鼠标移至文本框的 8 个控点（空心圆圈）上，成双向拖拉箭头时，按住左键拖拉，即可调整文本框的大小。

● 移动定位：将鼠标移至文本框边缘处成四箭头状时，按住左键拖拉，将其定位到幻灯片合适位置上即可。

● 旋转文本框：选中文本框，然后将鼠标移至上端控制点（绿色实心圆点），此时控制点周围出现一个圆弧状箭头，按住左键挪动鼠标，即可对文本框进行旋转操作。

③ 将图片插入到幻灯片中。

将光标定在"工作区",选择"插入"→"图片"→"来自文件"命令,打开"插入图片"对话框,定位到图片所在的文件夹,选中需要的图片,单击"插入"按钮或直接双击所选的图片,即可将图片插入到幻灯片中。

调整图片的大小,移动、定位和旋转图片的操作方法,同操作文本框十分相似。

仿照上面的操作,完成后续幻灯片的制作,然后进行保存,即可制作完成第一份演示文稿。

3. 对象的添加

（1）添加新幻灯片

方法一:快捷键法。按 Ctrl+M 组合键,即可快速添加 1 张空白幻灯片。

方法二:回车键法。在"普通视图"下,将鼠标定在左侧的窗格中,然后按下 Enter 键,同样可以快速插入一张新的空白幻灯片。

方法三:命令法。选择"插入"→"新幻灯片"命令,也可以新增一张空白的幻灯片。

（2）插入文本框

方法一:选择"插入"→"文本框"→"水平（垂直）"命令,然后在幻灯片中拖拉出一个文本框。

方法二:用"绘图"工具栏中的文本框按钮来插入文本框。

（3）直接输入文本

在"普通视图"下,将鼠标定在左侧的窗格中,切换到"大纲"选项卡,然后直接输入文本字符。每输入完相关的内容后按下 Enter 键,新建一张幻灯片,输入后面的内容。

如果希望在原幻灯片中输入正文文本,只要按下 Ctrl+Enter 键即可。此时,如果想新增一张幻灯片,需再次按下 Ctrl+Enter 键。

创建出如图 5-4 所示的幻灯片。

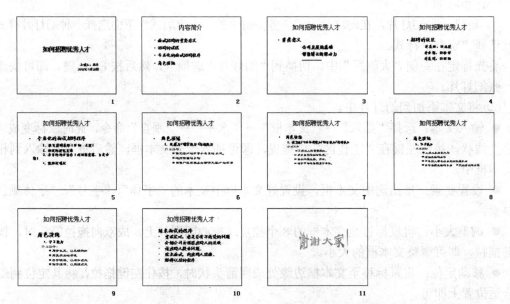

图 5-4 创建出的"招聘讲稿"幻灯片

（4）插入图片

① 选择"插入"→"图片"→"来自文件"命令,打开"插入图片"对话框。

② 定位到需要插入图片所在的文件夹，选中相应的图片文件，然后单击"插入"按钮，将图片插入到幻灯片中。

③ 用拖曳的方法调整好图片的大小，并将其定位在幻灯片的合适位置上即可。

 注意：定位图片位置时，除使用鼠标外，还可以按方向键来实现图片的微量移动，达到精确定位图片的目的。

（5）插入声音

① 选择"插入"→"影片和声音"→"文件中的声音"命令，打开"插入声音"对话框。

② 定位到需要插入声音文件所在的文件夹，选中相应的声音文件，然后单击"确定"按钮。

 注意：演示文稿支持 mp3、wma、wav、mid 等格式的声音文件。

③ 在随后弹出的快捷菜单中，根据需要选择"是"或"否"选项返回，即可将声音文件插入到当前幻灯片中。

 注意：插入声音文件后，会在幻灯片中显示出一个小喇叭图片，在放映幻灯片时通常会显示在画面上。为了不影响播放效果，通常将该图标移到幻灯片边缘处。

（6）插入视频

① 选择"插入"→"影片和声音"→"文件中的影片"命令，打开"插入影片"对话框。

② 定位到需要插入视频文件所在的文件夹，选中相应的视频文件，然后单击"确定"按钮。

 注意：演示文稿支持 avi、wmv、mpg 等格式的视频文件。

③ 在随后弹出的快捷菜单中，根据需要选择"是"或"否"选项返回，即可将声音文件插入到当前幻灯片中。

④ 调整视频播放窗口的大小，将其定位在幻灯片的合适位置上。

（7）插入 Falsh 动画

① 选择"视图"→"工具栏"→"控件工具箱"命令，展开"控件工具箱"工具栏。

② 单击工具栏中的"其他控件"按钮，在随后弹出的下拉列表中选择 Shockwave Flash Object 选项，然后在幻灯片中拖拉出一个矩形框（此为播放窗口）。

③ 选中上述播放窗口，单击工具栏中的"属性"按钮，打开"属性"对话框，在 Movie 选项后面的方框中输入需要插入的 Flash 动画文件名及完整路径，然后关闭属性窗口。

 注意：建议将 Flash 动画文件和演示文稿保存在同一文件夹中，这样只需要输入 Flash 动画文件名称，而不需要输入路径。

④ 调整好播放窗口的大小，将其定位到幻灯片的合适位置，即可播放 Flash 动画。

（8）插入艺术字

① 选择"插入"→"图片"→"艺术字"命令，打开"艺术字库"对话框。

② 选中一种样式后，单击"确定"按钮，打开"编辑艺术字"对话框。

③ 输入艺术字字符后，设置好字体、字号等要素，确定返回。

④ 调整好艺术字大小，并将其定位在合适位置上即可。

 注意：选中插入的艺术字，在其周围出现黄色的控制柄，拖动控制柄可以调整艺术字的外形。

（9）使用绘图工具栏

选择"视图"→"工具栏"→"绘图"命令，可以打开或关闭"绘图"工具栏。

 注意：绘图过程与 Word 相同，可进行多边形的绘制、图形的排列、对齐与组合等。

（10）公式编辑

① 选择"插入"→"对象"命令，打开"插入对象"对话框。

② 在"对象类型"下面选中"Microsoft 公式 3.0"选项，确定进入"公式编辑器"状态。

 注意：默认情况下，"公式编辑器"不是 Office 安装组件，在使用前需要通过安装程序进行添加后才能正常使用。

③ 利用工具栏中的相应模板，即可制作出相应的公式。

④ 编辑完成后，关闭"公式编辑器"窗口，返回幻灯片编辑状态，即可插入公式。

⑤ 调整好公式的大小，并将其定位在合适的位置。

（11）插入其他演示文稿

① 将光标定在需要插入的幻灯片前面。

② 选择"插入"→"幻灯片（从文件）"命令，打开"幻灯片搜索器"对话框。

③ 单击其中的"浏览"按钮，打开"浏览"对话框，定位到被引用演示文稿所在的文件夹中，选中相应的演示文稿，确定返回。

④ 选中需要引用的幻灯片，然后单击"插入"按钮，再"关闭"退出即可。

 注意：① 如果需要引用演示文稿中的所有幻灯片，直接按下"全部插入"按钮即可。

② 在按住 Ctrl 键的同时，用鼠标点击不同的幻灯片，可以同时选中不连续的多幅幻灯片，然后将其插入。

③ 如果经常需要引用某些演示文稿中的幻灯片，在打开相应的演示文稿后，单击"添加到收藏夹"按钮，以后可以通过"收藏夹标签"进行快速调用。

（12）插入批注

审阅他人的演示文稿时，可以利用批注功能提出自己的修改意见。批注内容并不会在放映过程中显示出来。

① 选中需要添加意见的幻灯片，选择"插入批注"命令，进入批注编辑状态。

② 输入批注内容。

③ 当使用者将鼠标指向批注标识时，批注内容即刻显示出来。

 注意：批注内容不会在放映过程中显示出来。

④ 右击批注标识，利用弹出的快捷菜单，可以对批注进行相应的编辑处理。

（13）插入图表

① 选择"插入图表"命令，进入图表编辑状态。

② 在数据表中编辑好相应的数据内容，然后在幻灯片空白处单击鼠标，即可退出图表编辑状态。

③ 调整好图表的大小，并将其定位在合适位置上即可。

 注意：如果发现数据有误，直接双击图表，即可再次进入图表编辑状态，进行修改处理。

（14）插入 Excel 表格

① 选择"插入"→"对象"命令，打开"插入对象"对话框。

② 选中"由文件创建"选项，然后单击"浏览"按钮，定位到 Excel 表格文件所在的文件夹，选中相应的文件，单击"确定"按钮返回，即可将表格插入到幻灯片中。

③ 调整好表格的大小，并将其定位在合适位置上。

 注意：① 为了使插入的表格能够正常显示，需要在 Excel 中调整好行、列的数目及宽（高）度。

② 如果在"插入对象"对话框选中"链接"选项，以后在 Excel 中修改了插入表格的数据，打开演示文稿时相应的表格会自动随之修改。

 ## 任务 4：美化幻灯片外观

本节将以"招聘讲稿.ppt"为例，介绍美化演示文稿的方法，内容包括幻灯片版式的更改、设计模板的选用、背景的设置、配色方案和母版的使用等。

1. 更改幻灯片版式

对于一个演示文稿来说，第一张幻灯片一般是标题幻灯片，这就如同一本书的封皮，说明演示的主题。为此，需将第一张幻灯片版式由原来的"标题和文本"改为"标题幻灯片"。

操作实例 3：更改幻灯片版式。

操作步骤如下：

① 打开"招聘讲稿.ppt"演示文稿。

② 选择第一张幻灯片。

③ 在幻灯片的任意空白处单击鼠标右键，从弹出的快捷菜单中选择"幻灯片版式"命令，打开"幻灯片版式"任务窗格，如图 5-5 所示。

④ 在"幻灯片版式"任务窗格中，单击"文字版式"中的"标题幻灯片"版式。

⑤ 选中副标题占位符，在"格式"工具栏中单击"右对齐"按钮，效果如图 5-6 所示。
⑥ 保存演示文稿。

图 5-5 "幻灯片版式"任务窗格

图 5-6 "标题幻灯片"

说明：① 要确定幻灯片所包含的对象及各对象之间的位置关系，可使用幻灯片版式功能。PowerPoint 的"幻灯片版式"分为"文字版式"、"内容版式"、"文字和内容版式"及"其他版式" 4 种类型，如图 5-7 所示。这里"内容"指的是表格、图表、图片、形状和剪贴画等。
② "标题幻灯片"版式包含标题、副标题及页眉和页脚的占位符。可以在一篇演示文稿中多次使用标题版式以引导新的部分；也可以通过添加艺术图形、更改字形、更改背景色等方法，使这些幻灯片区别于其他幻灯片。

2．应用设计模板

"设计模板"是由 PowerPoint 提供的由专家制作完成并存储在系统中的文件。它包含了预定义的幻灯片背景、图案、色彩搭配、字体样式、文本编排等，是统一修饰演示文稿外观最快捷、最有力的一种方法。

操作实例 4：将模板 Profile.pot 应用于所有幻灯片。

操作步骤如下：

① 在菜单栏中选择"格式"→"幻灯片设计"命令，打开"幻灯片设计"任务窗格。

② 在"应用设计模板"列表框中，拖动垂直滚动条进行浏览。

③ 如图 5-8 所示，单击 Profile.pot 模板，则所有的幻灯片均应用了该模板。

操作实例 5："幻灯片设计"任务窗格用法。

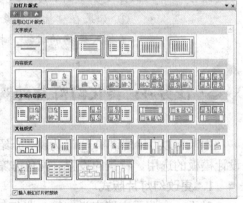

图 5-7 "幻灯片版式"内容

操作步骤如下：

① 打开"幻灯片设计"任务窗格，还可以使用下列方法之一：

方法一：在幻灯片的空白处单击鼠标右键，从弹出的快捷菜单中选择"幻灯片设计"命令。

方法二：在格式工具栏中单击"设计"按钮，如图 5-9 所示。

方法三：如果已打开"幻灯片设计"任务窗格并显示有配色方案或动画方案，可直接单击顶部的"设计模板"选项。

② 若要以较大尺寸查看设计模板，只需单击任一模板右边的下拉按钮，选择"显示大型预览"命令，如图 5-10 所示。

图 5-8　Profile.pot 模板　　　图 5-9　格式工具栏中的"设计"按钮　　　图 5-10　模板快捷菜单

③ 若要查找未在任务窗格中显示的模板，可单击任务窗格底部的"浏览"按钮，如图 5-10 所示。

④ 若要应用"空白"设计模板，可在任务窗格的"可供使用"栏中选择第一个选项，其标题为"默认设计模板"。

3．应用配色方案

如果对应用设计模板的色彩搭配不满意，利用配色方案可以方便快捷地解决这个问题。

操作实例 6：将一种配色方案应用于所有幻灯片。

操作步骤如下：

① 在"格式"工具栏中单击"设计"按钮，打开"幻灯片设计"任务窗格，在任务窗格中单击"配色方案"，如图 5-11 所示。在"幻灯片设计"任务窗格中，显示出当前设计模板所包含的默认配色方案以及可选的其他配色方案。

② 任选一种配色方案，单击配色方案右边的下拉按钮，选择"应用于所有幻灯片"，则所有幻灯片的背景、标题、文本等颜色均发生了改变。

> **说明**：① 如果应用了多个设计模板，并希望将配色方案应用于所有幻灯片，可单击配色方案右边的下拉按钮，选择"应用于所有幻灯片"；若只希望将配色方案应用于某个设计模板的幻灯片组，可选择该组中的任意一张幻灯片，再单击配色方案右边的下拉按钮，选择"应用于母版"。
> ② 如果对系统的预设配色方案不满意，可以修改配色方案。
> 方法是：在任务窗格的底部单击"编辑配色方案"，打开"编辑配色方案"对话框，如图 5-12 所示。在"自定义"选项卡的"配色方案颜色"中，单击要更改的一种对象的颜色（如背景），再单击"更改颜色"按钮，进行颜色更改，最后单击"应用"按钮即可。

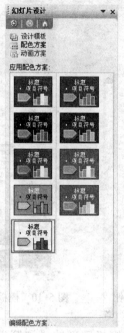

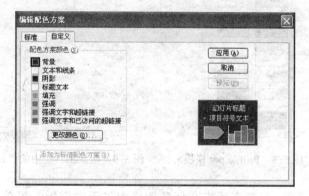

图 5-11　任务窗格中的"配色方案"　　　　　　图 5-12　"编辑配色方案"对话框

技巧：可以将一张幻灯片的配色方案应用于另一张幻灯片中，操作步骤如下：
　　① 在幻灯片浏览视图中，选择一张具有所需配色方案的幻灯片。
　　② 单击或双击"格式刷"。
　　③ 依次单击要应用配色方案的一张或多张幻灯片。
　　④ 完成之后，按 Esc 键或再次单击"格式刷"按钮终止"格式刷"。
　　也可以将一份演示文稿的配色方案应用于另一个演示文稿中。方法是：
　　同时打开两份演示文稿，选择"窗口"菜单中的"全部重排"命令，再
　　重复上述操作步骤。

4．应用幻灯片母版

应用设计模板是由系统设计的外观，如果读者想按自己的意愿统一改变整个演示文稿的外观风格，则需要使用母版。使用母版幻灯片不仅可以统一设置幻灯片的背景、文本样式等，还可以使校徽、公司徽标及各类名称等对象应用到基于母版的所有幻灯片中。

操作实例 7：统一设置幻灯片的页脚和页码并使徽标同时出现在所有的幻灯片中。

操作步骤如下：

① 打开"招聘讲稿.ppt"演示文稿。

② 在菜单栏中选择"视图"→"母版"→"幻灯片母版"命令（见图 5-13），进入幻灯片母版的编辑状态，如图 5-14 所示。由于演示文稿中已应用了 2 个应用设计模板，因此在窗口的左侧按应用模板的先后顺序一共出现了 2 对幻灯片母版和标题母版。当前幻灯片区域显示的母版为基于 Profile.pot 模板的幻灯片母版。

由于母版也是一种特殊的幻灯片，下列操作方式和普通幻灯片的操作方式一样。

③ 插入公司徽标图片"公司徽标 1.emf"并将图片拖动到幻灯片母版的左上角。

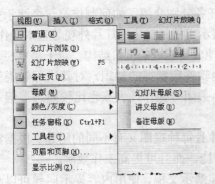

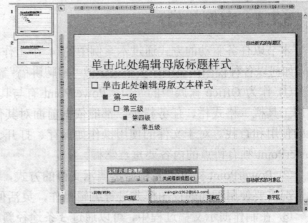

图 5-13 "视图"菜单中的"母版"子菜单   图 5-14 母版的编辑状态

④ 插入另一种公司徽标图片"公司徽标 2.png,并将图片拖动到幻灯片母版的右下部位置。

⑤ 在幻灯片母版的"页脚区"输入一行文字,如 wangjin1962@163.com。

⑥ 在幻灯片母版的"数字区"插入"幻灯片编号"(选择"插入"→"幻灯片编号"命令)。

⑦ 在"幻灯片母版视图"工具栏中,单击"关闭母版视图"按钮(见图 5-14),返回"普通视图"。可以看到,应用了 Profile.pot 模板的所有幻灯片中均出现了公司徽标图片,并且所有幻灯片中均出现了 wangjin1962@163.com 和每张幻灯片的编号。

⑧ 若要求在"标题幻灯片"中不添加页眉和页脚,可选择"视图"→"页眉和页脚"命令),打开"页眉和页脚"对话框如图 5-15 所示。具体操作步骤如下:

"页眉和页脚"对话框中各项的含义如下:

● 如果选择"自动更新"单选按钮,则日期与系统时钟的日期一致;如果选择"固定"单选按钮,并输入日期,则演示文稿显示的是用户输入的固定日期。

● 如果选中"幻灯片编号"复选框,可以对演示文稿进行编号,当删除或增加幻灯片时,编号会自动更新。

● 如果选中"标题幻灯片中不显示"复选框,则版式为"标题幻灯片"的幻灯片不添加页眉和页脚。

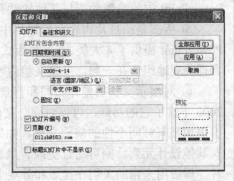

图 5-15 "页眉和页脚"对话框

注意:这里指的是版式为"标题幻灯片"的幻灯片,不一定就是第一张幻灯片。如果不想在第一张幻灯片上显示页眉和页脚,只要将幻灯片版式改为"标题幻灯片"即可。

⑨ 在普通视图下,读者可以根据需要对个别幻灯片进行修改,直到满意为止。

⑩ 保存演示文稿并观看其放映效果。

说明:① 更改幻灯片母版时,已对单张幻灯片进行的更改将被保留。
② 如果将多个设计模板应用于演示文稿,则将拥有多个幻灯片母版,每个已应用的设计模板对应一个幻灯片母版。因此,如果要更改整个演示文稿,则需要更改每个幻灯片母版或母版(也取决于是否正在使用标题母版)。

5.1.4 案例总结

本节以任务驱动的方式通过本案例中的 4 个工作任务分别介绍了如何制作第一个演示文稿，如何以各种视图浏览演示文稿，学做"招聘讲稿"演示文稿和美化幻灯片外观等基本操作。

① 作为 Office 家族中的一员，PowerPoint 有与其他成员相近的窗口结构。对于菜单栏、常用工具栏、格式栏、任务栏等，都能依据前面对其他软件所掌握的知识，对其进行触类旁通的使用和查找。对于文件的使用操作如保存、打开、关闭等操作，大家也比较熟悉，但对 PowerPoint 独有特点的内容要重点掌握。

② PowerPoint 提供了多种显示演示文稿的方式，并且每种视图又有不同的用途。根据实际情况需要使用不同的视图模式进行编辑操作，灵活便捷，而且可提高工作效率。

③ 在制作演示文稿过程中，可以通过 3 条途径新建演示文稿，使用内容提示向导可以从系统预先定义好的一系列演示文稿类型中选择一种，按提示逐步生成具有不同专业风格的演示文稿的基本框架，在此基础上输入内容即可完成所需的文件。使用设计模板是指用户根据文本内容和个人喜好选定一种幻灯片的外观，然后逐张输入内容，插入图片、表格或图表等多种版式进行修改完成的演示文稿。空演示文稿由不带任何设计模板的白底幻灯片组成，给用户提供最大的创作空间，创建具有自己特色和风格的演示文稿。

④ 编辑演示文稿要充分结合不同视图的特点，利用所学知识和对其他软件操作的积累，对文稿进行各种编辑，使其结构更加清晰，文本内容更加美观，幻灯片顺序更加合理。PowerPoint 中的编辑功能与其他软件有很多融会贯通之处，无须过多说明。

⑤ 版式是幻灯片内容在幻灯片中的排列方式，是演示文稿具有特色的布局和显示形式。PowerPoint 提供了 4 大类 30 多种版式样式，可以使图片、表格、图表、组织结构图多种元素合理美观地组合在一起，反映文稿内容。

⑥ 对演示文稿的整体布局和背景设置可以通过应用设计模板和母版来进行。PowerPoint 2003 丰富了它的功能，可以对同一文件中的不同幻灯片应用不同的设计模板，便于人们创作出更加具有鲜明个性的演示文稿。如果只希望变化幻灯片背景而不需要更改设计模板中的所有其他设计元素，则可通过更改背景和配色方案来进行，还可以添加底纹、图案、纹理或图片。母版用来帮助人们在排版和外观上做整体调整。

本案例通过"招聘讲稿"演示文稿的制作，介绍了演示文稿静态效果的制作方法。静态效果的制作包括基本操作、各种版式、编辑修改各种对象（许多可插入的对象，如图片、视频等在本例暂没用到，但具体使用方法简单）、美化幻灯片等操作。母版、配色方案、设计模板可以较好地控制幻灯片的外观和放映效果。

5.2 PowerPoint 综合应用——
制作"竞赛团队"介绍材料

5.2.1 "竞赛团队"介绍材料案例分析

1. 任务的提出

本学期，学院 You and Me 计算机爱好者协会举办第三届"PPT 动画创意设计大赛"，经过前期准备，全校许多同学提交了自己设计的作品，经过初赛、复赛，将进行最后的决赛。决赛是以系为单位进行比赛的，每个系可以选派 1~3 支参赛队，每队由 4 名队员和自己的优秀作品组成。机电工程系二队由陈静瑜、钟向忠、罗华刚、黄家木等 4 位同学组成，按照参赛要求，他们运用了 PowerPoint 中动画设计的许多功能和技巧，并为幻灯片增加其他效果，最后将参赛队员的情况和相应作品合成为一个 PPT 文件提交上去。下面是他们的设计方案。

2. 解决方案

机电工程系二队的参赛作品如图 5-16 所示，该 PPT 共由 9 张幻灯片组成，其中第 1 张幻灯片主要介绍本团队的人员组成，第 2、4、6、8 张幻灯片分别是陈静瑜、钟向忠、罗华刚、黄家木四位同学的个人简介，第 3、5、7、9 张幻灯片分别是陈静瑜、钟向忠、罗华刚、黄家木的作品。

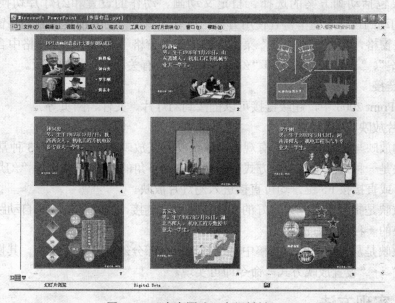

图 5-16 "竞赛团队"介绍材料 PPT

PowerPoint 可分别针对整张幻灯片和每张幻灯片中的各类元素进行动画效果设置。对于整张幻灯片的动画效果，PowerPoint 2003 提供了丰富的切换效果样式，可以在"幻灯片切换"任务窗格面板中对选定的（或是全部）幻灯片直接进行套用，并且还能设置切换时的速度、声音和切换方式（鼠标单击或使用排练计时）。

在本案例中，重点是针对幻灯片中的各类元素进行动画设计。

3. 制作流程设计

在制作本案例之前，先来看一下制作的整体流程，以便了解本案例的整体制作思路。

制作流程：

第一步：策划

第二步：撰写脚本（文字要简练，最好写分页脚本）；

第三步：搜集和制作图片，加工和制作视频、声音、动画等多媒体素材；

第四步：制作演示文稿；

第五步：选择和美化背景（母版、配色、模板、背景）；

第六步：插入图片和视频、声音、动向等多媒体文件；

第七步：调整页面的安排、文字的格式字体、项目符号、颜色、行距等；

第八步：设计幻灯片放映；

第九步：设置文档内及文档之间的超链接；

第十步：加入适当的背景音乐。

5.2.2 相关知识点

1. 动画效果

动画效果是指给文本和对象添加特殊视觉效果，使用幻灯片设计中的动画方案就可以实现，目的是突出重点，增加演示文稿的趣味性和感染力。

动画效果包括动画方案的选择、自定义动画、动作的设置和幻灯片切换几个部分。PowerPoint 的动画设计功能丰富且使用方便，所有动画设计功能都集成到任务窗格中。如果没有看到任务窗格，可选择"视图"菜单中的"任务窗格"命令。任务窗格中含有"幻灯片设计-动画方案"、"自定义动画"和"幻灯片切换"等有关动画设计的面板。

2. 超级链接

在 PowerPoint 2003 中，超级链接可以链接到幻灯片、文件、网页等。

3. 幻灯片放映与控制方式

幻灯片的放映与控制方式主要有观看放映、交互式放映、自定义放映 3 种常用方式。

观看放映是一种最简单的放映方式，随时单击左下角的 ☐ 按钮或选择"幻灯片放映"→"观看放映"，或直接按 F5 键，均可直接进入幻灯片放映。

交互式放映是指利用事先设置好的动作按钮或超链接，实现在放映时自动跳转到指定幻灯片继续放映的一种放映方法。

自定义放映是从当前的演示文稿中有选择地挑选部分幻灯片进行放映。其操作通过选择"幻灯片放映"→"设置放映方式"命令即可实现。

5.2.3 实现方法

 任务 1: 动画设计

1. 制作第一张幻灯片

操作实例 8：第 1 张幻灯片主要包含 4 个队员的头像和姓名。大致播放效果为：首先有"PPT 动画创意设计大赛参赛队成员"字样的标题从屏幕右侧飞入，然后每点击一次鼠标，就会以不同的动画效果出现一个队员头像的图片及其对应的人名。

操作步骤如下：

① 新建一张幻灯片：在"幻灯片版式"和"幻灯片设计-设计模板"任务窗格中，分别为它套用一种版式和一种设计模板。这里选用的是"标题，内容与文本"版式和 Digital Dots 模板，也可以根据需要选用其他类型的版式和模板。然后，在幻灯片中输入标题、项目文本（这里为 4 个队员的名字）和插入图片（这里为 4 个队员头像的图片），并调整好其大小

和位置。

② 调用预置的动画方案：PowerPoint 2003 中新增了动画方案功能，可以将一组预定义的动画和切换效果应用于幻灯片中的文本，适用于标题、项目符号或段落文本。直接套用动画方案，可大大加快幻灯片中动画效果的设计进程。在"幻灯片设计-动画方案"任务窗格中，提供了丰富的动画方案，可应用于选定的幻灯片或所有幻灯片。选用后，会在设计窗口中播放所选方案的预览效果。这里选用"升起"动画方案。

③ 自定义动画效果：切换到"自定义动画"任务窗格后，可以看到自定义动画列表。自定义动画列表显示的是当前幻灯片中所有应用了动画效果的元素及其对应的动画效果设置。列表中包含多个列表项目，每个项目表示一个动画事件。在幻灯片播放时按照由上至下的顺序对自定义动画列表中的动画事件进行播放，并可通过下面的上下箭头按钮 ![重新排序] 来调整上下顺序。在本案例中，由于已在上面的步骤中应用 PowerPoint 2003 自带的"升起"动画方案，因此在自定义动画列表中可以看到标题和项目文本的动画列表项目。这里共包含了 4 个项目文本的列表项目，可单击向上和向下的按钮来分别进行展开和折叠。选中某一个列表项目后，可以更改有关这个动画事件的效果设置。在此，可先选中标题列表项目，然后单击"删除"按钮后再单击"添加效果"按钮，从弹出的菜单中选择"进入"→"飞入"效果（见图 5-17），并在下面的多个下拉菜单中设置"飞入"效果的开始时间、方向和速度。

动画效果的开始时间有 3 种基本类型，分别为"单击"、"之前"和"之后"，如图 5-18 所示。

图 5-17　自定义动画中选择"进入"→"飞入"效果

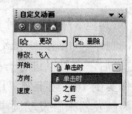

图 5-18　动画效果的开始时间类型

● "单击时"表示通过鼠标单击可触发动画事件，动画列表项目前，会有一个鼠标的图样，并标有表示触发先后顺序的 1、2、3…数字序列。

● "之前"表示在上一个动画事件被触发的同时，自动触发当前动画事件。

● "之后"表示在上一个动画事件播放完后，自动触发当前动画事件。

动画列表项目前会有一个时钟的图样。而且，在动画列表项目右边的下拉菜单中选择"计时"命令（见图 5-19），在弹出的对话框（见图 5-20 所示）中还能设置上述 3 种开始时间的延时，精度可达到 0.5 s。

在本案例中，选中队员头像图片后，使用"添加效果"按钮分别为这 4 张图片添加 4 种不同的显示效果，每种效果添加后都可以预览。由于自定义动画列表中的项目在默认情况下是按照添加的先后顺序排列的，为了在单击鼠标后，使人名和对应的头像图片同时出现，必须先展开人名列表项目，并调整头像图片列表项目的位置，使每个头像图片列表项目都直接位于所对应的人名列表项目的下面。最后，还要将头像列表项目的开始时间设为"之前"，以便与人名同时出现。

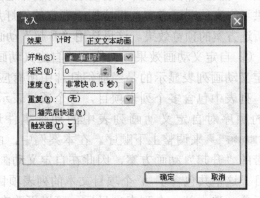

图 5-19　动画列表项目右边的下拉菜单　　　　　图 5-20　"飞入"对话框

2．其他幻灯片中部分动作的制作

操作实例 9：续上例，在幻灯片间建立超链接。

操作步骤如下：

① 下面再制作 4 张关于队员详细介绍的幻灯片，大家可充分发挥自己的创造力。

② 制作完成后，切换到最初制作的第 1 张幻灯片，选中其中的一幅头像图片。

③ 在其右键菜单中选择"动作设置"命令，在弹出的对话框中的"单击鼠标"选项卡中，将这张图片链接到所对应的幻灯片上，例如将该张图片链接到幻灯片 4 上，如图 5-21 所示。

④ 对其他 3 幅头像图片也进行相应的链接操作。另外，还可以在 4 张队员详细介绍的幻灯片中，制作返回到第 1 张幻灯片的超链接。

⑤ 最后，还可以进行一些诸如幻灯片切换效果、添加声音效果、排练计时等设置。

操作实例 10：续上例，用触发器来触发动画事件（第 5 张幻灯片的制作主要说明如何将元素作为触发器来触发动画事件）。

操作步骤如下：

① 首先，新建一张幻灯片，新建的幻灯片会自动套用与第 1 张幻灯片相同的设计模板。

② 然后再将其版式设为"空白"。

③ 插入一张图片，并为其设置动画效果，如"渐变式缩放"。

④ 然后再插入另一幅作为触发器的图片。

下面将这个动画事件的播放设置为由触发器来触发，而不是上文中提到的"单击"、"之前"或"之后"方式。在此动画列表项目右边的下拉菜单中选择"计时"命令，在弹出的对话框中单击"触发器"按钮，选中下面的"单击下列对象时启动效果"选项，并在旁边的下拉列表中选择刚才插入的图标图像作为触发器，如图 5-22 所示。由触发器触发的动画事件元素的右上角会标有一个手形标记。另外，为了不使触发器在触发后挡住被触发的动画效果，可用其右键菜单中的"置于底层"命令，将它作为触发器的图片放到最下层。在播放时，只有当单击触发器时才会触发指定的动画事件，这样就在设计上给幻灯片制作者很大的灵活性。在 PowerPoint 2003 中，包括图片、文本、动作按钮等在内的众多元素都能作为触发器。

图 5-21　在幻灯片间建立超链接

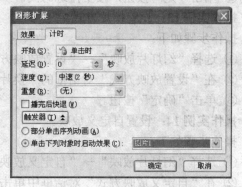

图 5-22　"图形扩展"对话框

操作实例 11：续上例，运动路径的使用。

操作步骤如下：

① 在幻灯片中插入一个图像或文本框（例如，插入文本框内，输入"参赛作品：NO1"），调整其大小、位置至幻灯片的某个位置。

② 为其添加"渐变"效果。

③ 在 PowerPoint 2003 中，一个元素可以添加多个动画效果，这样就能很容易设计出生动、精彩的动画。选中这个图像或文本框图标，再次单击"添加效果"按钮，并在下拉菜单中选择"运作路径"→"其他运动路径"命令，在弹出的对话框中有非常丰富的运动路径可供选用，如图 5-23 所示。

图 5-23　"添加动作路径"对话框

在此，选用"S 形曲线 1"运动路径，然后回到幻灯片设计窗口中，可以看到添加的运动路径已由虚线标出，其两个端点处的绿色和红色箭头分别表示运动的起点和终点。选中运动路径后，不但能对其进行旋转、大小调整，还能使用其右键菜单中的命令进行"编辑顶点"、"关闭（开放）路径"和"反转路径方向"等操作，十分方便。除了直接调用或更改内置的运动路径外，也能自己动手绘制运动路径。最后，要注意起初所制定的动画效果的出场顺序。

任务 2：幻灯片放映与控制方式

最后，为幻灯片增加其他效果，主要包括设置放映时间、设置放映方式、添加幻灯片旁白、放映时使用绘图笔加注、交互式演示文稿放映等。

操作实例 12：设置自动放映。

操作步骤如下：

① 选择"幻灯片放映"→"排练计时"命令。

② 在弹出"预演"对话框的同时对第一张幻灯片自动进行计时，单击"下一项"按钮开始对第二张幻灯片计时，再单击继续对第三张幻灯片计时……直到放映结束。

③ 单击"是"按钮，接受排练时间。

操作实例 13：设置换片方式。

操作步骤如下：

① 选择"幻灯片放映"→"设置放映方式"命令。

② 在"设置放映方式"对话框的"换片方式"区中，选择手动或自动。

③ 单击"确定"按钮。

操作实例 14：设置自定义放映。

操作步骤如下：

① 选择"幻灯片放映"→"自定义放映方式"命令。

② 在"自定义放映方式"对话框中单击"编辑"按钮。

③ 选择要参加放映的幻灯片，单击"添加"按钮。

④ 单击"确定"按钮。

操作实例 15：设置幻灯片循环放映。

操作步骤如下：

① 选择"幻灯片放映"→"设置放映方式"命令。

② 在"设置放映方式"对话框的"放映"选项中选中"循环放映"。

③ 选择"幻灯片放映"→"幻灯片切换"命令。

④ 选中"切换方式"下的"每隔"，输入幻灯片切换的时间。

⑤ 单击"应用于所有幻灯片"按钮。

操作实例 16：添加幻灯片旁白。

操作步骤如下：

① 选择"幻灯片放映"→"录制旁白"命令。

② 在"录制旁白"对话框中选择"设置话筒级别"，单击"确定"按钮。

③ 单击"更改质量"按钮，在"名称"列表框内命名以便今后使用，选择编码格式和声音的采样量化参数，单击"确定"按钮。

④ 在"录制旁白"对话框中单击"确定"按钮开始录制旁白。

操作实例 17：放映时使用绘图笔加注。

操作步骤如下：

① 使用绘图笔

● 在放映视图方式下单击鼠标右键，选择"指针选项"中的所需的绘图笔类型。

● 当幻灯片窗格出现黑点后，拖动鼠标可在幻灯片上任意书写或绘画。

●放映结束后，选择"保留"或"放弃"带画笔的幻灯片。

提示：改变画笔的颜色可选择"指针选项"中的"墨迹颜色"进行设置。

② 擦除笔迹

方法 1：在放映视图方式下单击鼠标右键，选择"指针选项"中的"橡皮擦"。

方法 2：在放映视图方式下，单击大写字母"E"可随时全部清除幻灯片上的绘图标记。

③ 退出绘图笔的使用状态

方法 1：在放映视图方式下单击鼠标右键，选择"指针选项"中的"箭头"；

方法 2：直接按 Esc 键。

方法 3：使用 Ctrl+A 和 Ctrl+P 键可在绘图笔和箭头之前进行快速切换。

操作实例 18：交互式演示文稿放映。

操作步骤如下：

① 添加单张幻灯片的按钮。

● 在普通视图中选中要添加动作按钮的幻灯片。

● 选择"幻灯片放映"→"动作按钮"命令，弹出级联菜单，选中相应的动作按钮，待鼠标指针变为十字形时，在目标位置拖动鼠标绘制。

● 在自动打开的"动作设置"对话框中，单击"超链接到"的下拉列表按钮选择要跳转的幻灯片。

● 单击"确定"按钮。

② 重复上述步骤可在多张幻灯片上添加动作按钮。

③ 设置文字或图片超链接

● 选中用于超链接的文本或图片。

● 选择"插入"→"超链接"命令。

● 在左窗格的"链接到"中选择所需的项目。

● 单击"确定"按钮。

在放映幻灯片中，超链接的文字自动用其他颜色添加了下画线，当鼠标移到该处时会出现小手图标。

④ 添加幻灯片母版上的按钮：

● 选择"视图"→"母版"→"幻灯片母版"命令。

● 重复在单张幻灯片上添加动作按钮的步骤。

5.2.4　案例总结

本案例主要介绍的是对已具备基础内容的演示文稿进行各项修饰工作，以达到预期的效果。演示文稿创建后期，在静态效果上，应根据文稿的内容对演示文稿整体的演示顺序、文字排版、设计模板的选定做全局性修改，对个别幻灯片的背景、配色方案和布局做局部修饰。在动态效果上，对幻灯片的切换、动画效果等进行设置。

对已编辑修饰好的幻灯片进行动画设计和幻灯片切换效果，可以突出重点，使演示文稿更加精彩。动画设计使幻灯片中各元素在放映时同时或逐个以不同的动作出现在屏幕上，从而增加幻灯片的动感效果。幻灯片切换可使屏幕演示的最大优点得到完美体现，还可根据作者的需要调整放映内容、顺序等，增加文稿的可读性和趣味性。

演示文稿的设计原则：

① 原则上每张幻灯片都应该有标题，提倡使用幻灯片版式来布局。

② 内容简洁明了，不宜有过多的文字表述，尽可能多用图表。一般来说，图的效果好于

表，表的效果好于文字。切忌把文字内容大段地复制粘贴进来。

③ 整个演示文稿张数不要太多，一般 10～20 张即可。每一张幻灯片字数不要太多，通常不超过 6～8 行，尽量用大字。

④ 当文字内容可以用层次、并列、因果等相关关系表达时，尽量不只用文字叙述，可以用组织结构图或绘图工具制作的箭头、连线等来表示。

⑤ 不要一张张地设计幻灯片的格式（字体、文字大小、颜色、背景等），而应把所有的基本内容编辑完毕后，统一设置设计模板、配色方案、动画效果、切换效果等，以求整体风格的统一，有必要的话可修改幻灯片母版。

⑥ 不宜采用过分花哨或者颜色绚丽的模板和背景，力求简洁、庄重、清晰。切忌：动画效果不要太复杂，效果声音、链接不要太多，图片、背景要和内容相符。

综合练习 5

一、选择题

1．PowerPoint 演示文稿的扩展名是_____。

A．.doc B．.xls C．.pps D．.ppt

2．下列不是 PowerPoint 视图的是_____。

A．页面视图 B．幻灯片视图 C．备注页视图 D．普通视图

3．为了使每张幻灯片中出现完全相同的对象（如图片、文字等），最简便的方法是_____。

A．修改幻灯片母版 B．在幻灯片浏览视图中修改

C．在放映视图中修改 D．在普通视图中修改

4．要终止幻灯片的放映，可直接按_____键。

A．Ctrl+C B．Ctrl+F4 C．Esc D．Shift+End

5．下列操作中不能退出 PowerPoint 的操作是_____。

A．选择"文件"→"关闭"命令

B．选择"文件"→"退出"命令

C．按 Alt+F4 键

D．双击 PowerPoint 标题栏最左侧控制菜单图标

6．可以编辑幻灯片中文本、图像、声音等对象的视图一定是_____。

A．普通视图方式 B．幻灯片浏览视图方式

C．备注页视图方式 D．幻灯片放映视图方式

7．如果想将幻灯片的方向更改为纵向，可通过菜单_____。

A．文件、页面设置 B．文件、打印

C．格式、幻灯片板式 D．格式、应用设计模板

8．如果要从第 2 张幻灯片跳转到第 8 张幻灯片，应使用菜单"幻灯片放映"中的_____命令。

A．动作设置 B．预设动画 C．幻灯片切换 D．自定义动画

9．激活 PowerPoint 的超链接功能的方法是_____。

A．单击或双击对象 B．单击或鼠标移过对象

C．只能使用单击对象 D．只能使用双击对象

10. 为幻灯片播放设计动画效果时_____。

A. 只能在一张幻灯片内部设置

B. 只能在相邻幻灯片之间设置

C. 既能在一张幻灯片内部设置，又能在相邻幻灯片之间设置

D. 可以在一张幻灯片内部设置，或者在相邻幻灯片之间设置，但两者不能使用在同一演示文稿中

二、简答与综合题

1. 新建演示文稿时，选择"文件"菜单中的"新建"命令与使用工具栏上的"新建"按钮有何区别？

2. 建立演示文稿的方法有哪几种，建立好的幻灯片能否改变其版式？

3. PowerPoint 中的视图有哪几种，在什么视图中可以对幻灯片进行移动、复制、排序等操作，在什么视图中不可以对幻灯片内容进行编辑？

4. 模板一经选定后可以改变吗，版式可以改变吗，配色方案可以改变吗，幻灯片的长度及方向可以改变吗？

5. 简述幻灯片母版的作用，母版和模板有何区别？

6. "幻灯片配色方案"和"背景"这两条命令有何区别？

7. 在幻灯片放映中，如果想放映已隐藏的幻灯片，该如何操作？

8. 如何撤销已定义的片内动画和片间动画？

9. 如何进行超级链接，代表超级链接的对象是否只能是文本？

10. 进入幻灯片各种视图中最快的方法是什么？

11. 在幻灯片放映的过程中，使用绘图笔在幻灯片上进行讲解涂写，实际上就是在制作的幻灯片中做各种涂写吗？

12. 如果要设置从一个幻灯片换入到下一个幻灯片的方式，应使用"幻灯片放映"中的什么命令？

13. 如果要从第 2 张幻灯片跳转到第 8 张幻灯片，应使用菜单"幻灯片放映"中的什么命令？

三、项目实训

题目：学校风貌介绍

1. 项目描述

运用 PowerPoint 可以制作很多不同类型的演示文稿。在今年的新生招收咨询会上，学校决定放映一个学生自己设计制作的演示文稿，主要内容是从学生的角度去看学校，向未来的新同学展示学校的风貌。为此，向全体同学征集优秀的演示文稿作品。

2. 项目任务

要求在自己所在学校中寻找素材，制作一个重点突出、形式活泼、图文并茂、动静结合、画面美观的介绍学校的演示文稿。将完成的演示文稿以"学校介绍"为文件名保存在 U 盘中。

3. 设计要求

① 设计不少于 10 张幻灯片（包括 10 张），要求图文并茂、版面合理。

② 在母版中放置学校校徽、校名及制作时间，并将上述主要内容设计为菜单，放置在母版中，使用户在每一个画面中都可以进行跳转操作。

③ 使用图片、图表、组织结构图等表现幻灯片。

④ 设计定时自动放映。

⑤ 各幻灯片播放时设置合适的切换方式。

⑥ 为突出的内容设计对象动画（例如，为各幻灯片上的标题文字设置动画效果），其中至少 1 张幻灯片要设置动画效果，但不应喧宾夺主。

⑦ 其中第 1 张幻灯片显示主题和 3～4 个标题，并能和各标题幻灯片进行链接。

⑧ 通过第 1 张幻灯片上文字或图片链接到相应的幻灯片，在相应的幻灯片上设置返回按钮，能返回到第 1 张幻灯片。

⑨ 第 2 张幻灯片开始介绍各标题的内容，每个标题用 2～3 张幻灯片介绍学校一个方面的内容，第 1 张为标题幻灯片。

⑩ 在幻灯片中至少有 1 段背景音乐、1 段视频资料和 1 段旁白。

⑪ 最后 1 张幻灯片中用艺术字的形式表达对学校的看法。

4．项目提示

（1）设计演示文稿的制作方案

在制作演示文稿之前，首先要设计好演示文稿的制作方案，在方案中要明确以下内容：

① 演示文稿的主题。学校介绍可以选择的主题很多，例如学校的整体介绍、某个专业的全面介绍、某个班级的介绍、某一门特别感兴趣的课程以及业余校园生活等。作为向准新生做介绍，要尽可能反映学校的整体情况。

② 确定幻灯片的总体结构。主题确定之后，要围绕主题确定演示文稿的基本结构。明确整个演示文稿大致需要几张幻灯片，分成几部分主要内容，是否需要设置标题幻灯片，各主要内容之间如何连接，是否使用模板，对模板做哪些修改等问题。

③ 确定幻灯片的播放方式。要根据展示主题及放映场合的实际情况，决定幻灯片采用什么播放方式，如何进行幻灯片切换，是否要隐藏幻灯片或者设置自定义播放等内容。

（2）准备素材

制作演示文稿之前需要准备素材，一般要准备好以下几方面的素材：

① 文字素材：文字素材可以自己编写，也可以从校园网或校刊上摘录。

② 图片素材：图片在演示文稿中占有很大的比例，可以自己拍摄，从同学的收藏中筛选，从网上下载，也可以用各种绘图软件绘制。

③ 音乐素材：可以选择自己喜欢的背景音乐，或者将几段音乐编辑合成为背景音乐。

④ 视频素材：可以将学校的典型活动片段拍摄成视频资料，插入演示文稿。也可以从网上下载相关的视频资料。如果可能，可以制作一些 Flash 动画。

（3）组织文稿

组织、编辑每张幻灯片的标题及文字内容，确定幻灯片播放时采用什么形式的动画，确定在幻灯片上插入的具体图片，确定在哪些幻灯片上插入视频，撰写解说词。

（4）制作演示文稿

制作阶段主要完成创建演示文稿、建立超链接、自定义动画、设置幻灯片切换方式、录制解说词、排练计时、设置循环播放等具体工作。

5．项目评价

项目评价表

内　　容		评　价				
学习目标	评价项目	5	4	3	2	1
能使用电子演示文稿制作软件	能建立文档					
	能编辑文档					
	能保存文档					
	能打印文档					
	能使用文档模版					
能使用动画功能	能设置动画					
	能使用自定义动画					
能使用多媒体素材	能使用音/视频文件					
	能设置音/视频播放					
	能录制旁白					
能制作不同结果的文稿	能设置动作					
	能链接文件					
	能调用应用程序					
能正确设置放映方式	能播放预览					
	能切换页面模式					
	能设置排练计时					
	能设置循环播放					
	能修改图文框					
沟通能力						
自我提高的能力						
综合评价						

职业能力 标注于"内容"栏左侧，跨多行。

计算机故事

电子计算机之父——冯·诺依曼

　　约翰·冯·诺依曼（John Von Neumann）1903 年生于匈牙利，犹太人。1926 年德国柏林大学任助教；1929 在汉堡大学任助教；1930 年成为美国普林斯顿大学访问教授；1933 年，普林斯顿成立高级研究院，他是其中一名最年轻的教授，与爱因斯坦是同事。

　　冯·诺依曼在科学上有着多方面的贡献，是 20 世纪上半叶世界上最伟大的数学家之一，他在发明计算机方面有什么贡献可从阿伯丁火车站的一次巧遇说起。1944年盛夏的一个傍晚，冯·诺依曼来到阿伯丁车站等候去费城的火车。在候车室里，遇到一位名叫高德斯坦的青年，他在费城宾夕法尼亚大学的莫尔学院工作。他告诉冯·诺依曼，受阿伯丁弹道实验所的委托，莫尔学院正在试制每秒钟能计算333次乘法的电子计算机。这引起了冯·诺依曼的极大兴趣，他详细地了解了这方面的工作情况和意义。

1944年8月，当世界上第一台电子计算机 ENIAC 研制工作停滞不前的时候，冯·诺依曼投身到新型计算机设计者的行列中。他同 ENIAC 的首批研制者们讨论了提高电子计算机性能的各种措施，并提出相应的改进建议。正是因为冯·诺依曼所起的决定性作用，才使 ENIAC 在这一年里得以试制成功。

冯·诺依曼和他的埃尼亚克

1945年，冯·诺依曼不断提出 ENIAC 的改进方案，提出了 EDVAC 和 IAS 机方案，使计算机的研究工作在美国以至世界许多地方展开。其主要建议有4个方面：

① 将十进位改为二进位。

② 建立多级存储结构，由它容纳并指令程序。

③ 机器要处理的程序和数据，均由二进制数码表示。

④ 采用并行计算原理，即对一个数的各位同时进行处理。

1951年，IAS 机以比 ENIAC 快几百倍的事实以及后来的研制计算机的经验证明了冯·诺依曼全部结论的正确性。无论计算机的逻辑图式，还是现代计算机中存储、速度、基本指令的选取以及线路之间相互作用的设计，在很大程度上都深受到冯·诺依曼思想的影响。

由于对计算机工程发展的巨大贡献，冯·诺依曼被誉为"电子计算机之父"。

第 6 章
Internet 的使用

引子：一缕丝线，传人间真谛。

本章知识结构与主要内容：

- 了解 Internet 的发展简况和工作原理。
- 掌握 Internet 的使用。
- 了解什么是电子邮件。
- 了解如何申请邮箱。
- 掌握在网上收发电子邮件的方法。
- 掌握邮件的日常管理方法。
- 了解什么是电子商务。
- 了解如何进行网上贸易和预订。
- 了解如何进行网上求职。

Internet 代表着当代计算机体系结构发展的一个重要方向。由于 Internet 的迅猛发展，人类社会的生活理念也因此发生了巨大的变化，Internet 使全世界真正成为了一个"地球村"和"大家庭"。

6.1 了解地球村——Internet 简介

6.1.1 什么是 Internet

1. Internet 概述

Internet 是由 Interconnection 和 Network 两个词结合而成的，中文译名为因特网。它是一个建立在网络互联基础上的最大的、开放的全球性网络。Internet 拥有数千万台计算机和上亿个用户，是全球信息资源的超大型集合体。所有采用 TCP/IP 协议的计算机都可加入 Internet，实现信息共享和相互通信。

Internet 是当今世界上最大的计算机网络通信系统。该系统拥有成千上万个数据库，提供的信息包括文字、数据、图像、声音等形式，信息属性有软件、图书、报纸、杂志和档案等；门类涉及政治、经济、科学、教育、法律、军事、物理、体育和医学等社会生活的各个领域。Internet 是无数信息资源的集合，也是一个无极网络，不为某个人或某个组织所控制，每个人都可以通过 Internet 来交换信息和共享网上资源。

从通信的角度来看，Internet 是一个理想的信息交流媒介：利用 Internet 的 E-mail 能够快捷、安全和高效地传递文字、声音及图像等各种信息。通过 Internet 还可以打国际长途电话、召开在线视频会议等。

从获得信息的角度来看，Internet 是一个庞大的信息资源库：网络上有遍布全球的几千家图书馆、上万种杂志和期刊以及政府、学校和公司企业等机构的详细信息等。

从娱乐休闲的角度来看，Internet 是一个花样众多的娱乐厅：网络上有很多专门的电影站点和广播站点，并且遍览全球各地的风景名胜和风土人情。网上的 BBS 是一个人们聊天交流的好地方。

从商业的角度来看，Internet 是一个既能省钱又能赚钱的场所：利用 Internet，足不出户，就可以得到各种免费的经济信息。无论是股票证券行情还是房地产贸易信息，在网上都有实时跟踪。通过网络还可以图、声、文并茂地召开订货会、新产品发布会以及做广告推销等。

2．Internet 发展简史

Internet 的应用范围由最早的军事、国防，扩展到美国国内的学术机构，进而迅速覆盖了全球的各个领域。而它的运营性质也由以科研、教育为主逐渐转向商业化。

Internet 的原型是 1969 年美国国防部远景研究规划局（Advanced Research Projects Agency）为军事实验用而建立的网络，名为 ARPANET，初期只有 4 台主机，其设计目标是为了当网络中的一部分因战争原因遭到破坏时，其余部分仍能正常运行。20 世纪 80 年代初期，ARPA 和美国国防部通信局成功研制出用于异构网络的 TCP/IP，并将其投入使用。1986 年，在美国国会科学基金会（National Science Foundation）的支持下，ARPA 用高速通信线路把分布在各地的一些超级计算机连接起来，以 NFSNET 代替 ARPANET，然后经过十几年的发展逐步形成了 Internet。

1994 年 4 月 20 日，"中国国家计算与网络设施"（简称 NCFC，国内称为"中关村教育与科研示范网"）工程通过美国 Sprint 公司连入 Internet 的 64Kbps 国际专线开通，实现了与 Internet 的全功能连接。从此，中国被国际正式承认为真正拥有全功能 Internet 的国家。此事被中国新闻界评为 1994 年中国十大科技新闻之一，被国家统计公报列为中国 1994 年重大科技成就之一。

在网络应用范围，近年来 Internet 逐渐放宽了对商业活动的限制，并朝商业化的方向发展。现在，Internet 早已从最初的学术科研网络变成了一个拥有众多商业用户、政府部门、机构团体和个人的综合的计算机信息网络。

目前，Internet 已经是世界上规模最大、发展最快的计算机互联网。从 1991 年开始，Internet 联网计算机的数量每年翻一番，目前每天大约有 4 000 台计算机入网。

3．Internet 的基本服务方式

（1）电子邮件

电子邮件（E-mail）是 Internet 的一个基本服务，通过 Internet 和用户的电子邮件地址，人们可以方便、快速地交换电子邮件、查询信息并加入有关的公告、讨论和辩论组。E-mail 是 Internet 上使用率最高的一种功能，据估计有近 60% 的用户在使用电子邮件功能。

（2）交互式信息检索（WWW）

WWW（World Wide Web）又称全球信息网、"万维网"，有时也简称为"Web"或"3W"。

3W 使用超文本（Hyper Text）和超媒体（Hyper Media）技术，即它可以在一个文件中用文字、图片或声音等连接另一个文件。用户通过阅读并选择文本就可以从一个文件跳到另一个文件，或从一个站点跳至另一个站点，从而取得自己想获得的信息。

由于 Web 可以传播图文并茂、有声有色的信息，引起了全世界许多大公司、政府部门和教育机构的兴趣，认为它是做广告、宣传和传递信息的强大工具。因此，基本上每一个连接 Internet 的单位均有自己的 Web 服务器，有时也称为主页（Home Page）服务器。

（3）文件传输

文件传输（File Transfer Protocol，FTP）也是 Internet 提供的最基本功能，它向所有 Internet 用户提供了在 Internet 上传输任何类型的文件：文本文件、二进制文件、图像文件、声音文件、数据压缩文件等的传输功能。FTP 服务可以分为两种类型：普通 FTP 服务和匿名（Anonymous）FTP 服务。普通 FTP 在 FTP 服务器上向注册用户提供文件传输功能，而匿名 FTP 可向任何 Internet 用户提供核定的文件传输功能。

（4）电子公告板

电子公告板（Bulletin Board System，BBS）是 Internet 上的消息和文件仓库。在提供有 BBS 的 Internet 主机上，用户可通过调制解调器或专线访问 BBS。BBS 提供如天气、交通、旅游、文娱、体育、科研、商情、股票等信息。需要说明的是，不是所有站点都设有 BBS，而且有些站点即使设有 BBS 也需要用户先注册后才能使用。

（5）新闻

Usenet 从不同的地方采集新闻，并给予一定时间的保存，供用户阅读。Usenet 是一个民办范围的电子公告板，用于发布公告、新闻和各种文章供大家使用、讨论和发表评论，做出回答和增加新内容。同样，也不是所有站点都设有 Usenet，而且有些站点即使设有 Usenet 也只提供给已注册的用户。

（6）文档检索

文档检索（Archie）向用户提供一种检索电子目录资源功能。Archie 定期地查询 Internet 上的 FTP 服务器，将其中的文件索引创建到一个单一的、可搜索的数据库中，用户只要给出希望查找的文件类型及文件名，Archie 服务器就会指出在哪些 FTP 服务器上存放着这样的文件，这使用户在需要下载某种免费软件时可以快速查找到其所处的站点。

（7）远程登录

远程登录（Telnet）是为了某个 Internet 主机中的用户与其他 Internet 主机建立远程连接而提供的一种功能服务。一旦用户使用 Telnet 与主机建立连接后，该用户就可以使用远程主机的各种资源和应用程序。

（8）网上电话

打 Internet 电话需要 Modem（调制解调器）支持语音（VOICE）功能。语音 Modem 一般带有 MIC（麦克风）和 SPEAKER（扬声器）插孔，可以直接通过麦克风和音箱接听打入的电话，管理语音信箱。

使用时，将麦克风、音箱接好并运行相应的软件就可以打 Internet 电话。也有的 Modem 自身不带麦克风、扬声器插孔，而是通过软件使用插在声卡上的麦克风和音箱，这就需要计算机配置的是全双工的声卡。

6.1.2 使用同一种语言——TCP/IP 协议

Internet 是全球性的计算机网络，连接到 Internet 中的网络各种各样，计算机从大型机到微型机多种多样。这些计算机运行在不同的操作系统下，使用不同的软件，为保证彼此间正确地交流信息，在通信时必须遵守共同的网络协议。

通信协议是计算机之间交换信息所使用的一种约定和规程。在 Internet 中采用 TCP/IP 协议，即传输控制协议（Transmission Control Protocol，TCP）和网间协议（Internet Protocol，IP）。IP 负责将数据从一处传到另一处，TCP 保证传输的正确性。TCP 和 IP 协同工作，其作用是在发送和接收计算机系统之间维持连接，提供无差错的通信服务，保证数据传输的正确性。

TCP/IP 协议最早源于 1969 年美国国防部的 ARPAnet，现已演变成一种工业标准。TCP/IP 协议本质是采用分组交换技术，该技术的核心思想是把数据分割成一定大小的信息包来传送。

6.1.3　找到要去的地方——IP 地址和域名

1．IP 地址

为了确保通信时能相互识别，在 Internet 上的每台主机都必须有一个唯一的标识，即主机的 IP 地址。IP 协议就是根据 IP 地址实现信息传递的。

IP 地址由 32 位（即 4B）二进制数组成，为了书写方便，常将每个字节作为一段并以十进制数来表示，每段间用“.”分隔。例如，202.92.215.1 就是一个合法的 IP 地址。

IP 地址由网络标识和主机标识两部分组成。常用的 IP 地址有 A、B、C 三类，每类均规定了网络标识和主机标识在 32 位中所占的位数。它们的表示范围分别为：

- A 类地址：0.0.0.0～127.255.255.255。
- B 类地址：128.0.0.0～191.255.255.255。
- C 类地址：192.0.0.0～223.255.255.255。

其中，A 类用于大型网络，B 类用于中型网络，C 类用于小型网络。

2．域名系统

32 位二进制数的 IP 地址对计算机来说非常有效，但用户使用和记忆都很不方便。为此，Internet 引进了字符形式的 IP 地址，即域名。域名采用层次结构的基于“域”的命名方案，每一层由一个子域名组成，子域名间用“.”分隔。例如，www.sohu.com，其中 www 后为主机域名。

6.2　走进地球村——漫游 Internet

6.2.1　Internet 的接入方式

1．PPP 拨号连接方式

PPP 就是使用电话线拨号上网方式。这是国内使用最为广泛的接入方式，当用户以拨号方式上网时将动态分配一个 IP 地址。所谓动态 IP 地址是指用户登录上网时，临时分配一个 IP 地址。这种方式结构简单、费用便宜，但访问速率较低（最新标准为 56Kbps），可靠性不高，比较适合于个人和小团体使用。

2．ISDN 方式

ISDN 即综合业务数字网，这是一种较新的上网方式。我国自 1995 年起，开始在主要城市实现了 ISDN 的商业应用。其主要特点是：端到端的数字连接和综合的业务。

这种方式需要申请新的数字电话才能使用，其访问速率（目前多为 128Kbps）要高于 PPP 拨号方式，且能同时进行语音和数据的传送，但相应的费用较高。

3．ADSL 方式

ADSL 即非对称数字用户环路技术。它采用了高级的数字信号处理技术和新的压缩算法，使大量的信息可通过电话线路高速传送。之所以称为"非对称"数字用户环路，就是因为它上传和下行的速率不是对称的。利用这一技术可在现有的电话线上实现 3 个信息通道，一个传输速率为 1.5～8Mbps 的高速下行通道，可实现高速下载信息；另一个是传输速率为 640Kbps～1Mbps 的中速双工通道；最后一个则是普通电话通道。这 3 个通道可以互不干扰地同时工作。

4．Cable Modem 方式

这是一种利用有线电视网的同轴电缆实现高速接入 Internet 的方式。经过多年的发展，国内有线电视网络已覆盖了大部分地区，几乎家家户户都已经安装了有线电视终端，一旦用户所在小区的线路经过双向改造并开通此项服务，用户无须电话线和任何电话拨号装置，只要拥有计算机和 Cable Modem 即可通过有线电视网进行宽带冲浪，传输速率可达 10Mbps。

5．专线方式

专线方式是指用户使用光纤等高传输速率的专用线路，将自己的内部网络或计算机相对永久地接入 Internet。采用这种方式，用户必须配备路由器或网桥等复杂的网络设备，并从有关部门（如电信部门）租用通信专线接入 Internet。专线连接的最大优点是访问速率高（可达几 Gbps），可靠性高，但费用昂贵，只适合于单位或部门采用。

6.2.2 浏览网页

1．使用网页浏览器

浏览网站需要使用一个平台，用来存放浏览的信息并接受用户浏览时进行的操作，这个平台被称为浏览器。目前，人们最常用的浏览器是 Windows 自带的 Internet Explorer，简称 IE。

在浏览网页之前，先要打开 IE。在工具栏下方的"地址"栏中输入网站的网址 www.sohu.com，然后按 Enter 键，搜狐网站的首页就会显示出来，如图 6-1 所示。

可以看到首页中内容很多，但都是一些标题。如果要看具体内容，只要单击这些文字即可。当页

图 6-1 搜狐网站首页

面太长，下面和右面的内容都看不到时，只要用鼠标拖动页面右边和下边的滚动条，使页面上下左右滚动即可。

课堂练习：分别从桌面和开始菜单中启动 IE 浏览器，然后在地址栏输入几个自己熟悉的网站地址，如 www.hao123.com、www.hongen.com（洪恩在线）、www.tongyi.net（统一教学网）等。

2．"后退"和"前进"按钮的使用

在用户阅读完一篇新闻后，若想再回到前面的页面，只要单击工具栏中的"后退"或"前进"按钮即可，如图 6-2 所示。IE 会按照顺序连接前面已经阅读过的网址。

"后退"与"前进"按钮可以按照顺序连接前面已经阅读过的页面。但当用户一次浏览的网页数量比较多时，效率就比较低，此时可以使用"快退"和"快进"操作。

在"后退"和"前进"按钮旁边有一个小的黑色三角形，如图 6-3 所示。下拉列表中所记录的页面是按照 IE 记忆的顺序排列的，想回到哪个页面，单击相应页面的名字即可。

图 6-2 "后退"或"前进"按钮　　　　　　图 6-3 快退功能

3. 自定义浏览器主页

默认情况下，每次打开 IE 时，自动显示的第一个网页通常是微软公司的主页。自定义浏览器主页的操作步骤如下：

首先选择"工具"→"Internet 选项"命令，打开"Internet 选项"对话框，单击"常规"选项卡，如图 6-4 所示。

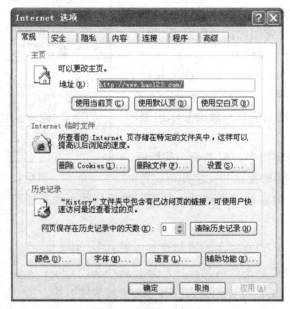

图 6-4 设置 IE 主页

在"主页"标题栏中有 3 个选项：

● 使用当前页：把现在用户正在看的这个页面作为 IE 启动时的主页。

● 使用默认页：把微软公司的中文站点作为主页。

● 使用空白页：让 IE 启动时显示空白的页面。

当然，用户还可以直接在"地址"一栏中输入自己希望 IE 启动时自动显示的网页地址。选择或者填写完毕之后，单击"确定"按钮即可。

课堂练习：打开"电脑爱好者"的网站 www.cfan.com.cn，然后通过"Internet 选项"将其设置为浏览器的主页。

4. 使用"收藏夹"

在网上冲浪时，经常会发现一些很有吸引力的站点和网页。前面讲到的"后退"和"前进"按钮虽然好用，但只要一关闭计算机它们记录的信息就会丢失。此时，可以通过"收藏夹"来保存网址。

（1）将喜欢的网页地址添加到收藏夹

打开要保存的网页，选择"收藏"→"添加到收藏夹"命令，如图 6-5 所示。

此时，系统会弹出"添加到收藏夹"对话框，在"名称"文本框中输入要为这个网站取的名字后，单击"确定"按钮即可，如图 6-6 所示。

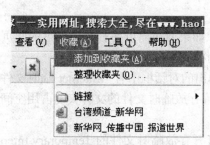

图 6-5　选择"添加到收藏夹"命令

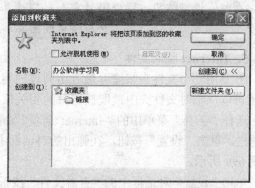

图 6-6　"添加到收藏夹"对话框

网页地址被添加入收藏夹后，下次想再访问这个页面时就会很方便。直接单击打开"收藏"菜单，然后在下拉菜单中找到这个网站的名称，单击后即可连接到这个网站。

如果觉得使用"收藏"菜单比较麻烦，可使用 IE 提供的收藏夹栏。单击工具栏上的"收藏夹"按钮，或者按 Ctrl+I 快捷键，IE 的左侧就会显示出收藏夹栏，如图 6-7 所示。

（2）整理收藏夹

当收藏夹中的网址日渐增多时，收藏夹会杂乱无章，难以寻找到所需网址，此时应及时整理收藏夹。

选择"收藏"菜单中的"整理收藏夹"命令，或者使用 Ctrl+B 快捷键，即弹出"整理收藏夹"对话框，如图 6-8 所示。

图 6-7　使用 IE 提供的收藏夹栏

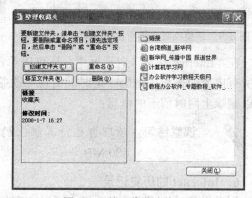

图 6-8　整理收藏夹中网址

在此对话框中可以进行以下操作：

● 新建：可以为网站归类。单击"创建文件夹"按钮后，在右侧的列表中，会新建一个文件夹，可将它的名字改为类别名，如"新闻"、"歌曲"等。

● 移动：选中要移动的网站名称，单击"移至文件夹"按钮，再从弹出的"浏览文件夹"对话框中，选择要移到的文件夹名称。

● 删除：要删除收藏的网址，选中不想要的网站名称，单击"删除"按钮，就将它们放到回收站中。

● 重命名：如果要改变网站名称，选中网站，再单击"重命名"按钮，当网站名称变为可编辑状态时，就可以更改名称。

整理完后，单击"关闭"按钮。整理好收藏夹，以后就可以方便地查找网站。

 课堂练习：将中国教育和科研计算机网的首页 www.cernet.edu.cn 保存到收藏夹中，然后使用收藏夹将其打开。

5. Internet 临时文件

IE 专用一个文件夹来储存最近访问过的网页信息。如果要访问以前曾经访问过的网页，IE 就可以从临时文件夹中读取该网页的相关信息，从而提高上网的效率。

选择"工具"菜单中的"Internet 选项"命令，在弹出的对话框中有"Internet 临时文件"标题栏。单击"设置"按钮，在弹出的对话框中可以设置存放临时文件的文件夹的占用空间，如图 6-9 所示。

单击"设置"对话框中的"查看文件"按钮，即可打开存放临时文件的 Temporary Internet Files 文件夹，如图 6-10 所示。

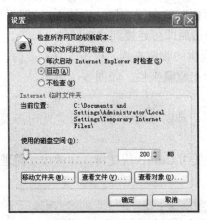

图 6-9　调整临时文件所占用空间的大小

图 6-10　Internet 临时文件夹

在"Internet 选项"对话框中，还可以单击"删除文件"按钮进行一次性清空临时文件夹中所有内容的操作。每隔一定时间清理一次临时文件夹，不仅可以释放占用的硬盘空间，还可以删除上网时留下的信息。

 课堂练习：清理自己计算机上的临时文件，并将临时文件的空间大小调整为600 MB。

6. Internet 的历史记录

用手机打过电话后，在手机上可以查到最近的呼叫记录。IE 中也一样有"呼叫记录"，单击 IE 工具栏中的"历史"按钮或按 Ctrl+H 键，就会在窗口的左侧打开"历史记录"窗格。其中列出了最近一段时间访问过的网站，如图 6-11 所示。

单击"历史记录"窗格中的"查看"按钮，可以从下拉菜单中选择网站的排列方式，为查找网站创造更便利的条件，如图 6-12 所示。

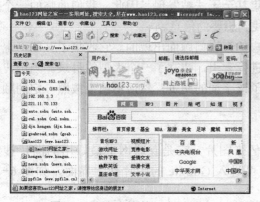

图 6-11 显示 IE 的历史记录

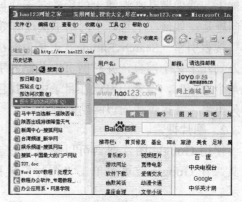

图 6-12 按今天的访问顺序查看历史记录

删除历史记录的方法也很简单，只需在"Internet 选项"对话框中单击"清除历史记录"按钮即可。

课堂练习：利用 Internet 的历史记录功能，找出前几天自己上网时浏览过的网页。

7. 清除上网信息

在使用 IE 的过程中会有这样一种情况：用户在网页的文本框中输入一个文字，结果会发现 IE 自动记住了输入过的内容，用户只要用向下的方向键进行选择即可。这一功能在 IE 中被称为"自动完成"，它虽然给用户带来了一定的方便，但同时也给用户带来了潜在的泄密危险。

如果要清除"自动完成"里的内容，可在"Internet 选项"对话框中单击"内容"选项卡，再单击"自动完成"按钮，打开"自动完成设置"对话框，如图 6-13 所示。在对话框中用户可以选择应用自动完成功能的场合，也可以清除表单和密码列表中保存的信息。

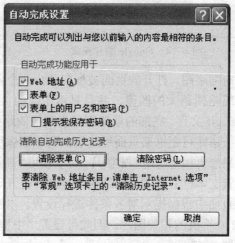

图 6-13 清除 IE 中自动出现的密码

6.2.3 信息搜索

1．搜索引擎的概念

随着 Internet 的迅速发展，网上信息不断丰富和扩展。但是，这些信息却分布在无数的服务器上，就像散乱在海滩上的珍珠，无法被收集甚至无法被发现。因此，我们面临的一个突出问题是：如何在上百万个网站中快速有效地找到想要的信息。

搜索引擎（Search Engine）正是为解决用户的查询问题而出现的。它收集了互联网上几千万到几十亿个网页，并对网页中关键的字词进行索引，建立了一个大型的目录。当用户查找某个字词时，搜索引擎就在目录中查找包含了该字词的网页，然后将结果按照一定的顺序排列出来，并提供通向该网站的链接。

2．图片搜索

使用 Google 图片搜索可以搜索超过 8.8 亿张图片，它是互联网上最好用的图片搜索工具。在 Google 首页上单击"图片"链接即可进入 Google 的图片搜索界面，如图 6-14 所示。

输入"九寨沟"进行搜索，结果如图 6-15 所示。Google 给出的搜索结果包括一个直观的缩略图以及对该缩略图的简单描述。例如，图像文件名称、文件格式、长宽像素、大小及网址等信息。

图 6-14　Google 图片搜索

图 6-15　搜索到的图片

单击缩略图，打开的页面被框架分为两个部分，如图 6-16 所示。在顶部框架，用户可以看到比缩略图稍大的图像，并且显示图像的 URL。单击顶部框架中的图像即可链接到实际的.jpg 或.gif 文件。底部的框架则显示图像的原始环境。在屏幕右上角有一个"移除栏框"按钮，单击此按钮即可把框架页面迅速切换到该图像所在的页面。

如果想更加精确地搜索图片，可以使用"高级图片搜索"对搜索条件进行更为详细的设置。单击搜索文本框右侧的"高级图片搜索"打开设置页面，如图 6-17 所示。

在页面中根据提示对各条件进行设置。本例想在诺基亚的网站（www.nokia.com）中搜索一款 7210 手机的相关图片，因此可设置"中型"、"JPG 文件"、"全彩影像"这些条件。搜索结果如图 6-18 所示。

图 6-16　框架页面

图 6-17　高级图像搜索

 课堂练习：试利用搜索引擎搜索"奥运场馆"的图片，要求图片的展名为 JPG 格式。

3．MP3 搜索

百度在天天更新的 3 亿中文网页中提取 MP3 下载链接，建立了庞大的 MP3 歌曲下载链接库。单击百度主页上的"MP3"链接，即可进入百度 MP3 搜索页面，如图 6-19 所示。把想要搜索的歌曲的名字输入到搜索文本框中，然后单击右边的"百度一下"按钮就可以开始搜索。

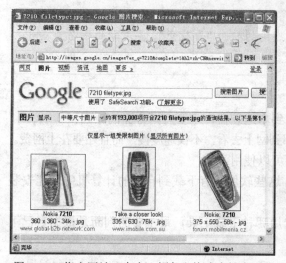

图 6-18　指定网站、大小、颜色和格式来搜索图片

图 6-19　百度 MP3 搜索

在文本框的下面还有一排单选按钮，用来设置歌曲的文件格式，或者设成搜索歌词或手机铃声。

搜索选择关键字时，可以用歌曲名加歌手名一起搜，在歌手名和歌曲名之间要加一个空格。

每一条搜索结果都给出了文件大小、格式和链接速度（见图 6-20），单击前面的歌曲名就可以下载。百度 MP3 搜索引擎拥有自动验证下载速度的卓越功能，总是把下载速度最快的排在前列，使用户下载 MP3 歌曲的速度总是保持最快。

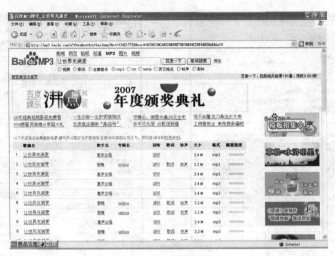

图 6-20　搜索结果

在搜索页面时可以直接进行下载操作。例如，使用 IE 自带的下载功能，可在欲下载的歌曲名称上单击鼠标右键，从弹出的快捷菜单中选择"目标另存为"命令，再选择存放地址，之后单击"确定"按钮即可。

在此还可以很方便地搜索到歌曲的歌词，无论输入歌名还是歌词片断，都可以用来寻找想要的歌词。

百度还提供了一项很有用的功能：手机铃声搜索。利用它可以方便地搜索到自己喜欢的歌曲并发送到手机上。

课堂练习：试利用搜索引擎搜索周杰伦的歌曲"青花瓷"，要求歌曲展名为 wma。

6.2.4　网络下载

互联网上的资源越来越多，很多需要下载到本地硬盘，主要有两方面的原因：

① 有些信息需要反复地使用。如果每次都到网上去看，不仅速度慢，而且还要花上网费。如果把它们下载到自己的计算机上，则随时都可以使用。

② 在 Internet 上能找到很多有用的软件，这些软件只有下载到自己的计算机中才能安装运行。

目前，用于软件下载的工具很多，究竟选用哪种下载工具，最主要的判断是根据自己下载的内容进行选择。

1．下载工具简介

（1）非 P2P 类下载工具

这类下载工具适合那些服务器端能够提供稳定可靠的下载带宽、文件比较小的下载，下载时不占用上行带宽和计算机资源。

① 网际快车（FlashGet）：通过把一个文件分成几个部分同时下载可以成倍地提高速度，下载速度可以提高 100%～500%。网际快车可以创建不限数目的类别，每个类别指定单独的文件目录，不同的类别保存到不同的目录中，强大的管理功能包括支持拖曳、更名、添加描述、查找、文件名重复时可自动重命名等，而且下载前后均可轻易管理文件，支持 mms 协议，

支持 rtsp 协议。

② 影音传送带（Net Transport）：影音传送带是一个快速稳定功能强大的下载工具。其优点是下载速度一流，CPU 占用率低，尤其在宽带上特别明显。

（2）P2P 类下载工具

P2P（point to point）是指点对点下载，即在下载的同时，还可以继续做主机上传。这种下载方式，人越多速度越快，适合下载电影等视频类大文件，另外适合此类下载的网上资源也比较多。但缺点是对硬盘损伤比较大（在写的同时还要读），对内存占用率很高，影响整机速度。

迅雷是一款新型的基于 P2SP 技术的下载软件，通过优化软件本身架构及下载资源的优化整合实现了下载的"快而全"，且在用户文件管理方面提供了比较完备的支持，尤其是对于用户比较关注的配置、代理服务器、文件类别管理、批量下载等方面进行了扩充和完善，使得迅雷可以满足中、高级下载用户的大部分专业需求。

2．使用"迅雷"下载"软件"

（1）任务分类说明

在迅雷的主界面左侧是任务管理窗口，如图 6-21 所示，该窗口中包含一个目录树，分为"正在下载"、"已下载"和"垃圾箱" 3 个分类，单击一个分类就可以看到这个分类中的任务。每个分类的作用如下：

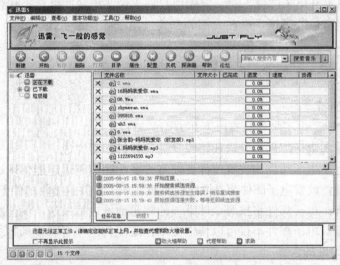

图 6-21 迅雷的主界面搜索结果

① 正在下载：没有下载完成或者错误的任务都在这个分类，当开始下载一个文件时就需要点"正在下载"查看该文件的下载状态。

② 已下载：下载完成后任务会自动移动到"已下载"分类，如果发现下载完成后文件不见了，可单击"已下载"分类查看。

③ 垃圾箱：用户在"正在下载"和"已下载"中删除的任务都存放在迅雷的垃圾箱中，"垃圾箱"的作用就是防止用户误删，在"垃圾箱"中删除任务时，会提示是否把存放于硬盘上的文件一起删除。

（2）更改默认的文件存放目录

迅雷安装完成后，会自动在 C 盘建立一个"C:\\download"目录，如果用户希望把文件的存放目录改成"D:\\下载",则需要右键单击任务分类中的"已下载",选择"属性"命令,更改目录为"D:\\下载",然后单击"配置"按钮,在"默认配置"的"类别"中重新选择"已下载",此后"C:\\download"就会变成"D:\\下载"。

（3）直接拖曳链接地址下载

只要用左键按住链接地址,拖放至悬浮窗口,松开鼠标即可,和右键单击链接"使用迅雷下载"一样,会弹出存储目录的对话框,只要选择好存放目录即可。此时,在迅雷页面的左下方可以看到下载文件的名称、大小以及下载速度等信息。在下载软件的过程中,不但可以浏览网页、听歌、甚至玩游戏,智能悬浮窗口还会显示下载的百分比及线程图示。

（4）个性化悬浮窗口

它可以让个性化的用户有更个性化的选择,只要右键单击"悬浮窗口",在"配置"中选择"图形配置",即可改变悬浮窗口的前景色、背景色、透明度等。

6.3 给友人寄封信——电子邮件的使用

电子邮件又称"E-mail",它是一种通过网络实现异地之间快速、方便、可靠地传递和接收信息的现代化通信手段。与传统的邮件形式相比,电子邮件有许多优点,每一个与 Internet 接触的人几乎都离不开电子邮件。对一定的用户群来说,电子邮件已经代替了传统的邮政系统,以前通过邮局寄信的事情,现在大部分都通过电子邮件来解决。一封 1 000 字左右的电子邮件可以在几秒钟或几分钟内传送到世界的任何一个角落。

6.3.1 电子邮件简介

1．电子邮件的特点

与普通信件相比,电子邮件具有以下几方面的特点:

● 速度更快捷:电子邮件的发送和接收只需几秒钟即可完成。
● 价钱更便宜:电子邮件比传统信件要便宜许多,距离越远越能体现这一优点。
● 使用更方便:收发电子邮件都是通过计算机完成的,并且接收邮件无时间和地点限制。
● 投递更准确:电子邮件将按照全球唯一的邮箱地址进行发送,保证准确无误。
● 内容更丰富:电子邮件不仅可以传送文本,还能传送声音和视频等多种类型的文件。

2．电子邮箱地址的含义

电子邮箱是装载电子邮件的载体,在网上申请的邮箱都会有一个唯一的电子邮箱地址,同投递普通信件时要在收信人一栏填写收信人地址一样,在发送电子邮件时必须填写收件人的邮箱地址。电子邮箱地址的格式为 user@mail.serve.name,其中 user 是收件人的邮箱,这是对方自己设置的,@（@在英语中读作"at",意思就是"在"）后面是收信服务器的名称,它标明了这个邮箱的位置。例如,fisheep@sohu.com 就是一个电子邮箱地址。这个电子邮件地址的整个意思就是在 sohu.com "邮局"的 fisheep "邮箱"。

6.3.2 邮箱申请

目前,国内有很多网站提供免费电子邮件服务,这些免费电子邮件的邮箱大小各异,小的有 8 MB、10 MB,大的则有 1 GB 以上。下面就介绍一下几个具有影响的免费电子邮箱和免费电子邮箱的申请过程。

1. 各大邮箱比较

电子邮件服务商在中国遍地开花，只要是稍微有些名气的网站，都会提供电子邮件功能。但大多数免费电子邮箱的功能比较单一，仅具备邮件收发功能。当然，这已经可以满足仅进行邮件收发的用户的需要。另外，一些较大的电子邮件服务商，则以电子邮件平台为基础，扩展出一些复杂的功能。

下面就 3 个电子邮件服务商 Yahoo、搜狐、网易的免费电子邮件功能进行一下对比。

（1）中国雅虎

中国雅虎（www.yahoo.cn）提供的是无限量免费终生邮箱。对用户来说，省去了清理邮件的麻烦，也不用担心邮件太多而撑爆邮箱。

雅虎无限量邮箱的注册过程相当简单，只需一个页面即可全部完成。随后，立即进入邮箱首页，如图 6-22 所示。

图 6-22　中国雅虎邮箱首页

左侧依然是收件箱、草稿箱等标准配备。单击"写信"按钮后，在地址栏上方，有 3 个选项：从地址簿插入地址、添加抄送地址、添加密送地址，这些功能与其他免费邮箱功能相同。值得注意的是，在左侧的最下面，多了几个选项：我的相册、我的空间、我的淘宝、我的知识盒，这些是雅虎邮箱的一些很新颖的扩展功能。虽然网易邮箱也具备博客的功能，但雅虎的功能更强大，与其他用户的交互性更强。

"我的空间"中不仅可以传照片，写博客，而且可以将兴趣写在"兴趣"栏目中。其他用户可以根据"兴趣"作为搜索条件，找到有相同兴趣的用户，并可以在兴趣栏发布信息，互相交流。此功能可以扩大雅虎邮箱用户之间的联系，增进彼此间的交流。

在"我的空间"中的"需求"选项卡中，是一个类似于互助平台的信息中心，其中包含"爱心互助"、"技能服务"、"二手交易"。用户可以在此提出自己的问题，也可以帮助别人解决他们的问题。可以卖东西，也可以购买二手产品。

雅虎邮箱还有一个很酷的功能："在线聊天"。只需将朋友的雅虎邮箱账号添加到"联系人"中。当朋友登录了雅虎邮箱时，这个联系人就会标记为"在线"状态。单击这个联系人，就会在网页的右侧出现一个聊天窗口，可以通过此窗口与朋友实时聊天。不需要安装客户端，也不需要特殊的设置，只是在网页中就可以达到在线聊天的功能。

另一个值得关注的是雅虎邮箱的反垃圾能力。雅虎邮箱采用的是 DomainKeys（域名密钥）的技术，这是一种公认为是最好的反垃圾技术。DomainKeys 技术在每封电子邮件上增加加密的数字标志，然后与合法的互联网地址数据库中的记录进行比较。当收到电子邮件后，只有加密信息与数据库中记录匹配的电子邮件，才能够进入用户的收件箱。

可以说，雅虎邮箱整合了无限量电子邮件、用户博客、交友、二手交易、在线聊天的功能于一身。只需要一个账号，就可以使用这些功能。

（2）搜狐

搜狐（www.sohu.com）是中国最早提供电子邮件服务的网站之一，注册用户数量也非常巨大。但是由于起步较早，所以邮箱功能相对比较简单。

搜狐的邮箱是免费注册，进入邮箱界面后，左侧是邮箱的各个文件夹：收件箱、草稿箱等，右侧是邮件的具体信息标题，可以设置反垃圾设置和一些显示参数设置。除这些邮件功能外，搜狐邮箱不具备其他扩展功能。

搜狐的免费邮箱空间比较狭小，只有 50 MB。当邮箱使用率达到 90% 时，邮箱系统会在登录时，弹出一个警告框，提醒要清理邮箱。如果邮件往来频繁，则需要经常清理收件箱。

（3）网易

网易（www.163.com）的免费邮箱大小为 3 GB，与搜狐的相比，算得上是"海量存储"。但对于经常收发大附件的用户来说，3 GB 也有些不足。

网易邮箱的注册过程也比较简单，只要设置用户名、密码等一些基本信息就即可。但是如果想要申请它的无限量邮箱，首先必须是它的老用户，其次还需要确认手机验证码等。

进入网易邮箱主页（见图 6-23）后，左边为邮箱列表，包括收件箱、草稿箱、垃圾邮件，右侧窗口则是一些嵌入的小网页，除了有新闻、邮箱服务、博客热点等选项外，还有"理财"选项，其中提供一些理财方面的功能，可以在里面定义一些要关注的股票名称，然后在收发邮件时，就可以知道这些股票的行情。当然，其内容只是简单的价格信息，没有专业股票网站那么精准。

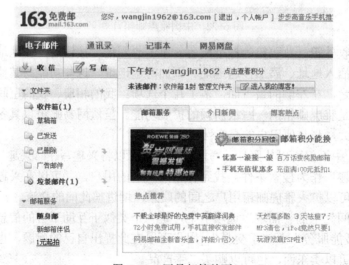

图 6-23　网易邮箱首页

通讯录中可以添加联系人，这些联系人，可以在写信时，添加到收件人栏中。

单击"写信"按钮时，在右侧的工具栏中有一项信纸功能。里面有一些 HTML 模板，可以作为信纸的格式，如图 6-24 所示。但模板的样式都比较单一，背景图片比较简单。

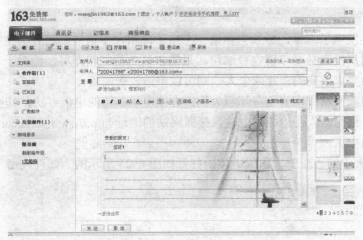

图 6-24　网易邮箱首页中信纸的格式

在上方的工具栏中，有一个"字典"按钮，这是一个网页嵌入式的英文字典。在读/写信件时，可以很方便地进行英文查询。

除了可以写信，网易邮箱还有贺卡功能。在贺卡功能模板中，可以选择多种 HTML 样式的模板建立贺卡。

另外，网易邮箱还提供了网络 U 盘的功能，大小为 280 MB，可用来存放一些日常的文档、计划。

目前经常使用的各大免费邮箱情况比较一览表，如表 6-1 所示。

表 6-1　各大免费邮箱情况比较一览表

序号	网站	申请地址	评价	邮箱容量	稳定性
1	www.gmail.com	www.gmail.com	★★★★★	容量 2 GB+时间增容	推荐
2	www.hotmail.com	www.hotmail.com	★★★★★	开始 30 MB，登录时间为 30 天后，升级 250 MB	稳定性好（推荐）
3	www.yahoo.com.cn	www.yahoo.com.cn	★★★★★	不限量	稳定性不错
4	www.sina.com.cn	www.sina.com.cn	★★★	2 GB	邮箱接收邮件慢一些,稳定性可以
5	网易系列	www.163.com www.126.com www.yeah.net	★★★★★	网易的目标是中国最大的免费邮箱申请，容量大	稳定性好，但邮件接收慢一些
6	www.21cn.com	www.21cn.com	★★★★	容量 1 GB	稳定性可以
7	www.sohu.com	www.sohu.com	★★★★	50 MB	稳定性可以，但邮件接收慢一些
8	www.3126.com	www.3126.com	★★★★	容量 3 GB，上传限制 20 MB	稳定性待验证
9	www.56.com	www.56.com	★★★★	2.5 GB 容量	接收慢，有时接不到

2. 邮箱申请

要在网上收发电子邮件，必须先申请一个电子邮箱，申请的邮箱分为免费邮箱和收费邮箱两种，普通用户没有必要申请收费邮箱，只需申请免费邮箱即可。而对于一些邮件收发量很大，对安全性要求很高的企业或个人，则可以申请收费邮箱。

下面以在搜狐网站中申请免费邮箱为例，介绍电子邮箱的申请方法，其操作步骤如下：

① 打开 IE 浏览器，在地址栏中输入搜狐网站的地址 http://www.sohu.com 并按 Enter 键，打开搜狐网站的主页。

② 单击主页中的"注册"超级链接，打开如图 6-25 所示的"邮件注册"网页。

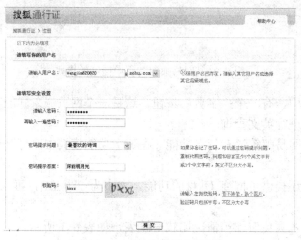

图 6-25 "邮件注册"网页

③ 在该网页中的"请填写你的用户名"文本框中输入所申请邮箱的用户名，这里输入wangjin620820。

 说明： 各邮件服务器对用户名有一定的要求，如 sohu 要求用户名只能是英文字母、阿拉伯数字以及 "_"、"-"、"." 字符，长度必须在 5～20 位之间且不能含有特殊字符，例如汉字等。

④ 输入密码、密码提示问题和验证码等内容。

 说明： 在"密码提示问题"中随便输入一些文字（本例输入"我喜欢的诗词"），并在"答案"中输入相应的内容（如"床前明月光"）。这两个文本框的作用是如果万一忘掉了邮箱的密码，可以到页面上的相应链接中去找，如果正确地回答出"答案"的内容，就可以得回密码。

 提示： 应该注意保护自己的密码，尽量使用混杂了数字、字母和符号的 6 位以上密码，不要使用诸如 1234 之类的简单密码或者与用户名相同、类似的密码。例如，复杂的密码可设为办公室的电话号和"夜泊秦淮近酒家"的前 4 个汉字的首字母交替出现。

⑤ 输入完成后单击"确定"按钮，打开如图 6-26 所示的网页，提示邮箱已申请成功，并显示新注册的邮箱地址。

图 6-26　注册成功

⑥ 单击"登录邮箱"按钮，由于是第一次登录，将打开如图 6-27 所示的网页，从中需填写相关的个人资料。

⑦ 填写完成后单击"提交"按钮，提示个人信息设置成功。

⑧ 单击"进入邮箱"按钮就可以进入刚申请的邮箱，如图 6-28 所示。

图 6-27　输入个人资料

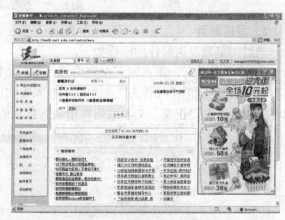

图 6-28　进入自己的邮箱

以后用户登录邮箱时，即可直接单击搜狐网站主页中的"邮件"超级链接，进入邮箱。

6.3.3　在网上收发电子邮件

在网上收发电子邮件即通过 IE 浏览器收发电子邮件，该方法不需要安装邮件收发程序，也不需要进行任何设置，只需在申请的站点中登录邮箱即可，这是个人用户最常使用也是最简单的收发邮件方法。

1．接收邮件

通过浏览器接收电子邮件的操作步骤如下：

① 在 IE 浏览器中打开邮箱所在的网站，这里打开搜狐网站的首页。

② 从中输入邮箱账号、密码并登录邮箱，打开如图 6-29 所示的网页。

③ 在网页左侧可以看到邮箱中已收到的未读邮件数，单击"收件箱"选项，进入收件箱。

④ 在"主题"栏即可看到收到邮件的主题，单击该主题，即可在打开的网页中查看邮件的具体内容，如图 6-29 所示。

⑤ 在查看邮件内容的网页中，单击上部的各个按钮，即可进行相关的操作，如回复和删除邮件等。

图 6-29　查看邮件内容

2. 发送邮件

通过浏览器发送邮件的操作如下：

① 登录邮箱后，单击网页左侧的"写信"按钮，即可打开撰写邮件内容的网页。

② 在该网页的"收件人"文本框中输入收邮件人的邮箱地址，在"主题"文本框中输入邮件的主题，在"正文"文本编辑框中输入邮件的内容，如图 6-30 所示。

图 6-30　输入收件人地址和邮件内容

③ 单击"发送"按钮，即可将撰写好的邮件发送到收件人的邮箱中，然后将在打开的网

页中提示邮件已发送成功，单击"返回"按钮返回邮箱网页即可。

> **提示**：若在"抄送"文本框中输入其他邮箱地址，可同时将该邮件公开地发送给其他用户；若在"暗送"文本框中输入其他邮箱地址，也可将该邮件私下发送给其他用户。

3．邮件配置选项设置

在收发电子邮件时，有时需要签名，有时用户因为出差在外或旅游度假，不能及时回复邮件，这时可以设置签名文件、自动回复功能等。一般各大邮箱都能进行一些功能设置，下面以搜狐电子邮件的配置选项中的"自动回复和自动转发"设置为例介绍设置邮件自动回复。

① 登录邮箱后，单击网页左侧的"配置选项"，即可打开邮件配置选项的网页，如图 6-31 所示。

② 在该网页中单击"自动回复和自动转发"，打开如图 6-32 所示的网页。一旦系统接收到新邮件时，系统将自动回复邮件给寄件人或自动转发另一个收件人。

图 6-31　邮件配置选项　　　　　图 6-32　自动回复功能设置

③ 在是否开启自动回复栏中，选择"打开"选项；在期限项处设置"自动回复和自动转发"的有效期；在自动回复内容文本编辑框中输入要回复的内容，如"您的邮件已收到，因 1 月 16 日到 22 日出差在外，不能及时回复邮件，望谅解"等。最后，单击最下面的"确认更改"按钮，自动回复功能设置完毕，在有效期内所有的邮件到达后，将自动回复给发件人。

6.4　体验地球村生活——电子商务的应用

通过网络，人们不仅可以进行信息的浏览和交流、资源的发布和下载，还可以进行各类贸易活动；通过网络，在家中就可以进行以往必须出门办理的很多工作，如预订酒店或机票、进行招聘或应聘以及与公司同事或客户召开会议等。这些都得益于电子商务的发展以及网络服务的逐渐完善。本章主要介绍如何在网上进行贸易、预订、招聘和会议等活动，通过这些活动，可以让人们的生活趋于网络化，使人们的生活变得更加轻松。

6.4.1　电子商务简介

电子商务是指电子化的贸易活动，利用 Internet 进行的商务活动都可以称为电子商务。目前，许多公司都开展了电子商务，他们以网络为平台，以电子交易的方式进行商品的出售、订单的签发以及产品的预订等各种商业活动。它与传统贸易方式不同，其优越性是显而易见的。企业可以通过网络，直接接触成千上万的新用户，与他们进行交易，不但可以从根本上精简商业环节，降低营运成本，提高工作效率，增加企业利润，而且还能随时与遍及各地的贸易伙伴进行交流合作，增强企业间的联合，从而提高产品竞争力。电子商务与传统贸易方式相比，具有以下特点：

● 流通环节减少：电子商务不需要批发商、专卖店和商场，客户通过网络即可直接从厂家订购产品。

● 购物时间减少，增加客户选择余地：电子商务通过网络为各种消费需求提供广泛的选择余地，可以使客户足不出户便能购买到满意的商品。

● 资金流通速度加快：电子商务中的资金周转无须在银行以外的客户、批发商和商场等之间进行，而是直接通过网络在客户银行内部账户上进行，大大加快了资金周转的速度，同时减少了商业纠纷。

● 客户和厂家的交流增强：客户可以通过网络说明自己的需求，定购自己喜欢的产品，厂商则可以很快了解客户需求，避免生产上的浪费。

● 刺激企业间的联合和竞争：企业之间可通过网络了解对手的产品性能与价格以及销售量等信息，从而促进企业改造生产技术，提高产品竞争力。

6.4.2　网上贸易

如今，在许多网站上都可以进行网上贸易，如淘宝网、阿里巴巴、新浪和搜狐等，本章将以在淘宝网站进行交易为例介绍在网上寻找商品、采购和销售等贸易活动的方法。

1. 寻找商品

要在电子商务网站进行贸易活动，首先必须进行注册，例如在 IE 浏览器中输入"淘宝网"的地址 http://www.taobao.com 后按 Enter 键，打开"淘宝网"的首页，如图 6-33 所示。

图 6-33　"淘宝网"首页

单击"免费注册"按钮即可在打开的网页中根据提示进行注册，其操作方法这里不做详述，注册成功后单击首页中的登录超级链接进行账户的登录，登录成功后即可开始进行商品的买卖。要购买商品，需先寻找到自己需要的商品，其方法有以下几种：

● 搜索：通过搜索引擎可以在淘宝网淘到自己想要的商品，例如输入"所有公示"（见图 6-34），再单击"搜索"按钮，即可在打开的网页中显示所有关于包包商品的信息。如果单击后面的"高级搜索"链接，可以设置条件来缩小搜索范围，更加方便查找所需商品。例如，输入价格、店主名字和店铺名字等来迅速找到想要的商品。

● 浏览：在淘宝网中通过直接浏览的方式，可以按类别寻找商品，还可以根据淘宝店铺的属性来逐个浏览，如图 6-35 所示。

2. 网上采购

找到自己需要的商品后，即可进行采购，例如要购买找到的"三星耳机"，其操作步骤如下：

图 6-34　搜索商品

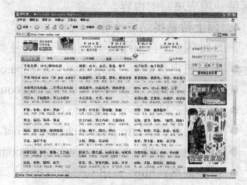

图 6-35　浏览商品

① 在找到的如图 6-36 所示的商品网页中单击"立即购买"按钮，打开用于确认购买信息的网页，如图 6-37 所示。

图 6-36　找到商品

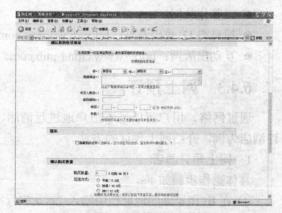

图 6-37　填写购买信息

② 在其中仔细输入相关信息，确认无误后单击网页底部的"确认无误，购买"按钮。

③ 在打开的网页中确认购买并同意支付货款，用户根据自己的实际情况选择支付方式即可。

3. 在线销售

除了购买商品，在网上还可以销售自己的商品，但先要进行身份认证，在没有通过认证之前，用户只能将商品放入仓库，通过确认之后才可将商品上架出售。要进行身份认证，可在淘宝网页中单击"我的淘宝"按钮，在打开的页面中再单击实名认证链接即可进行身份认证，在淘宝网中有两种实名认证方式，即个人认证和商家认证，用户可根据自己的需要进行操作。

认证的处理需要 3 个工作日，如果认证通过，网站会用邮件通知用户；如果认证失败，网站也同样会以邮件的方式告诉用户哪个环节存在问题，用户可根据邮件的提示对认证资料进行修改，并回复邮件进行二次认证。

通过认证后，用户就可以在淘宝网卖商品，登录淘宝网后单击首页中的"我要卖"按钮，在打开的网页中有"拍卖"和"一口价"两种方式可以选择。选择一种方式，填写商品标题、描述、图片和运费等内容后确定即可。此外，在网页中还有具体的帮助信息，用户可通过它了解每一项应填写的内容。

4．网上贸易类站点推荐

下面列举一些目前比较热门的网上贸易类站点：

- 阿里巴巴贸易网：http://www.alibaba.com。
- 当当购物网：http://www.dangdang.com。
- 淘宝网：http://www.taobao.com。
- 中国礼品网：http://www.china-gift.net。
- 首都电子商城：http://www.beijing.com.cn。
- 新浪商城：http://mall.sina.com.cn。
- 易趣网：http://www.ebay.com.cn。
- 卓越图书音像商城：http://www.joyo.com。
- CCTV 网上商城：http://www.goucctv.com。
- 壹号购物网：http://www.1hao.com。
- 三芬化妆网：http://www.3fen.com.cn。
- 搜易得 IT 数码商城：http://www.soit.com.cn。
- 互动出版网：http://www.china-pub.com。

6.4.3 网上预订

通过网络，用户可以足不出户地进行酒店、机票或鲜花等的预订，下面以在 e 龙网站预订酒店为例，介绍网上预订的方法。

1．网上预订酒店

具体操作步骤如下：

① 在 IE 浏览器的地址栏中输入"e 龙旅行网"网站的网址 http://www.elong.com，按 Enter 键打开 e 龙旅行网的首页。

② 选择"酒店"选项，在打开的网页中设置搜索酒店的条件，如图 6-38 所示，完成后单击"查找"按钮。

③ 在打开的网页中将显示符合条件的酒店，如图 6-39 所示。例如，要预订西安建国饭店，可单击其后的"预订"按钮。

④ 打开预订信息确认网页，其中显示预订的酒店及价格信息，核对后单击"继续"按钮。

⑤ 在打开的网页中选择会员/非会员订单的提交方式，如图 6-40 所示。此时，根据自己

的情况选择即可，这里选择直接预订，单击"继续预订"按钮。

⑥ 打开"酒店预订单"网页，如图 6-41 所示。根据提示输入准确的信息后，单击底部的"提交"按钮即可。

⑦ 稍等片刻将打开"订单提交成功"网页，并显示自己的资料以及订单号，记住该订单号以便以后查询，酒店方也会在稍后以电话的方式与预订人确认。

图 6-38　设置搜索条件

图 6-39　搜索结果

图 6-40　会员登录

图 6-41　填写酒店预订单

2．预订服务类站点推荐

下面列举一些预订服务类站点以供参考：

- 天天假日酒店预订网：http://www.365holiday.net。
- 中国国旅航空预订网：http://www.linktrip.com。
- 中国酒店预订热线：http://www.hotelonline.com.cn。
- 卖花女网络花店：http://www.flower.com.cn。
- 绿如蓝花店（北京）：http://www.bjflower.com.cn。
- 英特中国旅游预订网络：http://www.chinatourism.net。
- 全国机票联盟：http://www.jp.china.com。
- e 龙旅行网：http://www.elong.com。
- 携程旅行网：http://www.ctrip.com。
- 易翔商旅网：http://www.eachline.com。

- 搜房网：http://www.soufun.com。
- 商务中国：http://www.bizcn.com。
- 中国黄页：http://www.chinayp.com.cn。
- 中国汽车网：http://www.chinacars.com。
- 太平洋电脑网：http://www.pconline.com.cn。
- 亚商在线：http://www.asiaec.tom。

6.4.4 网上求职

网上招聘或应聘是一种特殊的择业形式，用人单位在网上发布招聘信息，而应聘者可网络了解到这些信息，并向用人单位发送个人资料与职位申请，当通过用人单位的审查后，应聘者即可接受单位面试或笔试等。

1．在求职网站注册

在网上应聘时，首先需要进行会员注册，以便在网站中留下个人信息以及个人简历等内容。

下面以在"前程无忧"网站注册为例进行介绍，其操作步骤如下：

① 在 IE 浏览器的地栏中输入"前程无忧"网站的地址 http://www.51job.com，然后按 Enter 键打开其首页，如图 6-42 所示。单击网页中的"新会员注册"超级链接。

② 打开用于输入注册信息的网页，填写完成后单击"注册"按钮，如图 6-43 所示。

图 6-42 "前程无忧"首页

图 6-43 输入注册信息

③ 如果注册成功，将打开一个用于介绍无忧简历库的网页，如图 6-44 所示。按要求填写简历，可单击底部的"我要马上填写简历"按钮打开一个简历填写向导网页，根据其中的提示进行填写即可。

2．查找招聘信息并应聘

在招聘网站进行用户注册后，即可开始查找自己需要的职位并进行网上应聘，下面仍以在"前程无忧"网站查找招聘信息并应聘为例进行介绍，其操作步骤如下：

① 打开"前程无忧"网站首页并进行用户登录后，打开"职位搜索"选项卡，如图 6-45 所示。

② 分别在工作地点、行业类别、职能类别等下拉列表框中设置详细的搜索条件后，然后

单击"搜索职位"按钮，打开所选地点和所选行业的招聘信息，如图6-46所示。

图6-44　简历填写向导

图6-45　选择求职地点等

图6-46　详细招聘信息

③ 单击各招聘信息的链接，将打开该招聘信息的详细内容。在打开的网页上显示该公司招聘的职位等信息。

④ 若要应聘这个职位，可单击"立即申请职位"链接，然后要求填写简历并向招聘单位发送求职申请。对方收到信息并初审合格后，会通过电子邮件或电话等方式进行联系，并安排后面的面试或笔试。

3．热门招聘站点推荐

下面介绍一些热门招聘站点供读者参考：

● 智联招聘网：http://www.zhaopin.com。

● 前程无忧：http://www.51job.com。

● 21世纪人才网：http://www.job21st.com。

● 中华英才网：http://www.chinahr.com。

● 528招聘网：http://www.528.com.cn。

● 华人精英网：http://WWW.sinotalents.net。

● 登龙门招聘网：http://www.denglongmen.com。

● 儒雅人力咨询网：http://www.chinaruya.com。

● 卓博人才网：http://www.job.cn.com。

- 南方人才网：http://www.jobl68.com。
- 八方人才网：http://www.job88.com。
- IT 人才网：http://www.pcjob.com.cn。
- 天基人才网：http://www.tjinfo.com。
- 中国俊才网：http://www.goodjob.cn。

综合练习 6

一、选择题

1. 根据计算机网络覆盖地理范围的大小，网络可分为广域网和_____。

A. WAN B. 局域网 C. Internet D. 互联网

2. 把同种或异种类型的网络相互联起来，叫做_____。

A. 广域网 B. 万维网 C. 城域网 D. 互联网

3. 计算机网络最主要的功能在于_____。

A. 扩充存储容量 B. 提高运算速度 C. 传输文件 D. 共享资源

4. 下面选项中，合法的电子邮件地址是_____。

A. good-em.hxing.com.cn B. em.user.com.cn-good

C. em.user.com.cn@good D. good@em.user.com.cn

5. TCP/IP 是一组_____。

A. 局域网技术

B. 支持同一种计算机（网络）互联的通信协议

C. 广域网技术

D. 支持异种计算机（网络）互联的通信协议

6. 下列选项中，合法的 IP 地址是_____。

A. 210.4.233 B. 262.38.64.4 C. 101.3.305.77 D. 115.123.20.245

7. 用户要想在网上查询 WWW 信息，必须安装并运行的软件是_____。

A. HTI'P B. Yahoo C. 浏览器 D. 万维网

8. 网络中各个节点相互连接的形式，叫做网络的_____。

A. 拓扑结构 B. 协议 C. 分层结构 D. 分组结构

9. 衡量网络上数据传输速率的单位是 bps，其含义是_____。

A. 信号每秒传输多少公里 B. 信号每秒传输多少千公里

C. 每秒传送多少个二进制位 D. 每秒传送多少个数据

10. IP 地址是_____。

A. 接入 Internet 的计算机地址编号 B. Internet 中网络资源的地理位置

C. Internet 中的子网地址 D. 接入 Internet 的局域网编号

二、简答与综合题

1. Internet 有哪些功能？

2. 什么是 URL？

3. 域名和 IP 地址有何关系？

4. 什么是 TCP/IP，TCP 和 IP 各有什么作用？

5．叙述 Internet 中域名和 E-mail 地址的形式。

6．什么是 WWW？如何浏览 WWW？

7．比较收藏夹和历史文件夹的不同之处。

8．将下列计算机学习网站保存到收藏夹中。

● 洪恩在线——电脑乐园：http://www.hongen.com/pc/index.htm。

● 网易在线教程：http://tech.163.com/school.html。

● 新浪网上学园：http://tech.sina.com.cn/edu/index.shtml。

● 天极专题教程宝典：http://soft.yesky.com/lesson/。

● 统一教学网：http://www.tongyi.net/。

● 太平洋电脑信息网——网络学院：http://www.pconline.com.cn/pcedu/。

● 计算机考级（洪恩）：http://www.hongen.com/proedu/jsjkj/index.htm。

● 办公软件（网易）：http://tech.163.com/special/o/000915A6/officetool.html。

● 办公软件高手速成（新浪）：http://tech.sina.com.cn/s/focus/office04/index.shtml。

● 办公软件（天极）：http://soft.yesky.com/lesson/yslessonoa/。

● 中华网校：http://www.zhirui.com/it/class/pchome/index.html。

● 电脑爱好者：http://www.cfan.com.cn/。

● 网狐学院：http://digi.it.sohu.com/lesson.shtml。

● 千源网：http://www.so138.com/。

● 中国学习联盟：http://study.feloo.com/computer/jichu/rumen/Index.html。

● 全国高校计算机基础教育网：http://www.afcec.com/。

● 国家精品课程网站：http://166.111.180.5/。

● 计算机基础教学网：http://jsjjc.szpt.edu.cn/。

9．要实现一信多发，收件人的 E-mail 地址如何填写？

计算机故事

电子邮件之父——托姆林森

托姆林森（Ray Tomlinson）发明了一个了不起的通信工具 E-mail，电子邮件给人们的生活、学习和工作方式带来了极其深刻的影响。

E-mail 中的@已经成为一个非常流行的标记，它几乎无处不在，例如企业的名称中（如@Home）、杂志的名称中（如 Inter@ ctive week），甚至在艺术作品中都可以看到它。

1967 年，托姆林森从著名的麻省理工学院拿到了计算机工程博士学位后，到了一家名为 Bolt Beranek and Newman（简称 BBN）的企业从事计算机方面的研究工作。1971 年，Tomlinson 对数字化信息程序 Sndmsy 进行调试，同时也用一个名为 Cypnet 的实验性文件传递工具来传输互联网上的文件。用 Cypnet 的原因是它能把文件附于邮箱内。利用 Cypnet 最初编写的方法，可以发送和接收文件，但不能附加到一个文件上。因此他设法使 Cypnet 利用 Sndmsy，通过

Arpanet 把信息传递到邮箱内。

　　首先，托姆林森采用@符号来区分本地邮箱内的信息和网上的信息，他解释说："我考虑过使用其他的记号，但只有@没有在任何一个名称中出现过，因此就选择了它，而且看上去效果还不错。"他回忆道，"@这个符号的意义在于，可以用它来判断用户是在其他站点，还是在本地站点。"然后，托姆林森给自己发了一个 E-mail。他说，"BBN 有两台 PDP-10S 计算机是通过 Arpanet 连在一起的，第一条信息是在这两台紧紧相连的计算机之间传递的，这两台仪器仅仅是通过 Arpanet 连接在一起的，"托姆林森对 Sndmsy 觉得满意以后，发了一条信息给他的同事，并告诉他们这一新的消息，告诉他们在用户名字与其所在的计算机地址之间加符号@会有怎样的奇迹。

　　如今，他原来工作的 BBN 已经被通用电气公司收购，他成了通用公司的一位高级技术人员，负责开发一种更加先进的技术。

第7章
计算机安全与维护

引子：变化之妙，源于两仪；六合之中，不离规矩。

本章知识结构与主要内容：

- 认识什么是黑客和病毒。
- 了解如何进行网络安全的设置。
- 计算机杀毒软件的使用方法。
- 掌握如何进行系统维护。

由于工作的需要，从事计算办公的人员经常要在网上收发电子邮件、浏览网页（搜索）、进行网络游戏、网上银行和证券、查看信息以及下载各种资料等，在将计算机连入网络的过程中，时常会受到一些莫名的骚扰或病毒的侵害，为了保护自己计算机中的资料不受破坏，需要注意计算机安全方面的设置。另外，在使用计算机的过程中，为了使计算机运行得更顺畅，使其更好地为工作服务，还需要对计算机进行日常维护。这两方面既是本章的重点，也是读者在进行计算机办公过程中需要掌握的内容。

7.1 黑客、病毒与互联网用户安全

黑客与病毒是目前对计算机造成危害最主要的两个方面，下面分别对其进行简要介绍。

7.1.1 黑客

"黑客"是英文 Hacker 的音译，是指对计算机系统的非法入侵者。从信息安全角度来说，多数"黑客"非法闯入信息禁区或者重要网站，以窃取重要的信息资源、篡改网址信息或者删除内容为目的，给网络和个人计算机造成了巨大的危害。但从计算机发展的角度来说，黑客也为推动计算机技术的不断完善发挥了重要的作用。

7.1.2 病毒

计算机病毒是指编制或者在计算机程序中插入的破坏计算机功能或数据、影响计算机使用并且能够自我复制的一组指令或者程序代码。计算机病毒通常寄生在系统启动区、设备驱动程序、操作系统的可执行文件内，甚至可以嵌入到任何应用程序中，并能利用系统资源进行自我复制，从而破坏计算机系统。

1．计算机病毒的分类

根据多年对计算机病毒的研究，按照科学的、系统的、严密的方法，计算机病毒可以根据下面的属性进行分类。

（1）按病毒存在的媒体

根据病毒存在的媒体，病毒可以划分为网络病毒、文件病毒、引导型病毒。网络病毒通过计算机网络传播感染网络中的可执行文件，文件病毒感染计算机中的文件（如 COM，EXE，DOC 等），引导型病毒感染启动扇区（Boot）和硬盘的系统引导扇区（MBR），还有这三种情况的混合型，例如多型病毒（文件和引导型）感染文件和引导扇区两种目标，这样的病毒通常都具有复杂的算法，它们使用非常规的办法侵入系统，同时使用了加密和变形算法。

（2）按病毒传染的方法

根据病毒传染的方法可分为驻留型病毒和非驻留型病毒，驻留型病毒感染计算机后，把自身的内存驻留部分放在内存（RAM）中，这一部分程序挂接系统调用并合并到操作系统中去，它处于激活状态，一直到关机或重新启动。非驻留型病毒在得到机会激活时并不感染计算机内存，一些病毒在内存中留有小部分，但是并不通过这一部分进行传染，这类病毒也被划分为非驻留型病毒。

（3）按病毒破坏的能力

- 无害型：除了传染时减少磁盘的可用空间外，对系统没有其他影响。
- 无危险型：这类病毒仅仅是减少内存、显示图像、发出声音及同类音响。
- 危险型：这类病毒在计算机系统操作中造成严重的错误。
- 非常危险型：这类病毒删除程序、破坏数据、清除系统内存区和操作系统中重要的信息。这些病毒对系统造成的危害，并不是本身的算法中存在危险的调用，而是当它们传染时会引起无法预料的和灾难性的破坏。由病毒引起其他的程序产生的错误也会破坏文件和扇区，这些病毒也按照它们引起的破坏能力划分。

（4）按病毒的算法

- 伴随型病毒：这一类病毒并不改变文件本身，它们根据算法产生 EXE 文件的伴随体，具有同样的名字和不同的扩展名（COM），例如 XCOPY.EXE 的伴随体是 XCOPY-COM。病毒把自身写入 COM 文件并不改变 EXE 文件，当 DOS 加载文件时，伴随体优先被执行到，再由伴随体加载执行原来的 EXE 文件。
- "蠕虫"型病毒：通过计算机网络传播，不改变文件和资料信息，利用网络从一台机器的内存传播到其他机器的内存，计算网络地址，将自身的病毒通过网络发送。有时它们在系统存在，一般除了内存不占用其他资源。
- 寄生型病毒：除了伴随和"蠕虫"型，其他病毒均可称为寄生型病毒，它们依附在系统的引导扇区或文件中，通过系统的功能进行传播，按其算法不同可分为：练习型病毒，病毒自身包含错误，不能进行很好的传播，例如一些病毒在调试阶段。
- 诡秘型病毒：它们一般不直接修改 DOS 中断和扇区数据，而是通过设备技术和文件缓冲区等 DOS 内部修改，不易看到资源，使用比较高级的技术。利用 DOS 空闲的数据区进行工作。
- 变型病毒（又称幽灵病毒）：这一类病毒使用一个复杂的算法，使自己每传播一份都具有不同的内容和长度。它们一般由一段混有无关指令的解码算法和被变化过的病毒体组成。

2．计算机病毒的特征

各种计算机病毒通常都具有以下共同特征：

● 隐蔽性：当病毒处于静态时，往往寄生在软盘、光盘或硬盘的系统占用扇区里或某些程序文件中。有些病毒的发作具有固定的时间，若用户不熟悉操作系统的结构、运行和管理机制，便无法判断计算机是否感染了病毒。另外，计算机病毒程序几乎都是用汇编语言编写的，一般都很短，长度仅为 1 KB 左右，因此比较隐蔽。

● 潜伏性：计算机感染上病毒之后，一般并不即刻发作，不同的病毒发作有其自身的特定条件，当条件满足时，它才开始发作。不同的病毒有着不同的潜伏期。

● 传染性：当对磁盘进行读/写操作时，病毒程序便会将自身复制到被读/写的磁盘中或其他正在执行的程序中，使其快速扩散，因此传染性极强。

● 破坏性：病毒破坏系统主要表现为占用系统资源、破坏数据、干扰运行或造成系统瘫痪，有些病毒甚至会破坏硬件，例如 CIH 病毒可以攻击 BIOS，从而破坏硬件。

3．计算机病毒的危害

计算机资源的损失和破坏，不但会造成资源和财富的巨大浪费，而且有可能造成社会性的灾难，随着信息化社会的发展，计算机病毒的威胁日益严重，反病毒的任务也更加艰巨了。1988 年 11 月 2 日下午 5 时 1 分 59 秒，美国康奈尔大学的计算机科学系研究生，23 岁的莫里斯（Morris）将其编写的蠕虫程序输入计算机网络，致使这个拥有数万台计算机的网络被堵塞。这件事就像是计算机界的一次大地震，引起了巨大反响，震惊全世界，引起了人们对计算机病毒的恐慌，也使更多的计算机专家重视和致力于计算机病毒研究。1988 年下半年，我国在统计局系统首次发现了"小球"病毒，它对统计系统影响极大，此后由计算机病毒发作而引起的"病毒事件"接连不断，前一段时间发现的 CIH、美丽莎等病毒更是给社会造成了很大损失。

下面列举几种计算机病毒。

（1）Elk Cloner（1982 年）

它被看做攻击个人计算机的第一款全球病毒，也是所有令人头痛的安全问题先驱者。它通过苹果 Apple II 软盘进行传播。这个病毒被放在一个游戏磁盘上，可以被使用 49 次。在第 50 次使用的时候，它并不运行游戏，取而代之的是打开一个空白屏幕，并显示一首短诗。

（2）CIH（1998 年）

CIH 病毒是迄今为止破坏性最严重的病毒，也是世界上首例破坏硬件的病毒。它发作时不仅破坏硬盘的引导区和分区表，而且破坏计算机系统 BIOS，导致主板损坏。此病毒是由台湾大学生陈盈豪研制的，据说他研制此病毒的目的是纪念 1986 年的灾难或是让反病毒软件难堪。

（3）Melissa（1999 年）

Melissa 是最早通过电子邮件传播的病毒之一，当用户打开一封电子邮件的附件，病毒会自动发送到用户通信簿中的前 50 个地址，因此这个病毒在数小时之内传遍全球。

（4）熊猫烧香（2007 年）

熊猫烧香会使所有程序图标变成熊猫烧香，并使它们不能应用。

（5）木马下载器（2009 年）

本年度的新病毒，中毒后会产生 1 000～2 000 不等的木马病毒，导致系统崩溃，短短 3 天变成 360 安全卫士首杀榜前 3 名（现在位居榜首）。

（6）鬼影病毒（2010 年）

该病毒成功运行后，在进程中、系统启动加载项里找不到任何异常，同时即使格式化重装系统，也无法彻底清除该病毒。犹如"鬼影"一般"阴魂不散"，所以称为"鬼影"病毒。

（7）极虎病毒（2010 年）

该病毒类似 qvod 播放器的图标。感染极虎病毒之后可能会遭遇的情况：计算机进程中莫名其妙的有 ping.exe 和 rar.exe 进程，并且 CPU 占用很高，风扇转得很响很频繁（笔记本计算机），并且这两个进程无法结束。某些文件会出现 usp10.dll、lpk.dll 文件，杀毒软件和安全类软件会被自动关闭，如瑞星、360 安全卫士等如果没有及时升级到最新版本都有可能被停掉。破坏杀毒软件、系统文件，感染系统文件，让杀毒软件无从下手。极虎病毒最大的危害是造成系统文件被篡改，无法使用杀毒软件进行清理，一旦清理，系统将无法打开和正常运行，同时基于计算机和网络的账户信息可能会被盗，如网络游戏账户、银行账户、支付账户以及重要的电子邮件账户等。

4．计算机病毒的症状

计算机系统运行速度减慢。

计算机系统经常无故发生死机。

计算机系统中的文件长度发生变化。

计算机存储的容量异常减少。

系统引导速度减慢。

丢失文件或文件损坏。

计算机屏幕上出现异常显示。

计算机系统的蜂鸣器出现异常声响。

磁盘卷标发生变化。

系统不识别硬盘。

对存储系统异常访问。

键盘输入异常。

文件的日期、时间、属性等发生变化。

文件无法正确读取、复制或打开。

命令执行出现错误。

虚假报警。

换当前盘。有些病毒会将当前盘切换到 C:盘。

时钟倒转。有些病毒会命名系统时间倒转，逆向计时。

Windows 操作系统无故频繁出现错误。

系统异常重新启动。

一些外部设备工作异常。

异常要求用户输入密码。

Word 或 Excel 提示执行"宏"。

使不应驻留内存的程序驻留内存。

5．计算机病毒的传播途径

虽然计算机病毒的破坏性、潜伏性和寄生场所各有不同，但其传播途径却是有限的，防治病毒也应从其传播途径下手，以达到治本的目的。计算机病毒的传播途径主要有如下两种：

● 移动存储设备：由于 U 盘、软盘、光盘等移动存储设备具有携带方便等特点，因此成为了计算机之间相互交流的重要工具，也正因为如此它便成为了病毒的主要传染介质之一。

● 计算机网络：通过网络可以实现资源共享，但与此同时，计算机病毒也不失时机地寻找可以作为传播媒介的文件或程序，通过网络传播到其他计算机上。随着网络的不断发展，它也逐渐成为病毒传播最主要的途径。

6．计算机病毒的防治

在了解计算机病毒的特征及传播途径之后，应当做好计算机病毒的防治工作。若感染了计算机病毒，应及时采取正确的方法清除。

（1）建立良好的安全习惯

对一些来历不明的邮件及附件不要打开，不要上一些不太了解的网站、不要执行从Internet下载后未经杀毒处理的软件等，这些必要的习惯会使您的计算机更安全。

（2）关闭或删除系统中不需要的服务

默认情况下，许多操作系统会安装一些辅助服务，如 FTP 客户端、Telnet 和 Web 服务器。这些服务为攻击者提供了方便，而又对用户没有太大用处，如果删除它们，就能大大减少被攻击的可能性。

（3）经常升级安全补丁

据统计，有 80%的网络病毒是通过系统安全漏洞进行传播的，像蠕虫王、冲击波、震荡波等，所以应该定期到微软网站去下载最新的安全补丁，以防患于未然。

（4）使用复杂的密码

有许多网络病毒就是通过猜测简单密码的方式攻击系统的，因此使用复杂的密码将会大大提高计算机的安全系数。

（5）迅速隔离受感染的计算机

当您的计算机发现病毒或异常时应立刻断网，以防止计算机受到更多的感染，或者成为传播源，再次感染其他计算机。

（6）了解一些病毒知识

这样就可以及时发现新病毒并采取相应措施，在关键时刻使自己的计算机免受病毒破坏。如果能了解一些注册表知识，就可以定期看一看注册表的自启动项是否有可疑键值；如果了解一些内存知识，就可以经常看看内存中是否有可疑程序。

（7）最好安装专业的杀毒软件进行全面监控

在病毒日益增多的今天，使用杀毒软件进行防毒，是越来越经济的选择，不过用户在安装了反病毒软件之后，应该经常进行升级、将一些主要监控经常打开（如邮件监控）、内存监控等、遇到问题要上报，这样才能真正保障计算机的安全。

（8）用户还应该安装个人防火墙软件进行防黑

由于网络的发展，用户电脑面临的黑客攻击问题也越来越严重，许多网络病毒都采用了黑客的方法来攻击用户电脑，因此，用户还应该安装个人防火墙软件，将安全级别设为中、高，这样才能有效地防止网络上的黑客攻击。

7．计算机病毒的预防

- 杀毒软件经常更新，以快速检测到可能入侵计算机的新病毒或者变种。
- 使用安全监视软件（和杀毒软件不同，例如 360 安全卫士、瑞星卡卡）主要防止浏览器被异常修改，插入钩子，安装不安全恶意的插件。
- 使用防火墙或者杀毒软件自带防火墙。
- 关闭电脑自动播放（网上有）并对电脑和移动储存工具进行常见病毒免疫。
- 定时全盘病毒木马扫描。
- 注意网址正确性，避免进入山寨网站。

- 不随意接受、打开陌生人发来的电子邮件或通过 QQ 传递的文件或网址。
- 使用正版软件。
- 使用移动存储器前，最好要先查杀病毒，然后再使用。

下面推荐几款软件：

杀毒软件：卡巴斯基、NOD32、avast5.0、360 杀毒。

U 盘病毒专杀：AutoGuarder2。

安全软件：360 安全卫士（可以查杀木马）。

单独防火墙：天网、Comodo 或者杀毒软件自带防火墙。

7.1.3　互联网用户安全

目前的互联网非常脆弱，各种基础网络应用、计算机系统漏洞、Web 程序的漏洞层出不穷，这些都为黑客/病毒制造者提供了入侵和偷窃的机会。用户上网的一般应用包括浏览网页（搜索）、网上银行、网络游戏、IM 软件、下载软件、邮件等，都存在着或多或少的安全漏洞，除了其自身的安全被威胁之外，同时也成为病毒入侵计算机系统的黑色通道。

与此同时，病毒产业链越来越完善，从病毒程序开发、传播病毒到销售病毒，形成了分工明确的整条操作流程，这条黑色产业链每年的整体利润预计高达数亿元。黑客和计算机病毒窃取的个人资料从 QQ 密码、网游密码到银行账号、信用卡账号等，任何可以直接或间接转换成金钱的东西，都成为黑客窃取的对象。

通过分工明确的产业化操作，中国大陆地区每天有数百甚至上千种病毒被制造出来，其中大部分是木马和后门病毒，占到全球该类病毒的 1/3 左右。

最初的病毒制造者通常以炫技、恶作剧或者仇视破坏为目的；从 2000 年开始，病毒制造者开始，越来越多地以获取经济利益为目的；而近一两年来，黑客和病毒制造者越来越狡猾，他们正改变以往的病毒编写方式，研究各种网络平台系统和网络应用的流程，甚至杀毒软件的查杀、防御技术，寻找各种漏洞进行攻击。除了在病毒程序编写上越来越巧妙之外，他们更加注重攻击"策略"和传播、入侵流程，通过各种手段躲避杀毒软件的追杀和安全防护措施，以达到获取经济利益的目的。

1．计算机病毒给用户带来的损害

计算机病毒、黑客攻击和流氓软件给用户带来的危害结果如下：

- 劫持 IE 浏览器，首页被更改，一些默认项目被修改（例如默认搜索）。
- 修改 Host 文件，导致用户不能访问某些网站，或者被引导到"钓鱼网站"上。
- 添加驱动保护，使用户无法删除某些软件。
- 修改系统启动项，使某些恶意软件可以随着系统启动，常被流氓软件和病毒采用。
- 在用户计算机上开置后门，黑客可以通过此后门远程控制中毒机器，组成僵尸网络，对外发动攻击、发送垃圾邮件、点击网络广告等。
- 采用映像劫持技术，使多种杀毒软件和安全工具无法使用。
- 记录用户的键盘、鼠标操作，从而可以窃取银行卡、网游密码等各种信息。
- 记录用户的摄像头操作，可以从远程窥探隐私。
- 使用户的计算机运行变慢，大量消耗系统资源。

2．黑客/病毒的攻击渠道与重点

互联网用户遭受黑客/病毒攻击的渠道主要有光盘（磁带）、可移动介质和网络，攻击的重点是各种基础网络应用以及主动攻击杀毒软件，如图 7-1 所示。

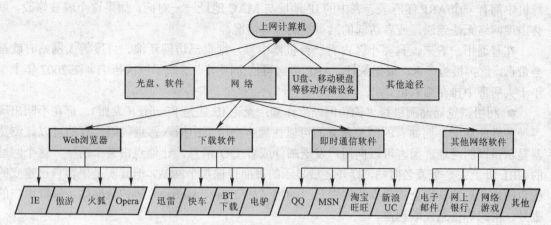

图 7-1　互联网用户遭受黑客/病毒攻击的渠道

（1）通过光盘和磁带攻击

光盘数据由于具有只读的特性，除非在刻录光盘时已经感染了病毒，并把病毒一起刻录到光盘上，否则基本上不会被病毒感染。软盘由于数据量小，容易损坏，目前已经在市场上逐渐被淘汰，通过此途径侵入用户计算机的病毒数量已经很少。

（2）通过可移动介质（U 盘、MP3、移动硬盘）攻击

根据瑞星公司的统计数据，2007 年上半年，有大约 1/3 的病毒可以通过 U 盘传播。在 Windows 系统下，当 U 盘、MP3、移动硬盘等移动介质插入计算机时，系统会自动播放光盘上的电影、启动安装程序等，该功能给普通用户带来了很大方便，但这也成为用户计算机安全最为脆弱的地方，移动介质上的病毒会直接进入用户计算机。

2007 年 6 月初，"帕虫"病毒开始在网上肆虐，它主要通过 MP3（或者 U 盘）进行传播，感染后可破坏几十种常用杀毒软件，还会使 QQ 等常用程序无法运行。由于现在使用 MP3（U 盘）交换歌曲和电影文件的用户非常多，使得该病毒传播极广。截至 2007 年 6 月中旬，向瑞星求助的"帕虫"病毒受害用户已经接近 10 万人次。

（3）通过网络攻击

随着互联网各种应用的不断发展，大量的基础网络应用成为黑客/病毒制造者的攻击目标。目前，主流的基础网络应用包括电子邮件、网页浏览、网上银行和证券、网游、下载（迅雷/BT/电驴）等，都存在各种安全隐患。一方面，这些网络应用自身的安全成为严重问题，特别是各大厂商都趋于将自己的产品发展成为社区、支付/交易平台，因此其账号、密码成为计算机病毒的直接窃取目标；另一方面，这些基础网络应用也成为病毒传输、黑客攻击的主要渠道。

① Web 浏览器（IE、Firefox）。

浏览器是人们使用最频繁的互联网工具，但是目前主流浏览器都存在各种漏洞，无论是微软的 IE 还是 Firefox。正是由于使用浏览器的人最多，因此浏览器也就成为了黑客的主要攻击目标。

黑客利用浏览器的漏洞，可以进行下列形式的攻击：

● 网页挂马：所谓"网页挂马"，指的是黑客自己建立带毒网站，或者攻击流量大的现有网站，在其中植入木马、病毒，用户浏览后就会中毒。由于通过"网页挂马"可以快速地批量入侵大量计算机，非常快捷地组建僵尸网络、窃取用户资料，因此"挂马"成为利欲熏心的入侵者的首选入侵手段。

● ARP 攻击：ARP 地址解析协议是一种常用的网络协议，每台安装有 TCP/IP 协议的计算机中都有一个 ARP 缓存表，表中的 IP 地址与 MAC 地址一一对应。如果这个表被修改，则会出现网络无法连通，或者访问的网页被劫持等情况。

在普通用户看来，只要小区内有一台机器中毒，则自己访问新浪、百度等大网站时就都会带毒，危害极为严重。根据统计，ARP 类病毒给全国用户造成了巨大影响，在 2007 年上半年十大病毒中排在第六位。

● 利用浏览器漏洞进行"钓鱼网站"诈骗：无论 IE 还是 Firefox（火狐），都在不断出现各种各样的漏洞，例如有的浏览器漏洞可以让黑客在网页中插入恶意代码，有的可以让浏览器显示错误的网址。黑客可以向用户发送邮件或者 QQ 消息，让他点击某个网址。这个网址的 URL 看上去是个著名网站，打开之后显示的页面也像那个网站，但其实是黑客自己建立的钓鱼网站。黑客往往会搭建虚假的银行、购物（如 Ebay、taobao）等钓鱼网站，骗取用户的账号、密码等信息谋取利益。

② 网络下载软件。

随着迅雷、快车、BT、电驴等新兴下载方式的流行，黑客也开始把其当做重要的病毒传播手段。这几种下载方式有着共同的技术特点，在设计上就存在安全上的薄弱性，针对这几种软件的不同特点，黑客也采用了不同的利用手法：

● BT：一般用来下载网络电影，而 BT 种子的发布网站，轻易就能有数十万、上百万的浏览量，黑客往往会在这些 BT 种子站植入木马，用户浏览后就会中毒。有时黑客干脆把病毒伪装为 BT 种子，起个《激情***》、《劲爆***》等诱惑性的名字，诱骗用户下载。

● 电驴：电驴的搜索功能比较强，如果用热门搜索词当做病毒文件的名字，则有很大可能被搜索到并下载，用户下载后就会中毒。

● 迅雷和快车：下载速度非常快，黑客往往会把病毒和热门软件、热门电影捆绑在一起，用户在下载前无法辨别其中是否含有病毒，下载运行后即会被感染。同时，热门的资源发布站点可以聚集大量的人气，而这些网站往往是个人成立的中小型网站，很容易被黑客攻破植入病毒。

③ 即时通信软件。

即时通信软件是用户上网时使用的主要工具，最新的调查统计表明，QQ 在网民中的使用比例高达 91.8%，其次是 MSN（28.3%）。对于国内网民来说，QQ 的使用率甚至已经超过了手机（89%）和固定电话（84.3%）。而且这些用户之间沟通频繁，使用率极高，从而使即时通信软件成为病毒重要的传播途径。

以 QQ 类 IM 软件为例（淘宝旺旺、新浪 UC 等可能面临同样的问题），主要的安全风险如下：

● IM 软件程序本身可能出现漏洞，安装之后可能破坏系统的整体安全。当 IM 软件出现漏洞时，即使该软件自身不运行，它制造的漏洞也可以使操作系统的安全性降低，使得黑客可以轻易入侵。

● 黑客可以编写"QQ 尾巴"类病毒，通过 IM 软件传送病毒文件、广告消息等。现在很多木马都带有 QQ 尾巴功能，一旦侵入用户计算机，就会自动向 QQ 好友发送垃圾消息，例如"嘿，老同学，我给你点播了一首好听的歌，存在手机里啦，你拨打*****就可以收听"，其实这个号码是收费的，用户拨打之后就会被扣走数十元。

● 病毒利用 IM 软件自动发送带毒网址，用户浏览这些网站后就会中毒；或者发送钓鱼网站的网址，试图骗取用户的银行账号、支付宝账号等信息。

● 黑客可以通过病毒或其他手段截取 IM 软件聊天的信息，如果用户通过 IM 软件发送信用卡信息、银行账户等，就可能会被黑客窃取。

● IM 软件密码本身是黑客窃取的重要对象。例如，由于 6 位、7 位 QQ 号可以在网上卖出很好的价钱，从而成为黑客眼红的目标。他们往往编写专门的 QQ 木马，通过进程注入、键盘钩子、读取内存等手段窃取 QQ 密码；而淘宝旺旺等 IM 软件同时和网上交易、支付平台关系密切，因此更成为黑客窃取的重要目标。

● IM 软件群文件共享、IM 软件用户空间中往往带有恶意文件和恶意网址，用户很容易中毒。

● 修改版 IM 软件（如珊瑚虫版、去广告版、显 IP 版等）的安全威胁。一些网友对某些 IM 软件的原版程序不满意，往往自行修改其各种功能并在网上发布。有些版本中存在安全漏洞，会对安装后的系统造成一定的损害。甚至，有的中小网站下载的修改版 QQ 中直接捆绑了病毒和木马。

④ 网络游戏。

网络游戏是网络上最重要和广泛的应用之一，据统计，2006 年中国网络游戏玩家为 3 112 万人，接近经常上网的网民数的 50%。由于网络游戏装备、虚拟财产可以很方便地在网络上出售，可换来丰厚的利润，因此成为黑客窥测的主要目标。

根据瑞星的统计，在 2007 年上半年截获的新病毒中，木马和后门病毒超过 11 万个，这些病毒绝大多数与网络游戏有关。在 2007 年上半年十大病毒中，游戏相关病毒占据了 3 个。密码失窃、装备被盗卖，已经成为网游玩家最为头疼的问题。

针对上述安全问题，网游厂商也采取了一定的安全举措，例如开发针对本游戏的木马专杀工具，使用硬件随机密码生成器（如盛大密宝），加大人工投诉的处理速度等。但是，这些措施在本质上并不能保证用户的安全。

⑤ 网上银行和网上证券。

随着股市的火爆，2007 年上半年，有关网络银行和股票账户的病毒数量一直呈上升趋势。而且，上半年入市的新股民中，很多属于中老年用户，他们对计算机和网络缺乏基本的安全概念，在遭受病毒侵害后也面临更大的安全损失。

网络银行和证券用户的安全风险：

● 许多用户缺乏基本的安全概念，在计算机上根本没有安装杀毒软件，或者安装之后长久不升级。

● 网络炒股和银证通转账需要多个密码，包括资金密码、交易密码等，普通用户很难记清楚。于是，很多用户在开户之后不修改初始密码，或者使用生日、电话号码当做密码，并且股票账户、资金账户使用同一个密码，这样很容易被黑客窃取或猜出。

● 券商对用户的安全提不起足够的重视。在券商提供的专用炒股软件中，通常都包含了专用的安全模块，但这些模块很可能很长时间不升级，例如某大券商的股票下单软件，安全模块病毒库的最新日期居然是 2006 年 9 月，这样极容易被黑客利用。

● 网络支付的便利化，使得黑客可以轻易划走账户里的资金。很多银行都开展了促进网络银行使用的工作，用户只需要在网上输入银行卡号和密码，就可以转走资金用于网络支付。而卡号和密码都可以用木马病毒窃取到，这样的"便利"严重违背了安全性原则。

在可以预计的未来，网络支付、网络银行、证券等将得到长足的发展，而安全性将成为发展道路上最大的障碍。

⑥ 电子邮箱。

电子邮箱（E-mail）是最为基础的互联网应用之一，它不但使用人数广泛，而且往往和信用卡、支付账户等进行了绑定，电子邮件的安全问题如果解决不好，将会严重影响到整个互联网的安全和稳定。

电子邮件的安全风险：

● 很多病毒在侵入用户计算机后，都会自动向外发送带毒邮件，用户打开这些邮件后就会中毒。由于客户端邮件软件和网络浏览器存在多种漏洞，这就使得用户无论是通过客户端接收邮件，还是用 Web 方式打开邮件，都可能遭受病毒附件的侵扰。电子邮件已经成为黑客传播病毒最为重要的渠道之一。

● 黑客往往会通过电子邮件发送钓鱼网站、带毒网站等，用户点击电子邮件中的不良网址后，就可能中毒，或被骗取银行账号、信用卡账号等信息。

● 黑客可以通过病毒或其他手段截取电子邮件的内容，如果用户通过邮件发送信用卡信息、银行账户等，就可能会被黑客窃取。

随着网络银行、网络支付的兴起，很多用户把自己的电子邮件和银行账户、支付账户进行了绑定，如果用户的电子邮件账户被人侵入，则与其绑定的私人信息都可能被窃取，这给邮件用户带来了很大的安全风险。

（4）对杀毒软件的攻击

几年前，主动攻击杀毒软件的病毒很少见，而目前计算机病毒针对杀毒软件做攻防，已经成为普遍现象，以新毒王"帕虫"、老毒王"熊猫烧香"为代表的大量病毒都加载了攻击杀毒软件的模块。它们通过修改杀毒软件设置、损伤杀毒软件的配置文件甚至直接关闭杀毒软件，造成计算机的防御系统崩溃，从而为所欲为。

上述攻击行为的若干种具体表现如图 7-2～图 7-5 所示。

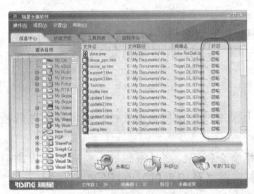

图 7-2　案例一：病毒修改杀毒软件设置，
默认忽略（不查杀）查出的病毒

图 7-3　案例二：病毒修改系统时间让杀毒
软件过期，造成该软件无法正常使用

图 7-4　案例三：病毒破坏该 IM 软件自带的
木马查杀模块

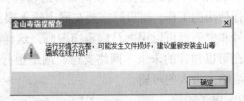

图 7-5　案例四：病毒损坏了某杀毒软件的配置文件

7.2 计算机安全设置

如今，网络上随时都存在着各种陷阱，例如不小心邮箱就被各种垃圾邮件撑破，计算机突然被莫名地病毒感染，时常受到一些不良站点的骚扰等。因此，为了保护自己的计算机免遭侵害，进行网络安全的设置非常必要。

7.2.1 计算机安全概述

1. 计算机的安全概述

国际标准化组织（ISO）将"计算机安全"定义为："为数据处理系统建立和采取的技术和管理的安全保护，保护计算机硬件、软件数据不因偶然和恶意的原因而遭到破坏、更改和泄露。"

因此，计算机安全研究的内容不仅仅是计算机设备的安全，还应包括 3 个方面，即物理安全、逻辑安全及服务安全。物理安全指系统设备及相关措施受到物理保护，免于破坏、丢失等。逻辑安全包括信息完整性、保密性和可用性：完整性指信息不会被非授权修改及信息保持一致性等；保密性指仅在授权情况下高级别信息可以流向低级别的客体与主体；可用性指合法用户的请求能及时、正确、安全地得到服务或响应。服务安全的主要任务是防止硬件设备故障，避免系统服务和功能的丧失。

计算机安全的威胁从一般意义上讲可分为两大类：一是对设备的威胁；二是对信息的威胁。也可分为偶然的和故意的两类，偶然威胁如自然灾害、意外事故、人为失误等。故意威胁又可进一步分为被动的和主动的攻击两类。被动攻击主要威胁信息的保密性，而不对其修改，不影响系统的正常运行。主动攻击对数据进行修改，破坏信息的有效性、完整性和真实性。

2. 计算机的安全措施

（1）物理安全方面的措施

● 对自然灾害加强防护：如防火、防水、防雷击等。

● 计算机设备防盗：如添加锁、设置警铃、购置机柜等。

● 环境控制：消除静电、系统接地、防电磁干扰、配置不间断电源等。

（2）管理方面措施

● 建立健全法律、政策，规范和制约人们的思想和行为。

● 建立和落实安全管理制度，是实现计算机安全的重要保证。

● 提高人员的安全意识，安全问题归根结底是人的问题，安全的最终解决也在于提高人的素质。对人员要进行安全性训练和安全教育。

（3）技术方面的措施

● 操作系统的安全措施：充分利用操作系统提供的安全保护功能保护自己的计算机，如访问控制、密码认证等。

● 数据库的安全措施：使用安全性高的数据库产品，采用存取控制策略，对数据库进行加密，实现数据库的安全性、完整性和保密性。

● 网络的安全措施：如防火墙技术。

● 防病毒措施：如防病毒软件等。

7.2.2　Windows 系统密码安全设置

密码认证是人们在使用计算机时最常用的认证手段。系统通过密码来辨认用户的身份，以管理分配权限。获得了密码就获得了相应的访问权限，因此密码的保护和系统安全息息相关。

密码安全设置步骤：

① 选择"我的电脑"→"控制面板"→"管理工具"命令。

② 在打开"管理工具"界面双击"本地安全策略"。

③ 在弹出的"本地安全设置"窗口中选择"安全设置"下的账户策略中的"密码策略"，如图 7-6 所示。

④ 在"密码策略"右边的密码策略列表中，对所列项目进行修改。例如：

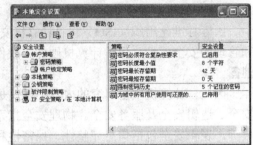

● 密码必须符合复杂性要求：已启用。

● 密码长度最小值：8 个字符。

● 密码最长存留期：42 天。

● 强制密码历史：5 个记住的密码。

密码的安全只是信息安全中的一个环节，要保护系统安全不受到恶意的侵害，还必须留意其

图 7-6　"本地安全设置"窗口

他的环节，例如系统的物理安全、网络环境的安全、系统权限设置的安全等。这样环环相扣才能构建一个坚固的安全堡垒。

7.2.3　IE 安全特性设置

随着 Internet 的日益普及，上网用户逐渐增多，如何安全地上网就显得越发重要。

为了使浏览器 IE 具有更好的互动性，IE 的设计集成了很多开放性的技术，因此 IE 就成为了病毒、黑客、恶意网站最为"照顾"的对象。例如，一些网站会加入一些恶意的代码或 Java 程序，如果对浏览器的设置不当，有可能导致计算机的死机、感染病毒或者硬盘被格式化等。除此之外，带有淫秽、暴力等内容的网页，随着网络的发展也充斥于 Internet 之中，对未成年人的成长产生了极坏的影响。

围绕以上问题，下面介绍一下设置浏览器 IE 的安全特性的具体操作方法。

设置浏览器 IE 的安全特性大体上有两种操作方法，首先用户可以利用 IE 提供的安全设置选项来防止各种破坏活动；其次用户可以下载安装各种专用程序（如 3721 网站提供的上网助手、超级兔子等）对 IE 进行保护。

本节仅针对第一种操作进行介绍。

在 Internet 中，用户可自定义某个区域中 Web 内容的安全级别，安全级别越高就越安全。IE 将 Web 内容分为"Internet"、"本地 Intranet"、"受信任的站点"和"受限制的站点"4 个不同的安全区域。默认情况下，IE 将所有站点放在 Internet 区域并设置中等程度的安全级别加以保护，用户可以将完全信任的 Web 站点放入到"受信任的站点"，而一些恶意网站则可将其放到"受限制的站点"中。设置安全级别的操作步骤如下：

① 打开 IE 浏览器，选择"工具"→"Internet 选项"命令，打开"Internet 选项"对话框，选择"安全"选项卡，如图 7-7 所示。

② 在"请为不同区域的 Web 内容指定安全设置"栏中，选择"受限制的站点"，单击"站

点"按钮,弹出"受限站点"对话框,如图 7-8 所示。在"将该网站添加到区域中"文本框内输入恶意网站的地址,单击"添加"按钮,将该恶意网站的地址添加到"网站"列表框内,单击"确定"按钮,返回到如图 7-7 所示的"Internet 选项"对话框。

③ 在"Internet 选项"对话框中,单击"自定义级别"按钮,弹出如图 7-9 所示的"安全设置"对话框,在"重置为"列表框中将受限制的站点的安全级别设置为"高",单击"确定"按钮。

图 7-7　"安全"选项卡

图 7-8　"安全设置"对话框

重复以上操作步骤,用户可以添加"受信任的站点"并将其安全级别设置为"中"。

④ 为了避免未成年人受到带有淫秽、暴力等内容的网页影响,用户可以使用 Internet Explorer 提供的分级审查功能。在"Internet 选项"对话框中,单击选定"内容"选项卡,然后单击"启用"按钮,打开图 7-10 所示的"内容审查程序"对话框。

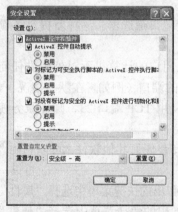

图 7-9　"安全设置"对话框

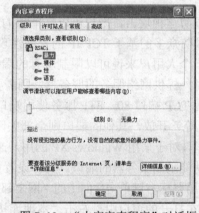

图 7-10　"内容审查程序"对话框

⑤ 如图 7-10 所示,在弹出的"内容审查程序"对话框中,打开"级别"选项卡,选择审查类别为"暴力",利用对话框下方的滑块设置用户可查看哪些内容,重复以上过程,分别设置审查类别为"裸体"、"性"和"语言"时用户可查看的内容。

⑥ 在"内容审查程序"对话框中,选择"常规"选项卡,单击"创建密码"按钮,弹出"创建监督人密码"对话框,依次输入密码和确认密码,然后单击"确定"按钮,如图 7-11 所示。

设置密码后,只有知道密码的监护人才能查看审查类别的全部内容。

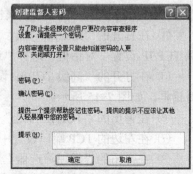

图 7-11　"创建监督人密码"对话框

本任务详细介绍了设置浏览器 IE 安全特性的操作。随着 Internet 的日益普及，现在不道德的网页越来越多，他们强行更改上网用户的 IE 首页，为了增加自己网站的点击率在网页中散布大量的淫秽、暴力内容，甚至传播病毒对上网的用户进行攻击。在这种情况下，如何安全地上网就显得越发重要。

用户利用 IE 中提供的安全设置选项，通过设置"受限制的站点"和"受信任的站点"并将"受限制的站点"安全级别适当加高，就可以对不同的网站进行不同的对待。那些不良网站因为进不了"受信任的站点"，其恶意代码就受到了 IE 的扼制而不起作用，从而可以有效地防止各种破坏活动。

用户还可以利用 IE 提供的分级审查功能，将网络上的不良信息加以屏蔽从而防止未成年人受到不良信息的影响。

7.2.4 TCP/IP 端口筛选设置

筛选 TCP/IP 端口允许用户控制到达服务器和网络设备的通信类型。虽然在 Internet 访问点部署的防火墙通常用于限制流入专用网络的流量，但是网络防火墙可能无法保护服务器不被"后门"攻击或内部攻击，这些攻击源于专用网络内的恶意用户。

TCP/IP 端口筛选是启用或禁用计算机或网络设备上的传输控制协议（TCP）端口和用户数据报协议（UDP）端口的选择性操作。与其他安全性操作结合使用，将端口筛选器应用于 Intranet 和 Internet 服务器使得那些服务器隔离基于 TCP/IP 的安全性攻击，包括恶意用户的内部攻击。

要预防这种攻击，用户可以在单独的服务器上配置端口筛选器。这样就提供了额外的保护层来预防众多的基于 TCP/IP 的安全性攻击。

对于个人用户来说可以限制所有的端口，因为个人用户的计算机不对外提供任何服务；而对于对外提供网络服务的服务器，则需要把必须利用的端口（例如，在默认情况下，HTTP服务使用 TCP 端口 80，FTP 服务使用端口 21、Telnet 使用 TCP 端口 23、邮件服务使用端口 25、110 等）开放，其他的端口则全部关闭。

这里，对于采用 Windows XP 的用户来说，不需要安装任何其他软件，可以利用"TCP/IP筛选"功能限制服务器的端口。具体设置如下：

① 用鼠标右键单击桌面上的"网上邻居"图标，从弹出的快捷菜单中选择"属性"命令。

② 在打开的窗口中，右击"本地连接"图标，从弹出的快捷菜单中选择"属性"命令，打开"本地连接属性"对话框，如图 7-12 所示。

③ 在"本地连接属性"对话框中选择"Internet 协议（TCP/IP）"后，单击"属性"按钮，打开"Internet 协议（TCP/IP）属性"对话框，如图 7-13 所示。

④ 在打开的"Internet 协议（TCP/IP）属性"对话框中，单击"高级"按钮，打开"高级 TCP/IP 设置"对话框，选择"选项"选项卡，如图 7-14 所示。

⑤ 在打开的"高级 TCP/IP 设置"对话框中，单击"属性"按钮，打开"TCP/IP 筛选"对话框，如图 7-15 所示。

⑥ 在弹出的"TCP/IP 筛选"对话框中，选中"启用 TCP/IP 筛选"复选框。

⑦ 在左边的 TCP 端口设置中，单击"添加"按钮。

⑧ 在弹出的"添加筛选器"对话框中，输入端口号"80"，单击"确定"按钮。

⑨ 根据自己的端口筛选需要，输入要筛选的端口，在此添加 21 及 3389 端口，单击"确

定"按钮。

⑩ 在返回的对话框中，单击"确定"按钮，弹出提示对话框，重启计算机使设置生效。

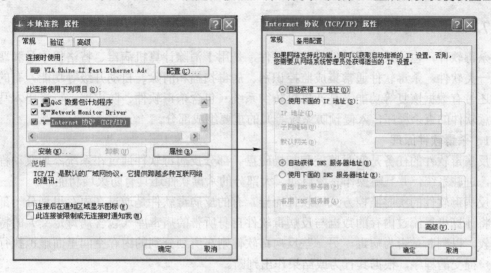

图 7-12 "本地连接 属性"对话框　　图 7-13 "Internet 协议（TCP/IP）属性"对话框

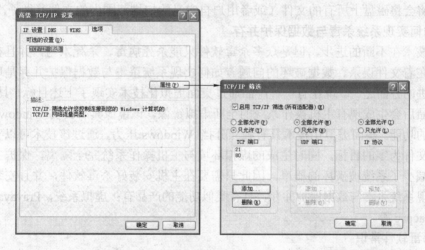

图 7-14 "高级 TCP/IP 设置"对话框　　图 7-15 "TCP/IP 筛选"对话框

7.3　计算机杀毒软件的使用

为了防止计算机感染病毒，在使用的过程中时刻都应做好防治和杀毒工作。对于使用杀毒软件保护计算机安全的问题，目前存在两种极端的情况：一种认为杀毒软件的实时监控会占用大量的系统资源，影响系统运行速度，所以干脆不安装任何杀毒软件以换取系统性能；一种则是把计算机安全环境考虑得过于严峻，于是把杀毒软件、防火墙、反木马程序、隐私保护程序全部都安装到系统中，唯恐系统保护得不够严密。但草木皆兵不但耗费了大量的系统资源，多少还会影响使用计算机的心情。

选择优秀的杀毒软件，再进行合理的设置，如合理设置实时监控、优化杀毒速度、选择合适的查毒时机等既可以保证系统的安全，又能解决系统资源占用过多的矛盾。目前，使用广泛的优秀杀毒软件有卡巴斯基、金山毒霸、诺顿、瑞星、江民 KV 等，这些杀毒软件都做到了兼顾到功能强大和占用资源少。

7.3.1 杀毒软件概述

杀毒软件，也称反病毒软件或防毒软件，是用于消除计算机病毒、特洛伊木马和恶意软件的一类软件。杀毒软件通常集成监控识别、病毒扫描和清除、自动升级等功能，有的杀毒软件还带有数据恢复等功能，是计算机防御系统（包含杀毒软件、防火墙、特洛伊木马和其他恶意软件的查杀程序，入侵预防系统等）的重要组成部分。

1．杀毒软件原理

反病毒软件的任务是实时监控和扫描磁盘。部分反病毒软件通过在系统添加驱动程序的方式，进驻系统，并且随操作系统启动。大部分的杀毒软件还具有防火墙功能。

反病毒软件的实时监控方式因软件而异。有的反病毒软件是通过在内存里划分一部分空间，将计算机里流过内存的数据与反病毒软件自身所带的病毒库（包含病毒定义）的特征码相比较，以判断是否为病毒。另一些反病毒软件则在所划分到的内存空间里面虚拟执行系统或用户提交的程序，根据其行为或结果作出判断。

而扫描磁盘的方式，则和上面提到的实时监控的第一种工作方式一样，只是在这里，反病毒软件将会将磁盘上所有的文件（或者用户自定义的扫描范围内的文件）做一次检查。

2．如何实现系统杀毒与数据保护并存

杀毒技术在不断的进步，但是众多杀毒软件只能杀死病毒、杀死木马，并且在病毒查杀过程中存在着文件误杀、数据破坏的问题。如何实现系统杀毒与数据保护并存是现有杀毒技术需要改进的方面之一。现在有一种产品通过桌面虚拟化技术实现了上述目标，具体思路是：安装该产品后会生成现有主机操作系统的全新虚拟镜像，该镜像具有真实 Windows 操作系统完全一致的功能。桌面虚拟化技术具有独立分挡 Windows 压力，通过该技术可以实现运行过程中垃圾文件为零的目标，同时生成的虚拟环境与主机操作系统完全隔离，保护主机不被病毒感染，减少了系统被破坏的概率，因此只需要在主机安装好杀毒软件，并且安装好该产品就可以实现系统杀毒与数据保护并存。具有类似功能的产品有：虚拟系统，Prayaya 迅影 V3、Ceedo、Macpac 等。

3．杀毒软件常识

① 杀毒软件不可能查杀所有病毒；

② 杀毒软件能查到的病毒不一定能杀掉；

③ 一台计算机每个操作系统下不能同时安装两套或两套以上的杀毒软件（除非有兼容或绿色版，且只能有一个软件开启防护功能）；

④ 杀毒软件现在对被感染的文件杀毒有多种方式：清除、删除、禁止访问、隔离、不处理。

● 清除：清除被蠕虫感染的文件，清除后文件恢复正常。相当于如果人生病，清除是给这个人治病，删除是人生病后直接杀死。

● 删除：删除病毒文件。这类文件不是被感染的文件，其本身就含毒，无法清除，可以删除。

● 禁止访问：禁止访问病毒文件。在发现病毒后用户如选择不处理则杀毒软件可能将病毒禁止访问。用户打开时会弹出错误对话框，内容是"该文件不是有效的 Win32 文件"。

● 隔离：病毒删除后转移到隔离区。用户可以从隔离区找回删除的文件。隔离区的文件不能运行。

● 不处理：不处理该病毒。如果用户暂时不知道是不是病毒可以暂时先不处理。

大部分杀毒软件是滞后于计算机病毒的（像微点之类的第三代杀毒软件可以查杀未知病毒，但仍需升级）。所以，除了及时更新升级软件版本和定期扫描的同时，还要注意充实自己的计算机安全以及网络安全知识，做到不随意打开陌生的文件或者不安全的网页，不浏览不健康的站点，注意更新自己的隐私密码，配套使用安全助手与个人防火墙等。这样才能更好地维护好自己的计算机以及网络安全！

4. 云安全技术

"云安全（Cloud Security）"计划是网络时代信息安全的最新体现，它融合了并行处理、网格计算、未知病毒行为判断等新兴技术和概念，通过网状的大量客户端对网络中软件行为的异常监测，获取互联网中木马、恶意程序的最新信息，推送到服务端进行自动分析和处理，再把病毒和木马的解决方案分发到每一个客户端。

未来杀毒软件将无法有效地处理日益增多的恶意程序。来自互联网的主要威胁正在由计算机病毒转向恶意程序及木马，在这样的情况下，采用的特征库判别法显然已经过时。云安全技术应用后，识别和查杀病毒不再仅仅依靠本地硬盘中的病毒库，而是依靠庞大的网络服务，实时进行采集、分析以及处理。整个互联网就是一个巨大的"杀毒软件"，参与者越多，每个参与者就越安全，整个互联网就会更安全。

云安全的概念提出后，曾引起了广泛的争议，许多人认为它是伪命题。但事实胜于雄辩，云安全的发展像一阵风，360 杀毒、360 安全卫士、瑞星杀毒软件、趋势、卡巴斯基、MCAFEE、SYMANTEC、江民科技、PANDA、金山毒霸、卡卡上网安全助手等都推出了云安全解决方案。

云安全技术是 P2P 技术、网格技术、云计算技术等分布式计算技术混合发展、自然演化的结果。

7.3.2 著名国产反病毒软件

目前国内反病毒软件，有三大巨头：360 杀毒、金山毒霸、瑞星杀毒软件，反响都不错。但是都有优缺点（均已实施云安全方案），下面做简单介绍。

1. 360 杀毒软件

360 杀毒是永久免费、性能超强的杀毒软件。中国市场占有率第一。360 杀毒采用领先的四引擎：国际领先的常规反病毒引擎——国际性价比排名第一的 BitDefender 引擎+修复引擎+360 云引擎+360 QVM 人工智能引擎，强力杀毒，全面保护您的计算机安全拥有完善的病毒防护体系，且唯一真正做到彻底免费、无需任何激活码。360 杀毒轻巧快速、查杀能力超强、独有可信程序数据库，防止误杀，误杀率远远低于其他杀毒软件，依托 360 安全中心的可信程序数据库，实时校验，为计算机提供全面保护。最新版本特有全面防御 U 盘病毒功能，彻底剿灭各种借助 U 盘传播的病毒，第一时间阻止病毒从 U 盘运行，切断病毒传播链。现可查杀 660 多万种病毒。在最新 VB100 测试中，双核 360 杀毒大幅领先，名列国产杀毒软件第一。

360 杀毒采用领先的病毒查杀引擎及云安全技术，不但能查杀数百万种已知病毒，还能有效防御最新病毒的入侵。360 杀毒病毒库每小时升级，让您及时拥有最新的病毒清除能力。360 杀毒有优化的系统设计，对系统运行速度的影响极小，独有的"游戏模式"还会在您玩游戏时自动采用免打扰方式运行,让您拥有更流畅的游戏乐趣。360 杀毒和 360 安全卫士配合使用,是安全上网的"黄金组合"。

360 公司的网址是 http://www.360.cn/。

2. 金山毒霸杀毒软件

金山公司推出的电脑安全产品,监控、杀毒全面、可靠,占用系统资源较少。其软件的组合版功能强大(金山毒霸 2011、金山网盾、金山卫士),集杀毒、监控、防木马、防漏洞为一体,是一款具有市场竞争力的杀毒软件。金山毒霸 2011 是世界首款应用"可信云查杀"的杀毒软件,颠覆了金山毒霸 20 年传统技术,全面超出主动防御及初级云安全等传统方法,采用本地正常文件白名单快速匹配技术,配合金山可信云端体系,实现了安全性、检出率与速度。

金山毒霸 2011 极速轻巧,安装包不到 20 MB,内存占用只有 19 MB。配合中国互联网最大云安全体系。

金山毒霸 2011 技术亮点:

① 可信云查杀:增强互联网可信认证,海量样本自动分析鉴定,极速快速匹配查询。

② 蓝芯 II 引擎:微特征识别(启发式查杀 2.0),将新病毒扼杀于摇篮中,针对类型病毒具有不同的算法,减少资源占用,多模式快速扫描匹配技术,超快样本匹配;

③ 白名单优先技术:准确标记用户计算机所有安全文件,无需逐一比对病毒库,大大提高效率,双库双引擎,首家在杀毒软件中内置安全文件库,与可信云安全紧密结合,安全少误杀;

④ 个性功能体验:下载保护、聊天软件保护、U 盘病毒免疫防御、文件粉碎机、自定义安全区,提升性能、可定制的免打扰模式、自动调节资源占用、针对笔记本电源优化使续航更久;

⑤ 自我保护:多于 40 个自保护点,免疫病毒使杀毒软件失效方法;

⑥ 全面安全功能:下载(支持迅雷、QQ 旋风、快车)、聊天(支持 MSN)、U 盘安全保护,免打扰模式,自动调节资源占用。

金山公司的网址是 http://www.jinshan.com/。

3. 瑞星杀毒软件

瑞星杀毒软件其监控能力是十分强大的,但同时占用系统资源也较大。瑞星采用第八代杀毒引擎,能够快速、彻底查杀大小各种病毒,这个绝对是全国顶尖的。但是瑞星的网络监控不行,最好再加上瑞星防火墙弥补缺陷。另外,瑞星 2009 的网页监控更是疏而不漏,这是云安全的结果。

拥有后台查杀(在不影响用户工作的情况下进行病毒的处理)、断点续杀(智能记录上次查杀完成文件,针对未查杀的文件进行查杀)、异步杀毒处理(在用户选择病毒处理的过程中,不中断查杀进度,提高查杀效率)、空闲时段查杀(利用用户系统空闲时间进行病毒扫描)、嵌入式查杀(可以保护 MSN 等即时通信软件,并在 MSN 传输文件时进行传输文件的扫描)、开机查杀(在系统启动初期进行文件扫描,以处理随系统启动的病毒)等功能;并有木马入侵拦截和木马行为防御,基于病毒行为的防护,可以阻止未知病毒的破坏。还可以对计算机进行体检,帮助用户发现安全隐患。并有工作模式的选择,家庭模式为用户自动处理安全问题,专业模式下用户拥有对安全事件的处理权。缺点是卸载后注册表残留一些信息。

瑞星公司的网址是 http://www.rising.com.cn。

7.4 系 统 维 护

除了进行计算机的安全设置外，平时还应注意进行系统的维护，保护好自己的计算机，这样才能更好地为工作服务。

7.4.1 正确的使用方法和注意事项

为了能让计算机正常工作并延长其使用寿命，使用计算机时应注意以下的一些事项：

● 计算机放置的位置应该通风情况良好，机箱背后离墙壁最少要有 10 cm 的空间以便散热，如果计算机自身的散热性能不好，可根据风向加装机箱风扇。

● 不要将计算机放置于阳光直射的地方。

● 对机箱表面、键盘、显示器等计算机设备进行清洁擦拭时，最好不要用水，以免水流入其内部而造成短路或使其产生锈蚀。可购买专用的计算机清洁膏，也可用棉花沾少量的酒精擦拭。

● 启动计算机后，最好不要搬动它，尽量避免大力的碰撞。

● 应具有稳定的电源电压，有条件的可为计算机配置一台 UPS 稳压器。尽量不要与电视、电冰箱和洗衣机等大功率家电共用一个电源插座。

● 不要将带有强磁性的物件靠近计算机和任何存储设备。

● 不使用计算机时，最好使用防尘设施将其遮住，如防尘罩。

● 计算机久置易受潮，因此至少每周要开机两个小时，平时还应保持环境干燥。

7.4.2 硬件维护常识

对于计算机中的各个硬件，在使用时也应采用正确的方法，包括如下几点：

● 正确地开关计算机：开机的顺序是先打开计算机外设（如显示器、打印机和扫描仪等）的电源，再打开主机电源；关闭计算机的顺序与开机的顺序相反。

● 避免频繁开、关机：尽量避免频繁地开、关机，否则对计算机硬件的损伤很大。

● 计算机远离磁场：如果计算机附近有强磁场，则显示屏幕的荧光物质容易被磁化，从而导致显示器产生偏色和发黑等现象。

● 显示器亮度不要太强：显示器的亮度太强会影响视力，也会降低显像管的寿命。

● 不要用力敲击键盘和鼠标：键盘和鼠标均属于机械和电子结合型的设备。如果按键盘或使用鼠标时过分用力，容易使键盘的弹性降低，或造成鼠标（机械鼠标）下方的滚动球磨损。

● 软驱或光驱指示灯未灭时不要从驱动器中取盘：软驱或光驱工作指示灯亮表示正在进行读/写操作，此时磁头完全接触软盘或光盘的盘面。如果此时从中取盘，容易损伤盘面和光头，从而降低软驱或光驱的寿命。

● 不要带电插拔板卡和插头：计算机工作时不要带电插拔各种控制板卡和连接电缆。

● 光盘盘片不宜长时间放置在光驱中：若将光盘长时间放于光驱中，则每次开机时或隔一段时间，系统都会读取光盘的内容，从而影响系统性能并加快光驱老化。

7.4.3 软件维护常识

软件是计算机的灵魂，在使用时也应对其进行维护，以保证计算机能够更好地工作。

● 规划好计算机中的文件：计算机中的文件应进行归类放置，从而避免不能及时找到或找不到需要的文件。对于不需要使用的文件应即时将其删除，并定期清空回收站释放磁盘空间供程序使用。

● 只安装自己需要的软件：计算机中的软件应根据用户的需要及计算机的配置进行安装，不宜过多、过杂。对于不需要使用的软件应及时将其删除。

● 定期清理计算机的磁盘空间：包括磁盘清理和磁盘碎片整理等内容，这方面的知识将在本章后面详细介绍。

● 使用压缩软件减少磁盘占用量：对于计算机中很少使用的文件或占磁盘空间较多的文件，可以使用压缩软件将其进行压缩，以减少其磁盘占用量。

● 不要轻易修改计算机的配置信息：对计算机不是很熟悉的用户，不要轻易修改系统的BIOS、注册表或其他配置信息，以避免造成计算机不能正常使用的情况。

● 不要使用来历不明的文件：在使用软盘、光盘或网络中的文件时，应先检查是否带有病毒后再使用，以避免计算机感染病毒。

● 将重要数据进行备份：为避免数据丢失或磁盘损坏而造成不可挽回的损失，用户可将重要数据备份到另一个硬盘、软盘或光盘中。

7.4.4 磁盘清理

计算机在使用的过程中，因安装或卸载程序、新建或删除文件和浏览网页信息等操作，经常会产生很多垃圾文件和临时文件，这些文件不仅会占用系统资源，而且没有太大的用处，因此可使用 Windows 自带的磁盘清理程序将其删除。磁盘清理的操作步骤如下：

① 选择"开始"→"所有程序"→"附件"→"系统工具"→"磁盘清理"命令，打开如图 7-16 所示的"选择驱动器"对话框，在"驱动器"下拉列表框中选择要清理的驱动器选项。

② 单击"确定"按钮，系统会自动查找所选磁盘上的垃圾文件和临时文件，并打开如图 7-17 所示的对话框，其中显示了可以删除的垃圾文件和临时文件列表。

③ 在"要删除的文件"列表框中选择要删除的文件类型，单击"确定"按钮，打开删除提示对话框，单击其中的"是"按钮即可对所选磁盘进行清理。

图 7-16 "选择驱动器"对话框

图 7-17 选择要清理的文件

7.4.5 磁盘碎片整理

在对文件进行复制、移动与删除等操作时，存储在硬盘上的信息很可能变成不连续的存储碎片，这样就可能造成同一个文件的数据没有连续存放，而是被分段存放在不同的存储单元中，不利于磁盘的读/写，而且过多的无用碎片还会占用磁盘空间。因此，可使用 Windows 提供的磁盘碎片整理程序对这些碎片进行调整，使其变为连续的存储单元，从而延长硬盘的使用寿命。进行磁盘碎片整理的操作步骤如下：

① 选择"开始"→"所有程序"→"附件"→"系统工具"→"磁盘碎片整理程序"命令，打开"磁盘碎片整理程序"对话框，如图 7-18 所示。

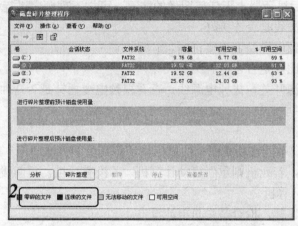

图 7-18　选择要进行碎片整理的磁盘分区

② 在对话框上方的列表框中选择要进行磁盘碎片整理的磁盘分区。

③ 单击"碎片整理"按钮，系统开始对该磁盘进行分析，然后自动进行碎片整理，并在对话框中显示整理前后的磁盘使用量及进度，如图 7-19 所示。

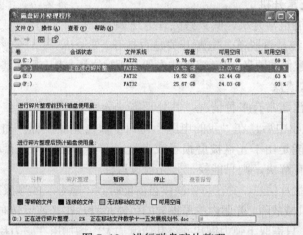

图 7-19　进行磁盘碎片整理

④ 等待一段时间后，系统将打开一个报告对话框提示整理完毕，单击"关闭"按钮返回"磁盘碎片整理程序"对话框，再选择其他需要整理的磁盘分区进行相同的操作即可。

注意：在对磁盘进行碎片整理的过程中，不要使用正在整理的磁盘分区中的人和程序或文件，即不能对该分区进行任何读/写操作；在对 C:盘进行整理时则不要执行其他任何操作，否则磁盘碎片整理程序将重新开始整理，这样会延长整理时间，严重时还会导致死机。在进行磁盘碎片整理前还应关闭屏幕保护程序、定时任务等可能在磁盘碎片整理过程中自动运行的程序。

7.4.6 计算机常见故障处理

在日常使用计算机的过程中，难免会遇到一些小故障，如果了解这些故障的基本处理方法，就能自己动手排除故障而使计算机正常运行。下面简单介绍一些常见故障的处理方法。

1. 显示器无图像

若遇到主机启动后显示器上无任何图像的情况，可按下列顺序进行检查：

- 查看显示器电源线是否连接好。
- 查看显示器视频电缆是否连接正确。
- 查看亮度和对比度是否合适。
- 关闭显示器电源开关，拔掉电源线，查看视频电缆插针是否弯曲。如果弯曲，小心将其扳直即可。

2. 鼠标失灵

系统启动完毕后，不能移动桌面上的鼠标指针，其处理方法如下：

- 检查是否死机，若死机则重新启动计算机，若没有死机，重新拔插鼠标与主机的接口插头，然后重新启动计算机。
- 如果是红外线鼠标，检查是否是电池没电。
- 检查"设备管理器"中鼠标的驱动程序是否与所安装的鼠标类型相符。
- 检查鼠标底部是否有模式设置开关，若有，试着改变其位置，并重新启动计算机。
- 检查鼠标的接口插头是否出现故障，若没有，可拆开鼠标底盖，检查鼠标小球、X 轴和 Y 轴（机械鼠标），或检查光电接收电路（光电鼠标）。

3. 计算机不能正常开机

若遇到计算机不能正常开机，其大致处理方法如下：

- 检查主机电源线是否脱落，电源开关是否打开。
- 检查主机中的配件如硬盘、内存条和电源等是否被烧坏，若有则换其他相关配件进行测试。

4. 光驱不能正常读盘

光驱不能正常读盘通常有多种情况，其处理方法分别如下：

- 将光盘放到光驱中后，在"我的电脑"窗口中双击光驱图标，如果打开"设备尚未准备好"对话框，这可能是由于光盘被磨损了或光盘表面不清洁，用光盘刷将光盘表面擦拭一下再试。如果还是没有解决，则只能换一张光盘读取。
- 光驱不能读取盘片信息，并在每一次读盘前能听到"嚓嚓"的摩擦声，然后指示灯熄灭。出现这种情况说明是机械故障。光驱内的摩擦异响可能是盘片在高速运转时由于夹光盘的力度不够而发生的打滑情况，只需取下弹力钢片并将其弯度加大，增加压在磁力片上的弹力即可。
- 光驱一直在读盘却无法读取光盘中的内容。这可能是光驱激光头上染了灰尘，对光驱激光头进行擦拭或清洗即可。如果故障依旧，则可能是激光头老化，需更换一个激光头。

7.5 计算机安全的法律法规与计算机软件版权的保护

7.5.1 国家有关计算机安全的法律法规

为了加强计算机信息系统的安全保护和国际互联网的安全管理，依法打击计算机违法犯罪活动，我国在近几年先后制定了一系列有关计算机安全管理方面的法律法规和部门规章制度等。经过多年的探索与实践，已经形成了比较完整的行政法规和法律体系，但是随着计算机技术和计算机网络的不断发展与进步，这些法律法规也必须在实践中不断地加以完善和改进。有关计算机信息安全管理的主要法律法规如下：

1991 年 10 月 1 日实施《计算机软件保护条例》；

1994 年 2 月 18 日发布实施《计算机信息系统安全保护条例》；

1995 年 2 月 28 日，全国人大通过《警察法》，规定警察履行"监督管理计算机信息系统的安全保护工作"的职责；

1996 年 1 月 29 日公安部制定的《关于对与国际互联网的计算机信息系统进行备案工作的通知》；

1996 年 2 月 1 日出台的《中华人民共和国计算机信息网络国际互联网管理暂行办法》，并于 1997 年 5 月 20 日作了修订；

1997 年 3 月，全国人大修订通过的新刑法，较全面地将计算机犯罪纳入刑事立法体系，增加了针对计算机信息系统和利用计算机犯罪的条款；

1997 年 12 月 12 日，公安部发布《计算机信息系统安全专用产品检测和销售许可证管理办法》，规定"公安部计算机管理监察机构负责销售许可证的审批颁发工作和安全专用产品安全功能检测机构的审批工作"；

1997 年 12 月 30 日，公安部发布《计算机信息网络国际联网安全保护管理办法》，规定了任何单位和个人不得利用国际互联网从事违法犯罪活动等 4 项禁则和从事互联网业务的单位必须履行的 6 项安全保护责任；

2000 年 4 月 26 日，公安部发布《计算机病毒防治管理办法》；

2000 年 12 月，颁布《全国人民代表大会常务委员会关于维护互联网安全的决定》；

其次，在我国《刑法》第 285 条至 287 条，针对计算机犯罪给出了相应的规定和处罚：

非法入侵计算机信息系统罪。《刑法》第 285 条规定："违反国家规定，侵入国家事务、国防建设、尖端技术领域的计算机信息系统，处三年以下有期徒刑或拘役。"

破坏计算机信息系统罪。《刑法》第 286 条规定三种罪，即破坏计算机信息系统功能罪、破坏计算机信息系统数据和应用程序罪和制作、传播计算机破坏性程序罪。

《刑法》第 287 条规定："利用计算机实施金融诈骗、盗窃、贪污、挪用公款、窃取国家秘密或者其他犯罪的，依照本法有关规定定罪处罚。"

7.5.2　软件知识产权

1．什么叫软件知识产权

知识产权是指人类通过创造性的智力劳动而获得的一项智力性的财产权，知识产权不同于动产和不动产等有形物，它是在生产力发展到一定阶段后，才在法律中作为一种财产权利出现的。知识产权是经济和科技发展到一定阶段后出现的一种新型的财产权，计算机软件是人类知识、经验、智慧和创造性劳动的结晶，是一种典型的由人的智力创造性劳动产生的"知识产品"，一般软件知识产权指的是计算机软件的版权。

当购买一份软件时，不仅得到了软件本身，还得到了一份许可使用证（合同）。在合同中，除了要求使用者受版权法约束之外，用户还需接受以下几方面的限制：

① 软件的版权将受到法律保护，不允许未经授权的使用。

② 除非正版软件运行失败或已损坏（即出于存档的目的对软件备份复制是允许的）以外，其他对软件的备份复制不允许使用（这里将把软件安装到计算机的行为确定为对软件备份复制）。

③ 在未经版权所有人授权的情况下，不允许对软件进行修改。

④ 在未经版权所有人允许的情况下，禁止对软件目标程序进行解密或逆向工程的行为。

⑤ 未经版权所有人的许可，不允许软件的持有者在该软件的基础上开发新的软件等。

2. 对软件版权合法性的要求

① 软件版权合法性的要求是自主实施研究、开发取得的软件。

② 自主实施研究、开发取得的软件（合法性）要有证据支持，保证知识产权及开发成果产权归属关系清楚。软件版权合法性的证据一般体现在软件开发中形成的源程序、文档、相关资料中。开发完成的软件为自主（独立）研发的结果，即依靠知识、经验、智慧和创造性劳动（包括人、财、物的投入）完成的软件开发。软件中不能存在复制、抄袭他人软件（程序、文档以及与程序关联需保密的数据）的内容和痕迹。通用的软件开发环境和开发语言来源合法，独立编写（创造）完成源程序和文档。

③ 在软件开发过程中，形成具有个性的、完整的、专用的文档资料，包括开发设计和使用文档等。

④ 证明软件开发过程合法性的其他资料。

3. 取得软件版权必须符合法律、法规的要求

软件版权要能够符合法律法规的要求，就必须对软件产品或成果进行必要的核查，核查的内容包括：

① 软件产品或成果已经开发完成，并在介质上固化了该软件的表达形式（包括源程序、目标程序和相关的文档）。

② 开发软件使用的思想、概念、发现、原理、算法、处理过程和运行方法不应列入自主版权的范围。

③ 技术成果的研究、开发过程符合法律的规定，使用的软件开发环境、开发语言不会产生违法或违约行为；是否使用了未经他人授权的程序或者数据；是否为了信息和数据的兼容性需要，采取合法的"逆向工程"的方法等。

④ 对参与软件开发的人员进行必要的调查，判断有无存在侵害他人知识产权的可能性，并请参与软件开发的人员对开发软件的合法性做出保证。

4. 我国有关软件知识产权保护的条例

计算机软件版权的保护是一个国际化的问题，每年全球因软件盗版损失巨大，据统计目前亚洲软件市场盗版软件占 50%以上，严重地扰乱了市场秩序，侵害了软件开发者的合法权利。为了保护计算机软件著作权人的权益，维护软件开发者的合法权利，单凭技术力量解决是不够的，必须依靠政府和立法机构，制定出完善的法律和法规进行制约。因此，各国政府都非常重视对销售盗版软件违法犯罪行为的打击、制裁，制定了许多保护计算机软件版权的法律规范。我国政府也先后制定了有关的法律法规。例如，《中华人民共和国著作权法》、《计算机软件保护条例》、《关于禁止销售盗版软件的通告》等。

《计算机软件保护条例》是我国第一部计算机软件保护的法律法规，是计算机软件保护的总纲领，标志着我国计算机软件的保护已走上了法制化的轨道。

《计算机软件保护条例》的第一部分总则强调了制定《计算机软件保护条例》的目的、对象等。

《计算机软件保护条例》的第二部分软件著作权，明确了软件著作权人享有的权利。

《计算机软件保护条例》的第三部分软件著作权的许可使用和转让，规定了著作权的许可使用和转让的办法。

《计算机软件保护条例》的第四部分法律责任，阐明了侵犯软件著作权的行为应承担的法律责任及软件著作权侵权纠纷的仲裁办法。

《计算机软件保护条例》的第五部分为附则。

综合练习 7

一、选择题

1. 计算机病毒是可以造成计算机故障的_____。

A. 一块计算机芯片   B. 一种计算机设备

C. 一种计算机部件   D. 一种计算机程序

2. Windows 的系统工具中，磁盘碎片整理程序的功能是_____。

A. 把不连续的文件变成连续存储，从而提高磁盘的读/写速度

B. 把磁盘上的文件进行压缩存储，从而提高磁盘利用率

C. 把磁盘上的碎片文件删除掉

D. 诊断和修复各种磁盘上的存储错误

3. 允许没有账户的人登录计算机，并且不需要密码的账户是_____。

A. Guest   B. Administrator

C. PowerUsers   D. ZY

4. 计算机病毒的特点是_____。

A. 传染性、安全性、易读性   B. 传染性、潜伏性、破坏性

C. 传染性、破坏性、易读性   D. 传染性、潜伏性、安全性

5. 下面列出的计算机病毒传播途径，不正确的是_____。

A. 通过网络传输   B. 通过借用他人的软盘

C. 机器使用时间过长   D. 使用来路不明的软件

6. 计算机病毒是指_____。

A. 被破坏的程序   B. 已损坏的磁盘

C. 具有破坏性的特制程序   D. 带细菌的磁盘

7. 下列关于网络信息安全的叙述中，不正确的是_____。

A. 防火墙是保障单位内部网络不受外部攻击的有效措施之一

B. 电子邮件是个人之间的通信手段，有私密性，不使用软盘，一般不会传染计算机病毒

C. 网络环境下的信息系统比单机系统复杂，信息安全问题比单机更加难以得到保障

D. 网络安全的核心是操作系统的安全性，它涉及信息在存储和处理状态下的保护问题

二、简答与综合题

1. 什么是计算机安全？

2. 计算机安全的范围包括哪几个方面，各方面的含义是什么？

3. Internet 用户主要面临的安全威胁有哪几类，Internet 的安全防护有哪些？

4. 什么是计算机病毒，它有哪几种类型，什么是黑客（Hacker Cracker）？

5. 计算机病毒是如何传染的，如何预防计算机病毒的传染？

6. 用查杀计算机病毒软件（如瑞星、江民）检查使用的微机。

7. 我国颁布了哪几部有关计算机安全和软件保护的法律法规？

计算机故事

磁芯大战——第一个计算机病毒

计算机病毒并非是最近才出现的新产物，事实上，早在 1949 年，距离第一部商用计算机的出现仍有好几年时，计算机的先驱者约翰·冯·诺依曼（John von Neumann）在他的一篇论文《复杂自动装置的理论及组织的进行》里，就已经把病毒程序的蓝图勾勒出来。当时，绝大部分计算机专家都无法想象这种会自我繁殖的程序是可能的；可是，少数几个科学家默默地研究冯·诺依曼所提出的概念，直到 10 年之后，在美国电话电报公司（AT&T）的贝尔（Bell）实验室中，这些概念在一种很奇怪的电子游戏中成形了，这种电子游戏叫做"磁芯大战"（Core War）。

磁芯大战是当时贝尔实验室中 3 个年轻的程序员想出来的，他们是：道格拉斯.麦耀莱（H.Douglas Mcllroy）、维特·维索斯基（Victor Vysottsky）和及罗伯·莫里斯（Robert T.Morris），当时 3 人的年纪都只有二十多岁。

两方各写一套程序，输入同一部计算机中，这两套程序在计算机的记忆系统内互相追杀，有时它们会放下一些关卡，有时会停下来修理（重新写）被对方破坏的几行指令；当它被困时，也可以把自己复制一次，逃离险境。因为它们都在计算机的记忆磁芯中游走，因此得到了磁芯大战之名。

这个游戏的特点在于，双方的程序进入计算机之后，玩游戏的人只能看着屏幕上显示的战况，而不能做任何更改，一直到某一方的程序被另一方完全"吃掉"为止。

磁芯大战是个笼统的名称，事实上还可细分成好几种，麦耀莱所写的程序叫"达尔文"，具有"物竞天择，适者生存"的意思。它的游戏规则跟以上所描述的最接近，双方以汇编语言各写一个程序，叫有机体（Organism），这两个有机体在计算机里争斗不休，直到一方把另一方杀掉并取而代之，即算分出胜负。在此时，Morris 经常匠心独具，击败对手。

另外，还有个爬行者程序（Creeper），每一次把它读出时，便自己复制一个副本，且会从一部计算机"爬"到另一部与之相连的计算机。很快地，计算机中原有的资料便被这些爬行者挤掉。爬行者生存的唯一目的就是繁殖。为了对付"爬行者"，有人便写出了"收割者"（Reaper），其生存的唯一目的便是找到爬行者，把它们毁灭掉。当所有爬行者都被收割掉之后，收割者便执行程序中最后一项指令：毁灭自己，从计算机中消失。

熊猫烧香病毒

熊猫烧香病毒表情

1. 常规键盘快捷键

快捷键	说　明
Ctrl +C	复制
Ctrl + X	剪切
Ctrl + V	粘贴
Ctrl + Z	撤销
Delete	删除
Shift + Delete	永久删除所选项，而不将其放到"回收站"中
Ctrl	拖动某一项时按 Ctrl 复制所选项
Ctrl + Shift	拖动某一项时按 Ctrl + Shift 创建所选项目的快捷键
F2	重新命名所选项目
Ctrl + 向右键	将插入点移动到下一个单词的起始处
Ctrl + 向左键	将插入点移动到前一个单词的起始处
Ctrl + 向下键	将插入点移动到下一段落的起始处
Ctrl + 向上键	将插入点移动到前一段落的起始处
Ctrl + Shift + 任何箭头键	突出显示一块文本
Shift + 任何箭头键	在窗口或桌面上选择多项，或者选中文档中的文本
Ctrl + A	选中全部内容
F3	搜索文件或文件夹
Alt + Enter	查看所选项目的属性
Alt + F4	关闭当前项目或者退出当前程序
Alt + Enter	显示所选对象的属性
Ctrl + F4	在允许同时打开多个文档的程序中关闭当前文档
Alt + Tab	在打开的项目之间切换
Alt + Esc	以项目打开的顺序循环切换
F6	在窗口或桌面上循环切换屏幕元素
F4	显示"我的电脑"和"Windows 资源管理器"中的"地址"栏列表

续表

快捷键	说　明
Shift + F10	显示所选项的快捷菜单
Alt + 空格键	显示当前窗口的"系统"菜单
Ctrl + Esc	显示"开始"菜单
Alt + 菜单名中带下画线的字母	显示相应的菜单
在打开的菜单上显示的命令名称中带有下画线的字母	执行相应的命令
F10	激活当前程序中的菜单栏
右箭头键	打开右边的下一菜单或者打开子菜单
左箭头键	打开左边的下一菜单或者关闭子菜单
F5	刷新当前窗口
Backspace	在"我的电脑"或"Windows 资源管理器"中查看上一层文件夹
Esc	取消当前任务
将光盘插入到 CD-ROM 驱动器时按 Shift 键	阻止光盘自动播放

2．对话框快捷键

快捷键	说　明
Ctrl + Tab	在选项卡之间向前移动
Ctrl + Shift +Tab	在选项卡之间向后移动
Tab	在选项之间向前移动
Shift + Tab	在选项之间向后移动
Alt + 带下画线的字母	执行相应的命令或选中相应的选项
Enter	执行活动选项或按钮所对应的命令
空格键	如果活动选项是复选框，则选中或清除该复选框
箭头键	活动选项是一组选项按钮时，选中某个按钮
F1	显示帮助
F4	显示当前列表中的项目
Backspace	如果在"另存为"或"打开"对话框中选中某个文件夹，则打开上一级文件夹

3．自然键盘快捷键

在"Microsoft 自然键盘"或包含 Windows 徽标键（简称 Win）和"应用程序"键（简称 Key）的其他兼容键盘中，可以使用以下快捷键。

快捷键	说　明
Win	显示或隐藏"开始"菜单
Win+Break	显示"系统属性"对话框
Win+ D	显示桌面
Win+M	最小化所有窗口
Win+ Shift + M	还原最小化的窗口
Win+ E	打开"我的电脑"或"Windows 资源管理器"
Win+ F	搜索文件或文件夹
Ctrl+Win+ F	搜索计算机
Win+ F1	显示 Windows 帮助
Win+ L	如果连接到网络域，则锁定计算机；如果没有连接到网络域，则切换用户
Win+R	打开"运行"对话框
Key	显示所选项的快捷菜单
Win+ U	打开"工具管理器"

4．"Windows 资源管理器"键盘快捷键

快捷键	说　明
End	显示当前窗口的底端
Home	显示当前窗口的顶端
Num lock+数字键盘的星号（*）	显示所选文件夹的所有子文件夹
Num lock+数字键盘的加号（+）	显示所选文件夹的内容
Num lock+数字键盘的减号（-）	折叠所选的文件夹
左箭头键	当前所选项处于展开状态时折叠该项，或选定其父文件夹
右箭头键	当前所选项处于折叠状态时展开该项，或选定第一

快捷键	说　明
Ctrl+F12	打开文档
Shift+F12	保存文档
F12	另存文档
F1	打开帮助
Shift+F1	打开帮助工具，显示这是什么功能
Ctrl+F2	打印预览
Shift+F2	复制选中的文本，将光标移到需要的位置后，按下 Enter 键即可粘贴复制的文本
F2	剪切选中的文本，将光标移到需要的位置后，按下 Enter 键即可粘贴剪切的文本
Shift+F3	切换选中的英文字符的大小写
Alt+F4	关闭所有文档，若没有保存，将提示保存并退出 Word 2003
Ctrl+F4	关闭当前文档，若没有保存，将提示保存并退出 Word 2003
F4	重复上一步的操作
Shift+F4	在执行"查找"操作后关闭"查找"对话框，按此组合键等于按查找下一处（F）按钮
Alt+F5	将所有打开的 Word 文档的最大化窗口还原到原来大小
Ctrl+F5	将当前打开的 Word 文档的最大化窗口还原到原来大小
Ctrl+F7	当文档窗口不是最大化时，激活键盘上的方向键，用以移动窗口
Alt+F10	将所有打开的文档窗口在"最大化"与"原状态"之间切换
Ctrl+F10	将当前文档窗口在"最大化"与"原状态"之间切换
Shift+ Ctrl +F5	创建标签
F5	打开"查找与替换"对话框，并打开"定位"选项卡
Ctrl+F6	在多个打开的文档窗口之间顺序切换（至少打开两个文档才能看到此操作的结果）
Alt+F6	在两个打开的文档窗口之间反复切换（至少打开两个文档才能看到此操作的结果）
F6	在任务窗格与文档窗口之间切换
Shift+F5	在最后 4 个编辑处来回移动光标
Alt+F7	选中当前文档中下一个错误的单词，并弹出右键快捷菜单，提示修改
F7	实施拼写检查

续表

快捷键	说　明
Shift+F7	打开同意词词库，实施同义词替换
Shift+Alt+F7	打开"翻译"任务窗格
Shift+ Ctrl +F8	启用列选择模式，用于选择竖块文本
F8	激活"扩展"功能，用于快速选定文本
Shift+F8	先选中文本，按此组合键可按全文、段、句、词、插入点的顺序，逐步减小选定范围
F10	激活菜单栏
Ctrl+P	打开"打印"对话框进行打印设置

ASCII（美国标准信息交换码）表

列	0[③]	1[③]	2[③]	3	4	5	6	7[③]

行	位 654→ ↓ 3210	000	001	010	011	100	101	110	111
0	0000	NUL	DLE	SP	0	@	P	`	p
1	0001	SOH	DC1	!	1	A	Q	a	q
2	0010	STX	DC2	"	2	B	R	b	r
3	0011	ETX	DC3	#	3	C	S	c	s
4	0100	EOT	DC4	$	4	D	T	d	t
5	0101	ENQ	NAK	%	5	E	U	e	u
6	0110	ACK	SYN	&	6	F	V	f	v
7	0111	BEL	ETB	,	7	G	W	g	w
8	1000	BS	CAN	(	8	H	X	h	x
9	1001	HT	EM	)	9	I	Y	i	y
A	1010	LF	SUB	*	:	J	Z	j	z
B	1011	VT	BSC	+	;	K	[	k	{
C	1100	FF	FS	•	<	L	\	l	|
D	1101	CR	CS	-	=	M	]	m	}
E	1110	SO	RS	.	>	N	Ω[①]	n	~
F	1111	SI	US	/	?	O	-[②]	o	DEL

① 取决于使用这种代码的机器，其符号可以是弯曲符号、向上箭头或（一）标记。

② 取决于使用这种代码的机器，其符号可以是下画线、向上箭头或心形。

③ 是第 0、1、2 和 7 列特殊控制功能的解释。

NUL	空	SYN	空转同步
SOH	标题开始	ETB	信息组传送结束

STX	正文结束	CAN	作废
ETX	本文结束	EM	纸尽
EOT	传输结果	SUB	减
ENQ	询问	LSC	换码
ACK	承认	VT	垂直制表
BEL	报警符（可听见的信号）	FF	走纸控制
BS	退一格	CR	回车
HT	横向列表（穿孔卡片指令）	SO	移位输入
LF	换行	SI	移位输入
SP	空间	DC4	设备控制 4
DLE	数据链换码	FS	文字分隔符
DC1	设备控制 1	GS	组分隔符
DC2	设备控制 2	RS	记录分隔符
DC3	设备控制 3	US	单元分隔符
		DEL	作废

附录 D
五笔字型输入法

五笔字型汉字编码方案及输入技术是由王永民等人发明研制的。其编码以汉字的形状为基础，与汉字的语音无关。这种编码方案较其他汉字编码方案有着显著的优点：构思巧妙，形象生动，易学好用；经过指法训练，可实现盲打；是目前输入速度最快、效率最高的一种汉字输入法。

1. 对方块汉字的新认识

汉字是一种象形文字。笔画是构成汉字的最小单位，共有 20 多个。一些汉字有些部分是相同的，就是人们通常说的部首，共有 200 多个。但是，五笔字型从计算机与汉字结合的角度重新研究和认识汉字，它将汉字的 20 多种笔画重新归类为 5 种，参照 200 多个偏旁部首设计出 130 个字根，将所有汉字从字型上划分为 3 种字形结构。

（1）笔画

笔画是在书写汉字时，一次写成的一个连续不断的线段。在这个概念上，五笔字型对笔画只考虑走向，而忽略笔画的长短轻重，它将汉字中的各种笔画归并为横、竖、撇、捺、折 5 种基本笔画，并顺序命以代号 1、2、3、4、5。表 D.1 给出了 5 种基本笔画以及其他笔画的归并。

表 D.1　五笔字型五种基本笔画及代号

代号	笔画名称	基本笔画	运笔走向	其他笔画
1	横	一	自左向右	
2	竖	丨	自上向下	丿
3	撇	丿	右上到左下	
4	捺	丶	左上到右下	
5	折	乙	带转折	乛乚乀乁

说明：① 提笔归为横。
② 左竖钩为竖。
③ 点点均为捺。
④ 带折均为折。

（2）字根

在五笔字型中，将那些由若干笔画交叉连接而形成相对不变的结构称为字根，将那些组字能力较强，出现次数较多的字根称作基本字根。绝大多数字根都是字典中查字的部首。按照字根起笔笔画代号，五笔字型将所有字根分到 5 个区中，每个区又分成 5 个位，每个位安排 2~9 个字根。表 D.2 列出了五笔字型所有的基本字根及区位代号。

表 D.2　五笔字型基本字根及区位代号

首笔画	区号	位号	基本字根	口　诀
横	1	1	王	王旁青头戋（兼）五一
	1	2	土	土士二干十寸雨
	1	3	大	大犬三（羊）古石厂
	1	4	木	木丁西
	1	5	工	工戈草头右框七
竖	2	1	目	目具上止卜虎皮
	2	2	日	日早两竖与虫依
	2	3	口	口与川，字根稀
	2	4	田	田甲方框四车力
	2	5	山	山由贝，下框几
撇	3	1	禾	禾竹一撇双人立，反文条头共三一
	3	2	白	白手看头三二手
	3	3	月	月彡（衫）乃用家衣底
	3	4	人	人和八，三四里
	3	5	金	金勺缺点无尾鱼，犬旁留乂儿点夕，氏无七（妻）
捺	4	1	言	言文方广在四一，高头一捺谁人去
	4	2	立	立辛两点六门病
	4	3	水	水旁兴头小倒立
	4	4	火	火业头，四点米
	4	5	之	之宝盖，摘礻（示）衤（衣）
折	5	1	已	已半巳满不出己，左框折尸心和羽
	5	2	子	子耳了也框向上
	5	3	女	女刀九臼山朝西
	5	4	又	又巴马，丢矢矣
	5	5	纟	慈母无心弓和匕，幼无力

说明：① 字根第一笔画的代号与其所在区号一致，如"目、日、口、田、山"的首笔为竖，竖的代号为 2，因此它们都在 2 区。

② 一般来说，字根的第二个笔画代号与其所在位一致，如"王、上、禾、言、已"的第二笔为横，横的代号为 1，因此它们的位号都是 1。

③ 单笔画在第一位，2 个单笔画的复合笔画在第二位，3 个单笔画复合起来的字根，其位号是 3。

④ 有些字根并不是按以上办法划分区位，如"车"、"力"在 2 区 4 位，但这两个字都不以竖起笔。"干"、"立"在 2 位，但它们的第 2 个笔画都不是竖。

（3）字型

从汉字的整体轮廓上来看，五笔字型将所有汉字分为 3 种类型：左右型、上下型、杂合型，并顺序命以代号 1、2、3，它对确定汉字的五笔字型编码十分重要。

① 左右型（1 型）：在左右型汉字中，有两种情况：

● 整个汉字有着明显左右界限的双合字。例如，码、稍、胜等。

● 整个字的 3 个部分从左到右并列，或单独占据一边的一部分与另外两部分呈左右排列。例如，捌、侣、别等。

② 上下型（2 型）：在上下型汉字中，有两种情况：

● 有着明显的上下界限的双合字。例如，童、节、思等。

● 3 个部分上下排列，或者单独占据的部分与另外两个部分上下排列。例如：意、想、算等。

③ 杂合型（3 型）：凡书写顺序没有简单明确的左右关系或上下关系的汉字，都归并为杂合型汉字。例如，团、凶、进、同、匹、本、且等。

（4）五笔字型中汉字的结构

五笔字型将字根间的位置关系分为 4 种：单根结构、离散结构、连笔结构、交叉结构。

① 单根结构：本身就是一个汉字的字根，在 130 个基本字根中，占很大比例，有八九十个，例如王、土、大、立等。

② 离散结构：构成的汉字不止一个字根，字根间保持一定距离，不相连也不相交，例如认、培、训等。

③ 连笔结构：五笔字型中字根间相连关系特指以下两种情况：单笔画与某基本字根相连，例如产（"立"连"丿"）、千（"丿"连"十"）、主（"、"连"王"）等；带点结构，认为相连，例如勺、义、太、斗、头等。为了使问题简化，可以规定，一个基本字根之前或之后的孤立点，一律视为与基本字根相连。

④ 交叉结构：指两个或多个基本字根交叉套选之后构成的汉字，例如申（"日"交"丨"）、里（"日"交"土"）、果（"日""木"）等。

汉字的结构与字型之间的关系可归纳如下：

① 基本字根单独成字，无须判断字型。

② 属于"散"的汉字，才可以分为左右型或上下型。

③ 属于"连"与"交"的汉字，一律属于杂合型。

④ 不分左右、上下的汉字，一律属于杂合型。

2．五笔字型字根键盘设计

五笔字型根据对键盘和字根的分区划位以及其相互对应的关系，科学而巧妙地设计出五笔字型字根键盘。

（1）对键盘划分区位

五笔字型将标准键盘上的 a～y 25 个键划分为 5 个区，每个区为 5 个键位。键盘划分区位如图 D.1 所示。

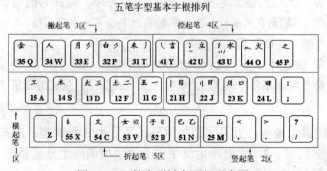

图 D.1　五笔字型键盘区位示意图

（2）五笔字型字根键盘

五笔字型将所有字根排列在相应的键位上，设计出了五笔字型字根键盘。五笔字型字根键盘如图 D.2 所示。

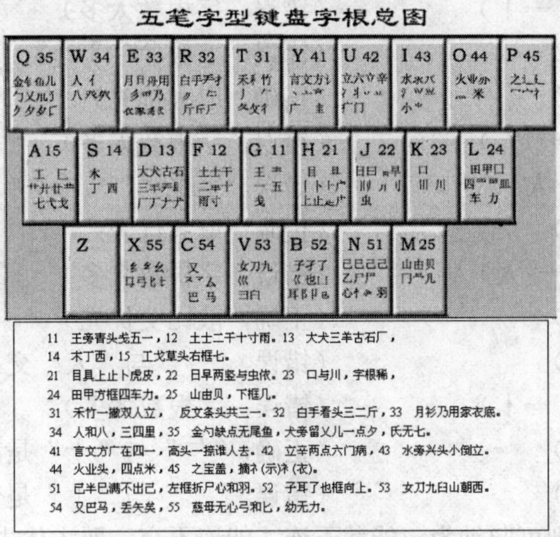

图 D.2　五笔字型字根键盘总图

3．五笔字形编码汉字的拆分原则与末笔字型交叉识别码

五笔字型输入法的关键在于对汉字的正确拆分。为此，五笔字型输入法规定了汉字的拆分原则。有些汉字拆分后，拆分的字根不足 4 个，五笔字型为这些汉字设计了末笔字型交叉识别码。

（1）拆分原则

一个汉字可以拆分成几个字根，但拆分的结果可能有多种。为了使汉字的拆分结果具有唯一性，五笔字型输入法规定，除单字根无须拆分外，其他 3 种结构的汉字在拆分时应遵照以下原则：

① 能散不连原则：如果组成一个汉字的几个基本字根是"散"的关系，就不要认为是"连"或"交"的关系。例如：

午：拆法 1：（𠂉 十）　　　　　（正确，散的关系）

　　拆法 2：（丿 千）　　　　　（错误，连的关系）

　　拆法 3：（ 丨）　　　　　　（错误，交的关系）

矢：拆法 1：（𠂉 大）　　　　　（正确，上下型，散的关系）

　　拆法 2：（ 人）　　　　　　（错误，交的关系）

② 能连不交原则：如果一个汉字能按"连"的结构拆分，就不要按"交"的关系拆分。例如：

天：拆法 1：（一 大）　　　　　（正确，连的关系）

　　拆法 2：（二 人）　　　　　（错误，交的关系）

生：拆法 1：（丿 圭）　　　　　（正确，连的关系）

　　拆法 2：（𠂉 土）　　　　　（错误，交的关系）

③ 兼顾直观原则：由一个汉字拆分成的几个字根，就能较直观地看出这几个字根组成的就是该汉字。例如：

国：拆法 1：（口 王 、）　　　　（较直观）

　　拆法 2：（冂 王 、 一）　　　（不直观）

④ 取大优先原则：按书写顺序每次拆分出的字根尽可能大一些。也就是说，如果一个汉字有几种拆分方案，有些方案拆出的字根数量较少，那么字根数量较少的那个方案优先；如果几个方案拆出字根的数目相等，则"散"比"连"优先，"连"比"交"优先。例如：

牛：拆法1（丿 一 一 丨）　　　　　（错误，字根数太多）
　　拆法2（⺧ 十）　　　　　　　　（错误，字根"⺧"小）
　　拆法3（　丨）　　　　　　　　　（正确，取大优先）

失：拆法1（丿 一 一 人）　　　　　（错误，字根数太多）
　　拆法2（⺧ 一 人）　　　　　　　（错误，字根"⺧"小）
　　拆法3（　人）　　　　　　　　　（正确，取大优先）

矢：拆法1（丿 一 一 人）　　　　　（错误，字根数太多）
　　拆法2（⺧ 人）　　　　　　　　（正确，散比交优先）
　　拆法3（　人）　　　　　　　　　（错误，"　"与"人"交）

午：拆法1（丿 一 一 丨）　　　　　（错误，字根数太多）
　　拆法2（⺧ 十）　　　　　　　　（正确，"⺧"与"十"是散的关系）
　　拆法3（　丨）　　　　　　　　　（错误，"　"与"丨"是交的关系）

综上所述，拆分原则可归纳为：能散不连，能连不交，取大优先，兼顾直观。

下面以"牛"和"午"两字的拆分，说明对拆分原则的正确理解和灵活运用。

"牛"可以拆分成以下几组字根：

拆法1：（丿 一 一 丨）　　　　　（错误，字根数太多）

拆法2：（⺧ 一 丨）　　　　　　　（错误，字根数太多）

拆法3：（⺧ 十）　　　　　　　　　（错误，"⺧"字根小）

拆法4：（　丨）　　　　　　　　　（正确，取大优先）

拆法5：（丿 土）　　　　　　　　　（错误，"土"不是字根）

从"牛"字的几种拆法分析：由"拆法3"、"拆法4"与"拆法5"所拆字根数最少，可判定"拆法1"和"拆法2"是错误的；"拆法5"第二个字根错误，"拆法3"两字根不满足"取大优先"原则，而"拆法4"满足，所以"拆法4"正确。

"午"可以拆分以下组字根：

拆法1：（丿 一 一 丨）　　　（错误，字根数太多）

拆法2：（⺧ 一 丨）　　　　　（错误，字根数太多）

拆法3：（⺧ 十）　　　　　　　（正确，两字根是"散"的关系）

拆法4：（丿 干）　　　　　　　（错误，两字根是"交"的关系）

拆法5：（　丨）　　　　　　　（错误，两字根是"连"的关系）

从"午"字的几种拆法分析：由"拆法3"、"拆法4"与"拆法5"所拆字根数最少，可判定"拆法1"和"拆法2"是错误的；"拆法4"两字根是"连"的关系、"拆法5"两字根是"交"的关系，而"拆法3"两字根是"散"的关系，所以"拆法3"正确。

总之，拆分一个汉字，首先要保证字根数最少；其次满足"散"比"连"优先，"连"比"交"优先；最后，保证先拆出的字根笔画最多。

（2）末笔字型交叉识别码

五笔字型规定以汉字的末笔代码为十位，字型代码为个位，把这个两位数看成一个区位码，它所对应的键称为该字的末笔字型交叉识别码，如表 D.3 所示。

表 D.3　末笔字型交叉识别码

	左右型 1	上下型 2	杂合型 3
横 1	11 G	12 F	13 F
竖 2	21 H	22 J	23 K
撇 3	31 T	32 R	33 E
捺 4	41 Y	42 U	43 I
折 5	51 N	52 B	53 V

例如：

"只"字的末笔为捺，末笔代码为 4，字型为上下型，字型代码为 2，所以"只"字的末笔字型交叉识别码为 42（u）。

"叭"字的末笔为捺，末笔代码为 4，字型为左右型，字型代码为 1，所以"叭"字的末笔字型交叉识别码为 41（y）。

从以上两例可以看出："只"与"叭"两字是由相同的两个字根构成，但末笔字型识别码不同，所以末笔字型交叉识别码可减少重码出现的机会。

五笔字型对末笔的规定：

① 末笔字根为"力、刀、九、七"等时，末笔为折。

② 所有包围型汉字中的末笔，规定取被包围的那一部分笔画结构的末笔。

③ "找，我，咸"等字的末笔为撇。

五笔字型对字型的约定：

① 凡单笔画与字根相连或带点结构，视为杂合型。

② 可用"能散不连"原则区分字型。例如 "午、卡、严"都视为上下型。

③ 内外型字属杂合型。例如"困、同，匝"，但"见"为上下型。

④ 含两字根且相交者为杂合型，例如"东、串、电、本、无、农、里"。

⑤ 含"辶"、"廴"的字为杂合型，例如"进、逞、远、过"等。

⑥ 以下各字为杂合型：司、床、厅、龙、尼、式、后、反、处、办、皮、习、死、疗、压。但相似的右、左、看、者、布、包、友、冬、灰等可视为上下型。

4．汉字编码与输入

五笔字型编码规定了以下原则：

① 取码顺序：依照从左到右，从上到下，从外到内的书写顺序。

② 取码单位：取码应以 130 种基本字根为单位。

五笔字型将所有汉字分三类，分别规定了具体的编码公式。

（1）键名汉字的编码

键名汉字有 24 个，键名汉字及所在键位如图 D.3 所示。

键名汉字的输入是把其所对应的字母键连击 4 次，例如"王"的编码为 GGGGG。

（2）成字字根汉字的编码

在 130 种基本字根中，除 25 个键名字根外，还有几十个字根本身也是汉字，称它们为"成字字根"。键名汉字与成字字根汉字称为键面字。成字字根的编码按下面公式进行：

　　键名码+首笔码+次笔码+末笔码

当成字字根仅为两笔时，公式为：

键名码+首笔码+末笔码

其中，键名码即字根所在键的字母。

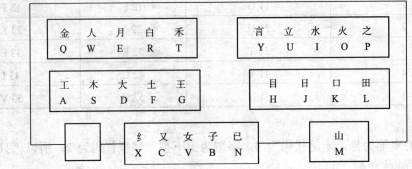

图 D.3　键名汉字及键位示意图

下面给出几个成字字根的编码：

士：FGHG　　二：FGG　　厂：DGT

对 5 种单笔画"一、丨、丿、丶 、乙 "编码公式为：

键名码+首码+L+L

例如，"一"的编码为 GGLL，"丿"的编码为 TTLL。

（3）键外字的编码

在所有汉字中，除键名汉字和成字字根汉字外，剩余的字为键外字。五笔字型汉字编码主要是对大量的键外字编码，编码分纯字根码和识别码两类。凡含 4 个或 4 个以上字根的汉字，按书写顺序几拆分原则取其第一、二、三、末字根代码组成该键外字编码。例如：

磨：编码为 YSSD　　　　樊：编码为 SQQD

对少于 4 个字根的汉字，按书写顺序取其字根代码，补末笔字型交叉识别码，若仍不足 4 码，补空格表示编码结束。例如：

"析"的字根码为 SR，识别码为 H，所以"析"的编码为 SRH，补空格结束。

（4）词语的输入

五笔字型输入法不仅可以输入单字，还可输入词语，而且单字和词语可以混合输入，不用换挡或其他附加操作，谓之"字词兼容"。不管多长的词语，一律取四码。其取码方法为：

① 两字词：每字取其全码的前两码组成，共四码。例如：

经济：纟 又 氵 文（XCIY）

思想：田 心 木 目（LNSH）

② 三字词：前两字各取一码，最后一字取两码，共四码。例如：

计算机：讠 竹 木 几（YTSM）

操作员：扌 亻 口 贝（RWKM）

③ 四字词：每字各取全码的第一码。例如：

科学技术：禾 　 扌 木（TIRS）

汉字编码：氵 宀 纟 石（IPXD）

王码计算机：王 石 曰 月（GDJE）

④ 多字词：取第一、二、三及末一个汉字的第一码，共四码。例如：

电子计算机：曰 子 讠 木（JBYS）

中华人民共和国：口 亻 人 口（KWWL）

美利坚合众国：禾 刂 川 囗（UTJL）

五笔字型计算机汉字输入技术：五 竹 宀 木（11 31 11 14 GTGS）

在 Windows 版王码汉字操作系统中，系统提供了 15 000 条常用词组，此外，用户还可以使用系统提供的造词软件另造新词，或直接在编辑文本的过程中从屏幕上"取字造词"。所有新造的词，系统都会自动给出正确的输入外码合并入原词库统一使用。

5. 简码输入法

用 4 位码对汉字进行的编码称为全码。所谓简码，就是只取该汉字全码的第一位编码、前两位编码或前三位编码，再用空格键结束编码，形成对应的一、二、三级简码。用简码输入汉字，既减少了击键次数，又不用考虑识别码，从而大幅提高了汉字的输入速度。

（1）一级简码

一级简码有 25 个，分别对应 25 个五笔字根键位 A～Y。击对应键及空格键即可输入该一级简码汉字。这些汉字最为常用，所以又常称一级简码汉字为高频字。

高频字及编码如图 D.4 所示。

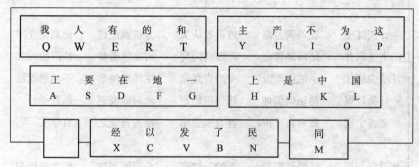

图 D.4　高频字及编码示意图

（2）二级简码

二级简码是由单字全码的前两个字根代码组成。从理论上讲，25 个键位代码可组成 $25×25=625$ 个二级简码，但有的两个代码不能组成汉字或者组合得到的汉字不常用，所以二级简码字实际上共有 588 个。对于二级简码汉字，只需输入其前两个字根代码，再击空格键输入。例如，"要"，击"S 键、V 键、空格键"即可将其输入至光标位置。二级简码汉字及简码如表 D.4 所示。

表 D.4　二级简码汉字及简码表

二级简码汉字编码		第二位编码				
		GFDSA	HJKLM	TREWQ	YUIOP	NBVCX
第一位编码	G	五于天末开	下理事画现	玫珠表珍列	玉平不来	与屯妻到互
	F	二寺城霜载	直进吉协南	才垢圾夫无	坟增示赤过	志地雷支
	D	三夺大厅左	丰百右历面	帮原胡春克	太磁砂灰达	成顾肆友龙
	S	本村枯林械	相查可楞机	格析极检构	术样档杰棕	杨李要权楷
	A	七革基苛式	牙划或功贡	攻匠菜共区	芳燕东 芝	世节切芭药
	H	睛睦 盯虎	止旧占卤贞	睡 肯具餐	眩瞳步眯瞎	卢 眼皮此

二级简码汉字编码	第二位编码				
	GFDSA	HJKLM	TREWQ	YUIOP	NBVCX
J	量时晨果虹	早昌蝇曙遇	昨蝗明蛤晚	景暗晃显晕	电最归紧昆
K	呈叶顺呆呀	中虽吕另员	呼听吸只史	嘛啼吵 喧	叫啊哪吧哟
L	车轩因困	四辊加男轴	力斩胃办罗	罚较 边	思 轨轻累
M	同财央朵曲	由则 崭册	几贩骨内风	凡赠峭 迪	岂邮 凤
T	生行知条长	处得各务向	笔物秀答称	入科秒秋管	秘季委么第
R	后持拓打找	年提扣押抽	手折扔失换	扩拉朱搂近	所报扫反批
E	且肝 采肛	胆肿肋肌	用迥朋脸胸	及胶膛 爱	甩服妥肥脂
W	全会估休代	个介保佃仙	作伯仍从你	信们偿伙	亿他分公化
Q	钱针然钉氏	外旬名甸负	儿铁角欠多	久匀乐炙锭	包凶争色
Y	主计庆订度	让刘训为高	放诉衣认义	方说就变这	记离良充率
U	闰半关亲并	站间部曾商	产瓣前闪交	六立冰普帝	决闻妆冯北
I	汪法尖洒江	小浊澡渐没	少泊肖兴光	注洋水淡学	不池当汉涨
O	业灶类灯煤	粘烛炽烟灿	烽煌粗粉炮	米料炒炎迷	断籽娄烃
P	定守害宁宽	寂审宫军宙	客宾家空宛	社实宵灾之	官字安 它
N	怀导居 民	怀慢避惭届	必怕 愉晚	心习悄屡忱	忆敢很怪尼
B	卫际承阿陈	耻阳职阵出	降孤阴人隐	防联孙耿辽	也子限取陛
V	姨寻姑杂毁	旭如舅	九 奶 婚	妨嫌录灵巡	刀好妈妈姆
C	对参戏	台劝观	矣牟能难允	驻 驼	马邓艰双
X	线结顷 红	引旨强细纲	张绵级给约	纺弱纱继综	纪弛绿经比

（3）三级简码

三级简码是由单字全码的前 3 个字根代码组成。具有三级简码的汉字共有 2 000 多个，要输入这些汉字，只需键入前 3 个字根代码，再加空格键即可。例如：

    假： （WNH）   哨： （KIE）   别： （KLJ）
    重： （TGJ）   需： （FDM）   根： （SVE）

以上都是三级简码汉字，击它们后面所示键位，再击空格键，即可输入之。

6. 重码处理

编码相同的汉字，称之为重码汉字，其编码称之为重码。例如：

- 汉字"去"、"云"和"支"的编码都是"FCU"。
- 汉字"竿"和"午"的编码都是"TFJ"。
- 汉字"寸"和"雨"的编码都是"FGHY"。
- 汉字"喜"和"嘉"的编码都是"FKUK"。

当输入重码汉字的编码时，重码的汉字会同时出现在屏幕的"提示行"中，如果要输入的汉字在第 1 个位置上，只管继续输入下文，该字就会自动地跳入屏幕。如果所需汉字不在第一位，则可击与该字序号相同的数字键输入。

在五笔字型的编码设计中，对显示在后面的重码汉字还规定了另一个编码，设计方法是将其最后一个编码人为地修改为"L"，这样，在输入重码汉字时，对前面的汉字可用原码输入，对后面的汉字可用修改后的编码输入。

重码汉字的选字显然要影响汉字的输入速度，但在五笔字型编码中这种汉字却很少出现。正因为重码汉字出现少，才使五笔字型比其他方式输入速度更快。

7．容错码

五笔字型编码中，容错码有两种含义，一种是容易弄错的码，另一种是允许弄错的码。通常，在拆字中有些汉字的拆分部分的错误带有一定的普遍性。为了能够灵活快速地输入这些汉字，针对这些错误拆分设计出另一种编码——容错码，利用正确编码和容错码都可以输入。下面举例说明几类容错码：

① 拆分容错：个别汉字的笔画顺序容易弄错。例如：

长：丿 七 丿　　　　　　（正确码 TAYI）

长：七 丿 丿　　　　　　（容错码 ATYI）

长：丿 一 丨　　　　　　（容错码 TGHY）

长：一 丨 丿　　　　　　（容错码 GJTY）

② 字型容错：个别汉字的字型容易弄错。例如：

右：　口 二　　　　　　（正确码 DKF）

右：　口 三　　　　　　（容错码 DKD）

③ 末笔容错：个别汉字末笔易弄错。例如：

化：亻 匕 乙　　　　　　（正确码 WXN）

化：亻 匕 丿　　　　　　（容错码 WXT）

8．Z 学习键

在五笔字型键盘中，虽然 Z 键位上没有排列字根，但 Z 键可以代替任何字根。因此，称 Z 键为万能键，又叫学习键。

Z 键不仅可以代替任何字根，它还可以代替识别码。在输入汉字时，如果汉字的编码中的某个代码难以确定，其未知代码可用 Z 键代替。输入含有 Z 的编码，在提示行可以找到要输入的汉字，按与其序号相对应的数字键，该汉字便可输入。另外，该字的后面有它的正确编码。因此，用 Z 键不但可以输入编码不确定的汉字，还可学习汉字的正确编码。例如，"午"编码为 TFJ，如第三码不知，可击键 TFZ。

在输入含有 Z 键的编码中，Z 代码愈多选字的范围愈广，而在提示行里每次只显示 6 个汉字，如果当前页没有要输入的汉字，则按"+"或"−"键翻页显示，便可找到。

参考文献

[1] 宋金柯，孙壮，等. 计算机应用基础[第四版] [M]. 北京：中国铁道出版社，2009

[2] 宋翔. Office 商务办公专家范例导航[M]. 北京：科学出版社，2010

[3] 许晞. 计算机应用基础[M]. 北京：高等教育出版社，2007

[4] 北京洪恩. 新电脑入门[M]. 吉林：延边教育出版社，2005

[5] 刘刚，郝胜达. 电脑办公教程[M]. 北京：清华大学出版社，2005

郑重声明

高等教育出版社依法对本书享有专有出版权。任何未经许可的复制、销售行为均违反《中华人民共和国著作权法》，其行为人将承担相应的民事责任和行政责任；构成犯罪的，将被依法追究刑事责任。为了维护市场秩序，保护读者的合法权益，避免读者误用盗版书造成不良后果，我社将配合行政执法部门和司法机关对违法犯罪的单位和个人进行严厉打击。社会各界人士如发现上述侵权行为，希望及时举报，本社将奖励举报有功人员。

反盗版举报电话 （010）58581897　58582371　58581879

反盗版举报传真 （010）82086060

反盗版举报邮箱 dd@hep.com.cn

通信地址　北京市西城区德外大街 4 号　高等教育出版社法务部

邮政编码　100120